全国水利行业规划教材　高职高专水利水电类
中国水利教育协会策划组织

水资源规划与管理

主　编　侯　新　冯耀龙
副主编　蓝忠华　荆燕燕
主　审　王　云

黄河水利出版社
·郑州·

内 容 提 要

本书是全国水利行业规划教材，是根据中国水利教育协会职业技术教育分会高等职业教育教学研究会组织制定的水资源规划与管理课程标准编写完成的。全书共分12章，主要介绍了水资源的概念与特点、国外与我国水资源状况以及水资源规划与管理的基本内容；阐述了可持续发展观、人水和谐、最严格水资源管理制度、水生态文明理念与新时期治水思路的水资源规划与管理的指导思想；论述了水资源评价、水资源需求分析、水资源供需分析的概念、内容与方法；介绍了节约用水与水资源保护的目标、措施与方法以及水资源优化配置的概念与模型方法；论述了水资源综合规划与水资源综合管理的概念、内容、方法、措施与法律法规；并对国外水资源综合管理经验进行了简要介绍。

本书适用于高职高专水文与水资源、水政水资源管理、水利工程管理、水务管理及城市水利专业教学用书，也可供水利水电工程、水土保持等专业教学使用与参考，还可作为从事水资源评价、规划与管理的科研与管理人员以及水务(水利)行业干部职工的培训教材和参考书。

图书在版编目(CIP)数据

水资源规划与管理/侯新，冯耀龙主编．—郑州：黄河水利出版社，2016.10 (2018.1 修订重印)
全国水利行业规划教材
ISBN 978-7-5509-1572-5

Ⅰ.①水… Ⅱ.①侯… ②冯… Ⅲ.①水资源管理-高等职业教育-教材 Ⅳ.①TV213.4

中国版本图书馆CIP数据核字(2016)第255057号

组稿编辑：王路平　电话：0371-66022212　E-mail：hhslwlp@163.com

出 版 社：黄河水利出版社　网址：www.yrcp.com
地址：河南省郑州市顺河路黄委会综合楼14层　邮政编码：450003
发行单位：黄河水利出版社
发行部电话：0371-66026940、66020550、66028024、66022620(传真)
E-mail：hhslcbs@126.com
承印单位：河南承创印务有限公司
开本：787 mm×1 092 mm　1/16
印张：18
字数：420千字　印数：1 501—3 500
版次：2016年10月第1版　印次：2018年1月第2次印刷
2018年1月修订

定价：39.00元

前 言

本书是贯彻落实《国家中长期教育改革和发展规划纲要(2010~2020年)》、《国务院关于加快发展现代职业教育的决定》(国发〔2014〕19号)、《现代职业教育体系建设规划(2014~2020年)》和《水利部 教育部关于进一步推进水利职业教育改革发展的意见》(水人事〔2013〕121号)等文件精神,在中国水利教育协会指导下,由中国水利教育协会职业技术教育分会高等职业教育教学研究会组织编写的第三轮水利水电类专业规划教材。第三轮教材以学生能力培养为主线,体现出实用性、实践性、创新性的教材特色,是一套理论联系实际、教学面向生产的高职教育精品规划教材。

本书的编写力求体现高职高专的教育特色和教学改革要求,服务于高职技术应用型人才的培养目标,并将2011年中央一号文件以来,国家治水的新理念、新思想、新思路融入本教材中,作为水资源规划与管理的指导思想,如可持续发展观、人水和谐思想、最严格水资源管理制度、水生态文明理念与新时期治水思路等;还将相关法律法规与技术规范、标准等引入本教材中,以突出依法治水的理念与水资源规划与管理的规范化与标准化;针对各章内容都编写了相应的应用实例,以增强课程学习的实用性。对基本理论方法的论述以够用为度,专业内容系统全面,并突出应用性与实践性,各章附有一定的思考题,以便于学生更好地掌握和实践所学内容。

本书共分12章,由重庆水利电力职业技术学院侯新、冯耀龙担任主编,并负责全书统稿;由广东水利电力职业技术学院蓝忠华、河南水利与环境职业学院荆燕燕担任副主编;参编人员有重庆水利电力职业技术学院徐义萍、舒乔生、尹文亮、韩红、熊鹰、王文鑫。由重庆市水资源管理站站长、教授级工程师王云担任主审。

在本书编写过程中,参阅和借鉴了相关教材和文献资料,大部分已在本书参考文献中列出,若有未能一一注明者,编者在此一并表示感谢。

由于编者水平有限,缺点、疏漏与不足在所难免,诚恳希望读者批评指正。

编 者

2016年8月

目　录

第1章　绪　论

水是生命之源、生产之要、生态之基，是自然环境和生态系统不可替代的要素，是人类社会可持续发展的基础条件。

随着人口与经济的增长，对水资源的需求在不断增加，随之而来的水环境恶化等问题，也越来越严重地困扰着人们的生存和发展。历史发展到今天，水问题已不再局限于某一地区或某一时段，而成为全球性、跨世纪的关注焦点。正如联合国在1997年《对世界淡水资源的全面评价》报告中提到的那样，“缺水问题将严重地制约21世纪经济和社会发展，并可能导致国家间的冲突”，水资源危机已经成为继粮食危机、能源危机之后，人类社会所面临的又一大生存危机。

如何解决这些问题，不仅要靠科学技术的进步和经济基础的保障，更要靠水行政主管部门的合理规划和科学管理。水资源规划与管理正是在这一背景下产生的，它是我国水利工作的重要组成部分，对水资源的合理开发利用、优化调配和有效保护具有重要的指导作用。

1.1　水资源的概念与特点

1.1.1　水资源的概念

水资源作为地球自然资源的一种，是指地球所属范围内的、可作为资源的水，包括地球表面地层中和围绕地球的大气中的水分。《不列颠百科全书》认为地球包括其所有圈层中一切形态的水都是水资源，这是一种非常广义的水资源定义。1998年由联合国教科文组织和世界气象组织给出的水资源的定义是：作为资源的水应当是可供利用或有可能被利用，具有足够数量和可用质量，并可适合对某地为水的需求而能长期供应的水源。因此，水资源可以理解为人类长期生存、生活和生产过程中所需要的各种水，既包括了它的数量和质量，又包括了它的使用价值和经济价值。许多国家在谈到水资源时，常常把通过全球水文循环而可不断获得补充的淡水作为水资源。这是水资源的狭义定义。许多学者对水资源有其个人的见解，如《水资源学概论》（陈家琦等，1996）中介绍的几种观点：

- 降水是大陆上一切水分的来源，但降水只是一种潜在的水资源，只有降水量中可被利用的那一部分才是真正的水资源（张家诚）。
- 从自然资源的观点出发，水资源可定义为与人类生产和生活有关的天然水源（刘昌明）。
- 一切具有利用价值，包括各种不同来源或不同形式的水，均属水资源范畴（陈梦熊）。

• 水资源主要指与人类社会用水密切相关而又能不断更新的淡水，包括地表水、地下水和土壤水，其补给来源为大气降水（贺伟程）。

• 作为维持人类社会存在并发展的重要自然资源之一的水资源应该具有下列特性：①可以按照社会的需要提供或有可能提供的水量；②这个水量有可靠的来源，且这个来源可以通过自然界循环不断得到更新或补充；③这个水量可由人工加以控制；④这个水量及其水质能够适应人类用水的要求（陈家琦）。

综上所述，可以认为水资源的概念存在着广义和狭义之分。广义的水资源，是指能够直接或间接利用的地球上的各种水体，包括天上的降水、河湖中的地表水、浅层的地下水（包括土壤水）、冰川、海水等（吴季松，2003）。狭义的水资源，是指与生态环境保护和人类生存及发展密切相关的、可以被利用的而又逐年能够得到恢复和更新的淡水，其补给来源为大气降水。该定义反映了水资源具有下列性质：①水资源是生态环境存在的基本要素，是人类生存与发展不可替代的自然资源；②水资源是在现有技术经济条件下通过工程措施可以利用的水，且水质应符合人类利用的要求；③水资源是大气降水补给的地表、地下产水量；④水资源是可以通过水循环得到恢复和更新的资源（左其亭等，2002）。

对于某一流域或局部地区而言，水资源的含义则更为具体。广义的水资源就是大气降水，主要由地表水资源、土壤水资源和地下水资源三大部分组成。在一个特定范围内，其水资源主要有两种转化途径：一是降水形成地表径流、壤中流和地下径流并构成河川径流，通过水平方向排泄到区域外；二是以蒸发和散发的形式通过垂直方向回归到大气中。因为河川径流与人类的关系最为密切，故将它作为狭义的水资源。这里所说的河川径流包括地表径流、壤中流和地下径流。水资源的一般组成如图 1-1 所示。

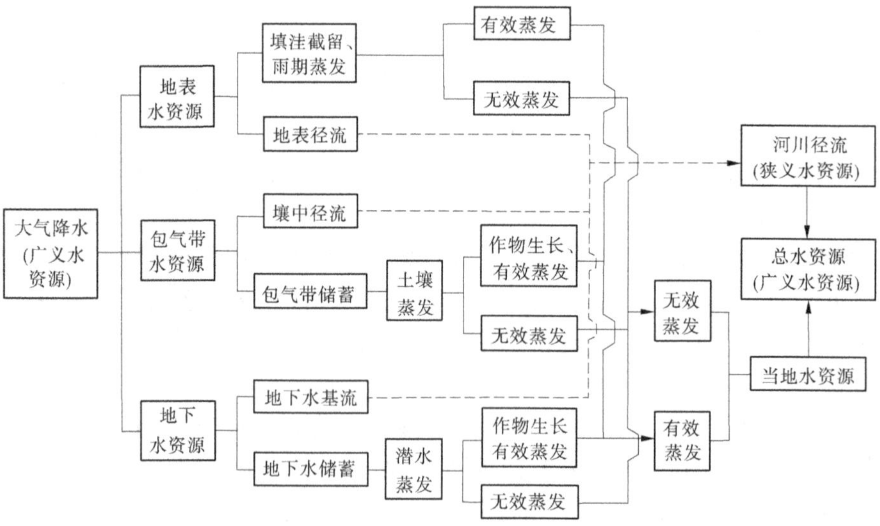

图 1-1　流域水资源组成示意图

从图1-1中可以看出,我们常说的水资源(或计算的水资源量)有两种不同的含义。一般在流域或区域水资源规划中,常常用到的是狭义水资源,即河川径流。另外,为了避开人类活动的影响,便于对比分析,人们又经常计算天然状态下的水资源量,并将其作为一个流域或区域水资源规划或配置的基础流量。本书在没有特别说明的情况下均把天然状态下的河川径流作为水资源量来计算。

1.1.2 水资源的基本特点

水资源不同于土地资源和矿产资源,有其独特的性质。只有充分认识它的特点,才能合理、有效地利用。

1.1.2.1 循环性和有限性

水圈中的水由于相互之间不断循环,地表水和地下水不断得到大气降水的补给,开发利用后可以恢复和更新,这是地球上水资源具有的特征。但各种水体的补给量是不同的和有限的,为了可持续供水,多年平均利用量不应超过补给量。循环过程的无限性和补给量的有限性,决定了水资源在一定数量限度内才是取之不尽、用之不竭的。

1.1.2.2 时空分布不均匀性

水资源在地区分布上很不均匀,年际、年内变化大,给开发利用带来许多困难。地球表面淡水资源分布的不均匀性,表现为降水多的地区,淡水资源比较充足;反之,淡水资源则很贫乏。为了满足各地区、各部门的用水要求,必须修建蓄水、引水、提水、水井和跨流域调水工程,对天然水资源进行时空再分配。因兴修各种水利工程要受自然、技术、经济、社会等条件的限制,只能控制利用水资源的一部分或大部分。

1.1.2.3 用途广泛性

水资源的用途十分广泛,各行各业都离不开水,水不仅用于农业灌溉、工业生产、城乡生活和生态环境,而且还用于水力发电、航运、水产养殖、旅游娱乐等。这些用途又具有较强的竞争性。随着人们生活水平的提高、国民经济和社会的发展,用水量不断增加是必然趋势,不少地区出现了水源不足的紧张局面,水资源短缺问题已成为当今世界面临的重大难题之一。

1.1.2.4 利害两重性

水资源对社会、经济与环境有有益的一面,但水过多、过少又会形成灾害,水多成洪涝,水少成干旱。由于降水和径流时空分布不均,形成因水过多或过少而引起洪、涝、旱、碱等自然灾害;水资源开发利用不当,也会造成人为灾害,如垮坝事故、土壤次生盐渍化、水体污染、海水入侵和地面沉降等。水的可供利用及可能引起灾害,决定了水资源具有利害两重性,既有正效益也有负效益。水资源的综合开发和合理利用,应达到兴利、除害的双重目的。

1.2　世界与我国水资源状况

1.2.1　世界水资源

从表面上看,地球上的水量是非常丰富的。地球表面积约5.1亿km^2,地球上水体总储存量达到13.86亿km^3。海洋面积3.61亿km^2,占地球表面积的70.8%。海洋水量为13.38亿km^3,占地球总储存水量的96.5%。但这部分巨大的水体属于高盐量的咸水,除极少量水体被利用(作为冷却水、海水淡化等)外,绝大多数是不能被利用的。地球上陆地面积为1.49亿km^2,占地球表面积的29.2%,水量仅有0.48亿km^3,占地球总储存水量的3.5%。就是陆面上的有限水体也并不全是淡水,淡水量仅有0.35亿km^3,占陆地水储存量的73%,其中的0.24亿km^3分布于冰川、多年积雪、两极和多年冻土中,在现有的技术条件下很难被利用。便于人类利用的水只有0.1065亿km^3,占淡水总量的30.4%,仅占地球总储存水量的0.77%。也就是说,虽然地球上水量丰富,但水资源总量极其有限。地球上水的组成如图1-2所示。

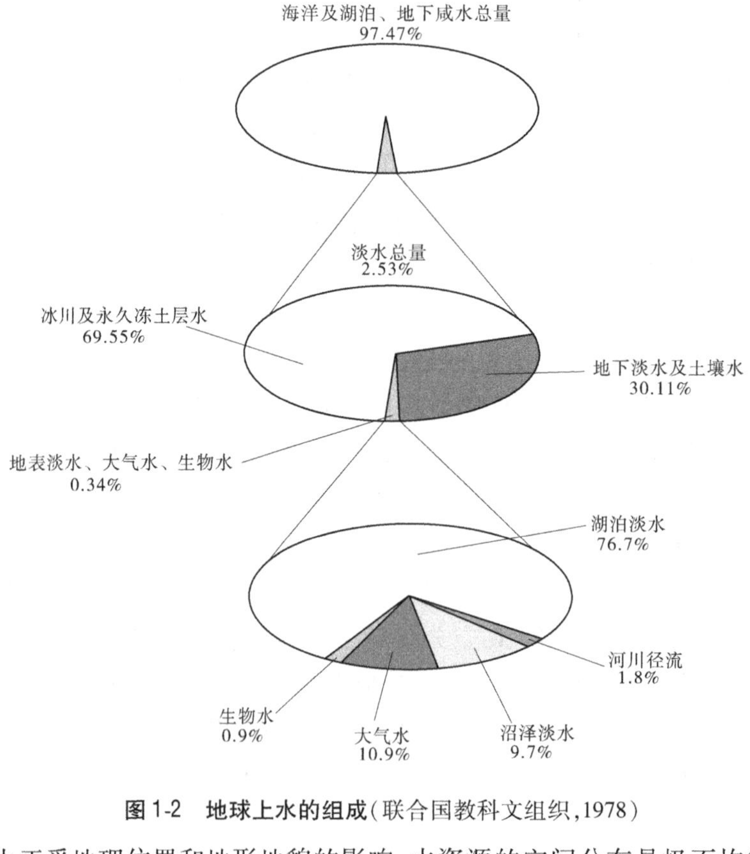

图1-2　地球上水的组成(联合国教科文组织,1978)

同时,由于受地理位置和地形地貌的影响,水资源的空间分布是极不均衡的。表1-1给出了世界各大洲降水及年径流分布状况。

表1-1 世界各大洲降水及年径流分布状况

洲名	面积（万 km^2）	年降水量		年径流量		径流系数
		mm	$\times 10^3\ km^3$	mm	$\times 10^3\ km^3$	
亚洲	4 347.5	741	32.2	332	14.41	0.45
非洲	3 012.0	740	22.3	151	4.57	0.20
北美洲	2 420.0	756	18.3	339	8.20	0.45
南美洲	1 780.0	1 596	28.4	661	11.76	0.41
南极洲	1 398.0	165	2.31	165	2.31	1.00
欧洲	1 050.0	790	8.29	306	3.21	0.39
澳大利亚	761.5	456	3.47	39	0.30	0.09
大洋洲（各岛）	133.5	2 704	3.61	1 566	2.09	0.58
全球内陆	14 902.5	798	118.88	314	46.85	0.39

资料来源：《中国大百科全书·水利卷》，1992。

由表1-1可见，全球以大洋洲（各岛）年降水量最大，其水资源量也极为丰富，而澳大利亚由于降水稀少，荒漠和半荒漠面积达到2/3，径流系数明显偏低；降水量较丰沛的是南美洲，而亚洲、非洲、北美洲、欧洲的降水量都接近全球平均水平；非洲气候炎热，蒸发强烈，有大面积的沙漠存在，因此径流系数比其他洲明显偏小；南极洲降水虽然不多，但由于降水全部储存于冰川中，因此径流量等于降水量。

即使在同一个洲内，由于空间跨度大，再加上下垫面条件和气候条件的差异，水资源的分布也是很不均匀的。因此，如何合理配置水资源，减少水资源分布不均造成的社会经济发展不平衡，是当前水利工作所面临的主要任务之一。目前，许多国家已建或在建大型调水工程，反映了人类对于水资源均衡分配的一种渴望。

1.2.2 我国水资源

我国地域辽阔，国土面积960万 km^2，约占世界陆地面积的1/15。地处欧亚大陆东南部，东南部濒临西太平洋，西北部深入亚洲腹地，南北纬度跨越50°，东西纬度跨越62°，地势西高东低，境内山脉、丘陵、盆地、平原相互交错，构成了众多的江河湖泊。据统计，我国流域面积在10 000 km^2 以上的河流有97条；面积在1 km^2 以上的湖泊约有2 300个，总面积约为71 787 km^2，约占国土总面积的0.8%。

由于我国处在季风气候区域，受热带、太平洋低纬度温暖而潮湿气团以及西南印度洋和东北鄂霍次克海水蒸气的影响，我国东南地区、西南地区以及东北地区有充足的水汽补充，降水量丰沛，成为世界上水资源相对比较丰富的地区之一。

1.2.2.1 我国水资源状况

我国曾先后进行了两次水资源评价，第一次运用的资料是1956~1979年，第二次运用了1956~2000年资料系列。水利部《2014年中国水资源公报》显示，我国水资源总量约为27 000亿 m^3，占全球水资源总量的6%，其中地表水资源量为26 300亿 m^3，地下水资源量为7 745亿 m^3，二者重复计算量为 6 746 亿 m^3，全国水资源总量占降水总量的45.2%。

1.我国水资源总量

我国水资源总量由地表水、地下水、湖泊、冰川等几部分组成，其中河川地表水资源量占96%左右。全国各流域片水资源总量见表1-2。

表1-2 全国各流域片的水资源总量

流域片名称	平均年降水总量（亿 m^3）	多年平均地表水资源量（亿 m^3）	多年平均地下水资源量（亿 m^3）	重复计算量（亿 m^3）	多年平均水资源总量（亿 m^3）	多年平均产水模数（万 m^3/hm^2）
黑龙江流域片	4 476	1 165.9	430.7	244.8	1 351.8	14.96
辽河流域片	1 901	487.0	194.2	104.5	576.7	16.71
海滦河流域片	1 781	287.8	265.1	131.8	421.1	13.24
黄河流域片	3 691	661.4	405.8	323.6	743.6	9.36
淮河流域片	2 830	741.3	393.1	173.4	961.0	29.91
长江流域片	19 360	9 513.0	2 464.2	2 363.8	9 613.4	53.16
珠江流域片	8 967	4 685.0	1 115.5	1 092.4	4 708.1	81.08
浙闽台诸河片	4 216	2 557.0	613.1	578.4	2 591.7	108.08
西南诸河片	5 113	5 853.1	1 543.8	1 543.8	5 853.1	68.75
内陆河流域片	9 346	1 063.7	819.7	682.7	1 200.7	3.61
额尔齐斯河	208	100.0	42.5	39.3	103.2	19.57
北方六片小计	20 000	4 507.1	2 551.1	1 700.1	5 358.1	8.83
南方四片小计	41 889	22 608.1	5 736.6	5 578.4	22 766.3	65.41
全国总计	61 889	27 115.2	8 287.7	7 278.5	28 124.4	29.46

1)地表水资源量

根据各省(自治区、直辖市)和十大流域(片)汇总成果，全国平均年径流总量为27 115.2亿 m^3，折合年径流深284 mm。

我国平均年入海水量为17 243 亿 m^3，约占全国河川径流总量的63.6%。其中，长江平均年入海水量最大，占全国入海水量的一半以上；海滦河流域片最小，仅占全国入海水量的0.9%。随着我国工农业生产的不断发展和人民生活水平的提高，用水量连年增加，入海水量明显地表现为逐年减少的趋势。

2)地下水资源量

全国地下水资源计算区的划分，考虑了地下水补、径、排条件，同时便于水资源总量的计算。山丘区平均年地下水资源量为6 762 亿 m^3，其中河川基流量为6 599 亿 m^3，占山丘区地下水资源量的97.6%；其他排泄量为163 亿 m^3，只占山丘区地下水资源量的2.4%。

浅层淡水区的多年平均地下水资源量为8 288亿m^3,其中山丘区为6 762亿m^3,平原区为1 873亿m^3,山丘区与平原区的重复计算水量为347亿m^3;又根据地矿部门评价成果统计,全国多年平均地下水资源量为8 717亿m^3,其中山丘区为6 744亿m^3,平原区为2 504亿m^3,山丘区与平原区的重复计算水量为531亿m^3。

3)冰川与湖泊水资源量

全国冰川水资源总储量约为51 300亿m^3,多年平均年融水量约563亿m^3。分布在内陆河流域的冰川水资源量为236亿m^3,占内陆河流域多年平均年水资源量的24%。

全国湖泊水资源总储量约7 088亿m^3,其中淡水储量为2 261亿m^3,占湖泊储水总量的31.9%。内陆湖泊储水量达4 943亿m^3,其中淡水储量为455.5亿m^3。

2.我国水资源质量

水资源是水量与水质的高度统一,在一特定的区域内,可用水资源的多少并不完全取决于水资源数量,同时取决于水资源质量。质量的好坏直接关系到水资源功能,决定着水资源用途,因此在研究水资源时,水质是非常重要的,是不可忽略的,只考虑水量或者水质的做法都是不科学的。

近30多年来,随着经济社会的发展,我国水资源质量不断下降,水环境质量有持续恶化的趋势,污染所导致的缺水和事故不断发生,不仅使工厂停产、农业减产甚至绝收,而且造成了不良的社会影响和较大的经济损失,严重地威胁了社会的可持续发展,威胁了人类的生存。

《2014年中国水资源公报》显示的各类水体水质状况如下。

1)河流水质

2014年,对全国21.6万km的河流水质状况进行了评价。全年Ⅰ类水河长占评价河长的5.9%,Ⅱ类水河长占43.5%,Ⅲ类水河长占23.4%,Ⅳ类水河长占10.8%,Ⅴ类水河长占4.7%,劣Ⅴ类水河长占11.7%,水质状况总体为中。从水资源分区看,西南诸河区、西北诸河区水质为优,珠江区、长江区、东南诸河区水质为良,松花江区、黄河区、辽河区、淮河区水质为中,海河区水质为劣。从行政分区看(不含长江干流、黄河干流),西部地区的河流水质好于中部地区,中部地区好于东部地区,东部地区水质相对较差。

2)湖泊水质

2014年,对全国开发利用程度较高和面积较大的121个主要湖泊共2.9万km^2水面进行了水质评价。全年总体水质为Ⅰ~Ⅲ类的湖泊有39个,Ⅳ~Ⅴ类的湖泊有57个,劣Ⅴ类的湖泊有25个,分别占评价湖泊总数的32.2%、47.1%和20.7%。对上述湖泊进行营养状态评价,大部分湖泊处于富营养状态。处于中营养状态的湖泊有28个,占评价湖泊总数的23.1%;处于富营养状态的湖泊有93个,占评价湖泊总数的76.9%。

3)水库水质

2014年,对全国247座大型水库、393座中型水库及21座小型水库,共661座主要水库进行了水质评价。全年总体水质为Ⅰ~Ⅲ类的水库有534座,Ⅳ~Ⅴ类的水库有97座,劣Ⅴ类的水库有30座,分别占评价水库总数的80.8%、14.7%和4.5%。对635座水库的营养状态进行评价,处于中营养状态的水库有398座,占评价水库总数的62.7%;处于富营养状态的水库237座,占评价水库总数的37.3%。

4）水功能区水质达标状况

2014 年，全国评价水功能区 5 551 个，满足水域功能目标的 2 873 个，占评价水功能区总数的 51.8%。其中，满足水域功能目标的一级水功能区（不包括开发利用区）占 57.5%，二级水功能区占 47.8%。

评价全国重要江河湖泊水功能区 3 027 个，符合水功能区限制纳污红线主要控制指标要求的有 2 056 个，达标率为 67.9%。其中，一级水功能区（不包括开发利用区）达标率为 72.1%，二级水功能区达标率为 64.8%。

5）省界水体水质

2014 年，各流域水资源保护机构对全国 527 个重要省界断面进行了监测评价，Ⅰ～Ⅲ类、Ⅳ～Ⅴ类、劣Ⅴ类水质断面比例分别为 64.9%、16.5%和 18.6%。各水资源一级区中，西南诸河区、东南诸河区为优，珠江区、松花江区、长江区为良，淮河区为中，辽河区、黄河区为差，海河区为劣。

6）地下水水质

2014 年，对主要分布在北方 17 省（自治区、直辖市）平原区的 2 071 眼水质监测井进行了监测评价，地下水水质总体较差。其中，水质优良的测井占评价监测井总数的 0.5%、水质良好的占 14.7%、水质较差的占 48.9%、水质极差的占 35.9%。

近年来，我国水环境质量总的态势是局部有所好转，整体持续恶化，形势严峻，前景堪忧。

1.2.2.2 我国水资源特点

1. 我国水资源总量多、人均少、亩均少

我国水资源总量较大，但人均占有量、平均降水深较小。据计算，我国多年平均降水量约为 6 190 km^3，折合降水深为 648 mm，与全球陆地平均降水深 800 mm 相比约低 20%。我国人均淡水资源占有量约为 2 093 m^3，仅相当于世界人均占有量的 28%、美国人均占有量的 1/6，耕地亩均水量约为世界亩均水量的 1/2。这些统计数据均说明：从总量上看，我国水资源相对比较丰富，但由于我国的人口基数和面积基数大，人均和亩均水资源量都较小，如果按照这一参数比较，我国仍属于贫水国。

2. 地区分布不均

我国水资源的地区分布十分不均，由东南向西北递减，且与人口、耕地的分布不相适应。长江流域及其以南地区国土面积只占全国的 36.5%，人口占全国的 54.4%，其水资源总量占全国的 81%；淮河流域及其以北地区的国土面积占全国的 63.5%，人口占全国的 45.6%，其水资源量仅占全国水资源总量的 19%。

3. 年际和季节变化大，水旱灾害频繁

我国大部分地区受季风影响明显，降水量、径流量的年际和季节变化很大，而且干旱地区一般大于湿润地区。大部分地区年内连续 4 个月降水量占全年降水量的 70%以上，连续丰水或连续枯水较为常见。降水量、径流量年际间的悬殊差别和年内高度集中的特点，不仅给开发利用水资源带来了困难，也是水旱灾害频繁的根本原因。

4. 地下水分布广泛，是北方地区重要的供水水源

由于地下水分布比地表水均匀且相对稳定，年际和季节变化较小，水质较好，不易污染，在北方地表水资源相对贫乏的地区，地下水对工业、农业和城镇供水有着重要的意义，

东北诸河、海河、淮河和山东半岛、内陆诸河等地区的地下水开采量，约占总供水量的1/4。其中，海河流域地下水开采量占全流域供水量的53%。

5. 水质变化大，污染严重

我国河流的天然水质相当好。由于人口的不断增长和工业的迅速发展，废污水的排放量增加很快，水体污染日趋严重。北方地区水体污染比南方严重，西部比东部严重。在我国大城市的工业区和人口密集区附近，水体污染较严重。全国的江河水质，中小河流水污染状况重于各大水系干流。由于排入河道的废污水总量没有得到有效控制，河流水污染继续呈上升趋势和扩散状态。

6. 水土流失严重，河流泥沙含量大

由于自然条件和长期以来人类活动影响的结果，我国森林覆盖率很低，水土流失严重。我国平均每年从山地、丘陵被河流带走的泥沙约 35 亿 t，其中直接入海的泥沙约 18.5 亿 t，占全国河流输沙量的 53%；约有 14 亿 t 泥沙淤积在流域中，包括下游平原河道、湖泊、水库或引入灌区、分蓄洪区等。黄河是中国泥沙最多的河流，也是世界罕见的多沙河流，年平均含沙量和年输沙总量均居世界大河的首位，多年平均输沙量达 16.1 亿 t。但近年来，由于退耕还林政策在我国西北地区的实施，黄河流域的水土流失状况得到了明显的改善。

1.3 水资源问题与挑战

当今世界所面临的水问题可概括为三个方面：干旱缺水（水少了）、洪涝灾害（水多了）和水环境恶化（水脏了）。这三个方面不是完全独立的，它们之间存在着一定的联系，往往在一个问题出现时，也伴随其他问题的产生。如我国西北地区石羊河流域，中上游地区对水资源的大量开发，导致下游民勤盆地来水量锐减，这又引起了当地对地下水资源的过度开采和重复利用。地下水的多次使用、转化又引起水体矿化度增高、耕地盐碱化加重等水环境问题。下面对这三大水问题分别进行说明。

（1）干旱缺水，是当今和未来主要面临的水问题之一。一方面，由于自然因素的制约，如降水时空分布不均和自然条件差异等，某些地区降水稀少、水资源紧缺，如南非、中东地区以及我国的西北干旱地区等；另一方面，随着人口的增长和经济的发展，对水资源的需求也在不断增加，从而出现水资源需大于供的现象。

（2）洪涝灾害，则是水问题的另一个对立面。由于水资源的时空分布不均，往往在某一时期，世界上许多地区干旱缺水的同时，在另一地区又出现因突发性降水过多而形成洪涝灾害的现象。这也是地球整体水量平衡的一个反映。此外，由于全球气候变化和人类活动对水资源的影响，世界上洪涝灾害发生的因素在宏观上逐步加强，洪水造成的危害也随之增强。可以肯定，随着都市化的迅速发展，城市洪灾对社会经济发展带来的负面影响和潜在威胁将日益加重。

（3）水环境恶化，是人类对水资源作用结果的最直接体现，也是三大水问题中影响面最广、后果最严重的问题。随着社会经济的发展、都市化进程的加快，排放到环境中的污水、废水量日益增多。据估计，目前世界每年有超过 420 km^3 的污水排入江河湖海，污染了 5 500 km^3 的淡水，占全球径流总量的 14% 以上。并且随着时间的发展，这个数值还会增加。水环境恶化，一方面降低了水资源的质量，对人们身体健康和工农业用水带来不利影响；另一方面，由于水资源被污染，原本可以被利用的水资源现在失去了使用价值，造成水质型缺水，加剧了水资源短缺。

要解决当今世界所面临的三大水问题，首先，要加强水资源基础理论的研究，为科学解决水问题提供理论依据；其次，需要全人类的广泛参与，加大水资源的投资，尽量避免水问题的发生；再次，要加强水资源规划与管理的力度，确保所制订的水资源规划全面、翔实、具有前瞻性，并考虑社会经济发展与生态环境保护相协调，确保水资源管理落到实处，使水资源得以合理开发、利用和保护，防治水害，充分发挥水资源的综合效益。

改革开放以来，我国工业得到快速发展，但"大量生产、大量消费、大量废弃"的粗放发展模式以牺牲环境和浪费资源换取眼前利益的短视行为，使环境质量遭受了空前的重创：沙漠化面积 174 万 km^2，90% 以上天然草原退化，生物多样性减少，水土流失面积 356 km^2，流经城市的河段普遍受到污染，水源、空气、土壤等污染日益恶化，水质型缺水呈现恶化趋势，对生态系统、食品安全、人类健康构成严重威胁。

据统计，每年农村约有 3.6 亿人喝不上符合标准的饮用水，水资源正成为一种宝贵的战略资源，上升为攸关国家经济社会可持续发展和长治久安的重大战略问题。水资源短缺面临的挑战是严峻的，主要表现为：

(1)水资源严重短缺。我国的水资源基本状况是人多水少、水资源时空分布不均匀，南多北少，沿海多内地少，山地多平原少，耕地面积占全国 63.5% 的长江以北地区水资源仅占 19%，近 31% 的国土是干旱区（年降水量在 250 mm 以下），生产力布局和水土资源不相匹配，供需矛盾尖锐，缺口很大。

(2)水污染严重。改革开放初期只注重发展速度、忽视环境影响的粗放型发展模式，使水资源遭受严重污染：流经城市河段普遍受到污染，三江（辽河、海河、淮河）和三湖（太湖、滇池和巢湖）均受到严重污染，蓝藻时常暴发；在 7 大水系 100 个国控省界断面中，Ⅰ～Ⅲ类、Ⅳ～Ⅴ类和劣Ⅴ类水质断面比例分别为 36%、40% 和 24%。此外，城市地下水约有 64% 遭受严重污染，33% 为轻度污染。

(3)水资源的重复利用率偏低。工业生产用水效率低，导致成本偏高，产值效益不佳，单方水的 GDP 产出为世界平均水平的 1/3。全国大多数城市工业用水浪费严重，平均重复利用率只有 30%～40%，2009 年全国城市生活污水集中处理率平均为 63.42%，无法与先进国家相比。

(4)水资源的宣传和管理不到位。长期以来，水资源短缺现状的宣传教育力度不够，科学有效使用水资源的引导和督察不到位，工农业和生活用水管理处于缺失状态，民众节水意识淡薄，各行各业用水浪费现象普遍存在。例如，2010 年总需水量为 7 300 亿 t，可供水量仅有 6 200 亿～6 300 亿 t，缺水量约 1 000 亿 t，城市缺水总量为 60 亿 t。

1.4 实施水资源规划与管理的意义及要求

水资源是一种特殊的资源，它对于人类的生存和发展是一种不可替代的物质。所以，对水资源的开发利用，一定要注意其综合性和永续性，也就是人们常说的：水资源综合利用和水资源的可持续利用。

在人类开发利用水资源的全过程中，水资源管理是贯穿其中的重要问题，只有通过有效的水资源管理措施，才能比较完满地使水资源开发利用达到预期目标。

水资源管理以提高水资源的有效利用率，维护水资源的合理分配，保护水资源的持续开发利用，保护水源和充分发挥水工程的最大社会效益、环境效益和经济效益而进行的对水资源优化调度，以及对各种类型的水工程（防洪、灌溉、发电、航运、其他供水以及为任何目的而需在水域内修建的工程）的合理规划及布局进行协调与统筹安排等为主要内容。

1.4.1 实施水资源规划与管理的意义

1.4.1.1 水资源规划与管理是经济社会可持续发展的迫切要求

我国正处在经济发展和国家建设的重要阶段，社会经济的良性运转离不开水资源这个关键要素。目前，我国诸多地区的经济发展正面临着水问题的严重制约，如防洪安全、干旱缺水、水质恶化和水污染扩散、耕地荒漠化和沙漠化、生态环境质量下降等。要解决这些问题，必须在可持续发展的思想指导下，对水资源进行系统规划、科学管理，为社会经济的发展提供供水、防洪、环境安全保障。

1.4.1.2 水资源规划与管理是发挥水资源最大效益的最佳手段

从前面的叙述可以看出，我国人均水资源量很低，同时由于改革开放以来经济的高速发展，水资源需求量猛增，因此如何使有限的水资源发挥最大的社会效益、经济效益、环境效益是当前亟待解决的重要问题之一。根据社会经济发展需求，通过水资源规划手段，分析当前所面临的主要水问题，同时提出可行的水资源优化配置方案，使得水资源分配既能维持或改善当前的生态环境，又能发挥最大的综合效益。通过水资源管理手段，包括供水调度、排水监控、污水处理等工程管理措施和方案选择，水价调整等非工程管理措施，确保水资源优化配置方案能落到实处并发挥预期效果。

1.4.1.3 水资源规划与管理是新时期水利工作的重要环节

目前，我国水利工作正处于四个转变的过渡时期：从工程水利向资源水利转变，从传统水利向现代水利转变，从以牺牲生态环境为代价发展经济的观念向提倡人与自然和谐共存的思想转变，从对水资源的无节制开发利用向以可持续发展为指导思想的合理开发转变。这些转变既反映了新时期对水利工作更高的要求，又反映了人类对世界更理性的认识。水资源规划与管理正是实现这四个转变的重要载体，只有在社会经济—水资源—生态环境复合大系统的框架下，充分运用水资源规划与管理这个重要的水利技术手段，才能早日实现水利现代化的飞跃。

1.4.1.4 水资源规划与管理是水务体制改革的重要方面

自1993年7月深圳市实施水务体制改革以来，水务体制改革已在全国范围内不断深入。水务体制改革体现了精简高效和一事一部的机构设置原则，也有利于对水资源的统一调配、统一管理，使水源、供水、节水、排水和污水处理及中水回用有机结合起来，目前已取得显著成效。可以看出，水务体制改革的一个重要方面就是加强水资源规划与管理工作的科学性、系统性和整体性，只有做到这一点，才能算真正意义上实现了水务一体化管理。

1.4.2 实施水资源规划与管理的要求

随着当今世界对水资源开发利用规模的不断扩大,地区之间、部门之间的用水矛盾将更加尖锐,经济发展与生态环境保护的冲突也日益紧张。在这种形势下,人们不得不更加注重社会、经济、环境之间的协调发展,地区、部门之间的协调用水,当代社会与未来社会之间的协调过渡。这就向传统的水资源规划与管理思想提出了挑战,具体体现在以下几个方面。

1.4.2.1 必须加强水资源规划与管理的系统性研究

由于水资源系统不是一个独立的个体,它与人类社会、生态系统和自然环境等外部要素紧密相连,它们之间相互作用、相互影响、相互制约。因此,在开展水资源规划与管理工作时,必须将它们作为一个系统,进行系统分析和研究。同时,就水资源本身而言,它也包含着许多属性和用途,如水量和水质属性,地表水和地下水分类,生产用水、生活用水和生态用水不同用途等。因此,只有把水资源的各个方面都纳入一个整体来研究,才能避免出现这样或那样的不良影响和问题。

1.4.2.2 必须加强多学科的基础性研究

水资源规划与管理研究的内容比较广泛,仅靠水利科学的理论知识是不能满足实际需求的,必须加强水利科学、社会经济学、生态学、环境科学、数学和化学等多种学科的基础性研究,制订可行的水资源规划与管理准则。同时,要加强多学科之间的交叉运用和融合,借鉴其他学科的理论和思想,并运用到实际工作中去,这样才会使研究内容更全面、更具备通用性和实用性。

1.4.2.3 必须加强可持续发展思想的指导作用

在进行水资源规划与管理时,应当考虑长远的效应和影响,包括对后代人用水的影响,以及考虑“当代人用水而不危及后代人用水”的条件。现行水资源规划与管理的准则已经不能满足可持续发展的要求,新的时期提出了更高的要求和新的行为准则,因此要从《21世纪议程》要求的社会、经济、资源、环境相协调的高度,确立具体的可持续量化指标和方法,同时必须坚持以可持续发展思想作为开展工作的行动指南和指导思想,将可持续发展的思想落到实处。

1.4.2.4 必须加强满足可持续发展条件下的情景分析

现行水资源系统分析方法在对实施方案进行论证时,往往拿方案实施后与实施前的状态进行比较。然而除了这方面要求,还应该考虑目前状态(未建工程)和未来状态(已建工程)相对参考生态系统(满足可持续发展)的比较评价。因为在现状条件下,生态环境质量可能已经不能满足可持续发展的要求了。

1.4.2.5 必须加强新技术和新理论的应用研究

随着科技水平的飞速发展,新理论、新技术(如遥感信息系统、地理信息系统、社会经济信息系统和水文信息系统、决策支持系统等)已在诸多领域得到广泛运用,并推动了各学科的前进和发展。水资源规划与管理也应跟上时代前进的步伐,积极吸纳前沿的技术和方法,加强与它们之间的结合和应用,使水资源系统的研究层次和科学管理水平有所提高,以适应现代化管理的需要。

第2章　水资源规划与管理的基本内容

关于水资源规划与水资源管理的概念有很多定义和论述，然而不少名词界定模糊，甚至混淆不清，有的把水资源规划纳入水资源管理中去等同使用，有的虽做了区分，但界限不是很清晰。

其实，水资源规划与水资源管理是两个联系十分密切但又相互独立的概念。水资源规划是我国水利规划的重要组成部分，对水资源的合理评价、供需分析、优化配置和有效保护具有十分重要的指导意义。水资源管理是对水资源开发、利用和保护的组织、协调、监督和调度等方面的具体实施，是我国水利部门行使行政职能，合理利用水资源，以达到最佳综合效益的有效保证。它们在水利工作中的侧重点不同，前者往往强调工程实施前的总体安排，后者则偏重于工程运行时的管理调度。本章将介绍水资源规划和水资源管理的概念、研究内容、工作流程以及可持续发展的指导思想等。

2.1　水资源规划的基本内容

水资源规划的概念形成由来已久。它是人类长期从事水事活动的产物，是人类在漫长的历史长河中通过防洪、抗旱、开源、供水等一系列的水利活动逐步形成的理论成果，并且随着人类认识的提高和科技的进步而不断得以充实和发展。

2.1.1　水资源规划的概念

美国的古德曼（A. S. Goodman）认为，水资源规划就是在开发利用水资源的活动中，对水资源的开发目标及其功能在相互协调的前提下作出的总体安排。我国的陈家琦教授则认为，水资源规划是指在统一的方针、任务和目标的约束下，对有关水资源的评价、分配和供需平衡分析及对策，以及方案实施后可能对经济、社会和环境的影响方面而制定的总体安排。左其亭教授等曾给出如下定义：水资源规划是以水资源利用、调配为对象，在一定区域内为开发水资源、防治水患、保护生态环境、提高水资源综合利用效益而制订的总体措施计划与安排。由此可见，水资源规划的概念和内涵随着研究者的认识、侧重点和实际情况的不同而有所差异。《中华人民共和国水法》将水资源规划论述为开发、利用、节约、保护水资源和防治水害，应当按照流域、区域统一制订规划。规划分为流域规划和区域规划。流域规划包括流域综合规划和流域专业规划，区域规划包括区域综合规划和区域专业规划。综合规划是指根据经济社会发展需要和水资源利用现状编制的开发、利用、节约、保护水资源和防治水害的总体部署。专业规划是指防洪、治涝、灌溉、航运、供水、水力发电、竹木流放、渔业、水资源保护、水土保持、防沙治沙、节约用水等规划。

水资源规划可以为将来的水资源开发利用提供指导性建议，它小到江河湖泊、城镇乡村的水资源供需分配，大到流域、国家范围内的水资源综合规划、配置，具有广泛的应用价值和重要的指导意义。

2.1.2 水资源规划的任务、内容和目的

水资源规划的基本任务是：根据国家或地区的经济发展计划、生态环境保护要求，以及各行各业对水资源的需求，结合区域内或区域间水资源条件和特点，选定规划目标，拟订开发治理方案，提出工程规模和开发次序方案，并对生态环境保护、社会发展规模、经济发展速度与经济结构调整提出建议。这些规划成果将作为区域内各项水利工程设计的基础和编制国家水利建设长远计划的依据。

水资源规划的主要内容包括：水资源量与质的计算与评估、水资源功能的划分与协调、水资源的供需平衡分析与水量科学分配、水资源保护与灾害防治规划以及相应的水利工程规划方案设计与论证等。

水资源规划的目的是合理评价、分配和调配水资源，支持社会经济发展，改善生态环境质量，以做到有计划地开发利用水资源，并达到水资源开发、社会经济发展及生态环境保护相互协调的目标。

水资源规划涉及的内容包括水文学、水资源学、社会学、经济学、环境学、管理学以及水利工程经济学等多门学科，涉及国家或地区范围内一切与水有关的行政管理部门。因此，如何使水资源规划方案既科学、合理，又能被各级政府和水行政主管部门乃至一般用水者所接受，确实是一个难题。特别是随着社会的发展，人们的思想观念和对水资源的需求在不断变化，如何面对未来变化的社会以及变化的自然，如何面对社会经济发展与水资源利用以及生态环境保护相协调的可持续发展，都给水资源规划提出了严峻挑战。

2.1.3 水资源规划的类型

根据规划的对象和要求，水资源规划可分为以下几种类型。

2.1.3.1 流域水资源规划

流域水资源规划（简称流域规划）是指以整个江河流域为研究对象的水资源规划，包括大型江河流域的水资源规划和中小型河流流域的水资源规划。其研究的区域一般是按照地表水系的空间地理位置划分的，以流域分水岭为研究水资源的系统边界。内容涉及国民经济发展、地区开发、自然资源与环境保护、社会福利与人民生活水平的提高，以及其他与水资源有关的问题。其研究的对象一般包括防洪、灌溉、排涝、发电、航运、供水、养殖、旅游、水环境保护、水土保持等内容。针对不同的流域规划，其侧重点有所不同，比如黄河流域规划是以水土保持规划为重点，淮河流域规划是以水资源保护规划为重点，塔里木河流域规划是以生态环境保护规划为重点。关于江河流域规划，水利部出台了《江河流域规划编制规范》（SL 201—2015），可供参考。

2.1.3.2 跨流域水资源规划

跨流域水资源规划是指以一个以上的流域为对象，以跨流域调水为目的的水资源规划。比如，为南水北调工程的实施进行的水资源规划，为“引黄济青”“引青济秦”工程实施进行的水资源规划。跨流域调水涉及多个流域的社会经济发展、水资源利用和生态环

境保护等问题。因此,其规划考虑的问题要比单个流域规划更广泛、更深入,不仅需要探讨水资源的再分配可能对各个流域带来的社会经济影响、生态环境影响,还需要探讨水资源利用的可持续性以及对后代人的影响及相应对策。

2.1.3.3 区域水资源规划

区域水资源规划是指以行政区或经济区、工程影响区为对象的水资源规划。其研究的内容基本与流域水资源规划相近,其规划的重点视具体的区域和水资源服务功能的不同而有所侧重。比如,有些地区是洪灾多发区,水资源规划应以防洪排涝为重点;有些地区是缺水的干旱区,则水资源规划应以水资源合理配置、实施节水措施与水资源科学管理为重点。在做区域水资源规划时,既要把重点放在本地区,又要兼顾更大范围或流域的水资源总体规划,不能只顾当地局部利益而不顾整体利益。

2.1.3.4 专门水资源规划

专门水资源规划是指以流域或地区某一专门任务为对象或为某一行业所做的水资源规划。比如,防洪规划、水力发电规划、灌溉规划、城市供水规划、水资源保护规划、航运规划及某一重大水利工程规划(如三峡工程规划、小浪底工程规划)等。这类规划针对性比较强,就是针对某一专门问题,但在规划时不能仅盯住要谈论的专门问题,还要考虑对区域或流域的影响及区域或流域水资源利用的总体战略。

2.1.4 水资源规划的原则

水资源规划是根据国家的社会、经济、资源、环境发展计划、战略目标和任务,同时结合研究区域的水文水资源状况来开展工作的。这是关系国计民生、社会稳定和人类长远发展的一件大事。在制订水资源规划时,水行政主管部门一定要给予高度重视,在力所能及的范围内,尽可能充分考虑社会经济发展、水资源充分利用、生态环境保护的协调,尽可能满足各方面的需求,以最小的投入获取最满意的社会效益、经济效益和环境效益。水资源规划一般应遵循以下原则。

2.1.4.1 全局统筹、兼顾局部

水资源规划实际上是对水资源本身的一次人为的再分配,因此只有把水资源看成一个系统,从整体的高度、全局的观点来分析、评价水资源系统,才能保证系统整体最优的目标。一切片面追求某一地区、某一方面作用的规划都是不可取的。当然,从全局出发并不是不考虑某些局部要求的特殊性,而应是从全局出发,统筹兼顾某些局部要求,使全局与局部辩证统一。如在对西北干旱地区作水资源规划时,既要考虑地区之间、城乡之间以及流域上下游之间的水量合理分配,又要考虑一些局部地区的特殊用水(如防止塔里木河下游台特玛湖干涸和生态环境恶化的用水)。

2.1.4.2 系统分析与综合利用

如前所述,水资源规划涉及多个方面、多个部门和多个行业。同时,客观因素的制约,导致水资源供与需很难完全一致。这就要求在进行水资源规划时,既要对问题进行系统分析,又要采取综合措施,尽可能做到一水多用、一库多用、一物多能,最大可能满足各方面的需求,让有限的水资源创造更多的效益,为人类做出更多的贡献。国外在这方面有许多成功经验值得我们借鉴。如澳大利亚曾以“绿色奥运”的口号取得了2000年奥运会的

主办权，其水资源的充分利用和管理具有较强的代表性，在奥运村建有污水处理厂，40%的用水经处理后又回用于清洗、绿化等。

2.1.4.3 因时因地制订规划方案

水资源系统不是一个孤立的系统，它不断受到人类活动、社会进步、科技发展等外部环境要素的作用和影响。因此，它是一个动态的、变化的系统，具备较强的适应性。在做水资源规划时，要考虑到水资源的这些特性，既要因时因地合理选择开发方案，又要留出适当的余地，考虑各种可能的新情况的出现，让方案具有一定应对变化的能力。同时，要用发展的眼光，随时吸收新的内容和科学技术，发现新出现的问题，及时调整水资源规划方案，以满足不同时间、不同地点对水资源规划的需要。

2.1.4.4 实施的可行性

无论是什么类型的水资源规划，在最终选择水资源规划方案时，既要考虑所选方案的经济效益，又要考虑方案实施的可行性，包括技术上是可行的、经济上是合理的、时间上是可能的。如果不考虑实施的可行性，往往制订出来的方案不可实施，成为一纸空文，毫无意义。如，有的学者曾提出把喜马拉雅山炸开一个缺口，让印度洋的水汽进入我国西北地区以增加当地降水，从而改变青藏高原和西北干旱区的面貌。这种说法作为一种科学假想可以，而实际运作是不科学的。因为炸开喜马拉雅山，将会对西北地区现有的生态系统产生较大扰动，而且即使炸开后，水汽是否能到达我国西北地区、对我国其他地区（如湖南、广东和福建）会产生什么影响，都需要进行科学的论证后再下结论（吴季松，2002）。

2.2 水资源管理的基本内容

随着当今社会水资源问题的日益突出，人们普遍把解决用水矛盾的希望寄托在对水资源的科学管理上。水资源管理受到了前所未有的重视，同时面临着巨大的压力和挑战。

2.2.1 水资源管理的概念

水资源管理是指对水资源开发、利用和保护的组织、协调、监督和调度等方面的实施，包括运用行政、法律、经济、技术和教育等手段，组织开发利用水资源和防治水害；协调水资源的开发利用和治理与社会经济发展之间的关系，处理各地区、各部门间的用水矛盾；监督并限制各种不合理开发利用水资源和危害水源的行为；制订水资源的合理分配方案，处理好防洪和兴利的调度原则，提出并执行对供水系统及水源工程的优化调度方案；对来水量变化及水质情况进行监测与相应措施的管理等（陈家琦等，1987）。

水资源管理是水行政主管部门的重要工作内容，它涉及水资源的有效利用、合理分配、保护治理、优化调度，以及一切与水利工程的布局协调、运行实施及统筹安排相关的具体工作。其目的是通过水资源管理的实施，以做到科学、合理地开发利用水资源，支持社会经济发展，改善生态环境质量，并达到水资源开发、社会经济发展及生态环境保护相互协调的目标。

2.2.2 水资源管理的内容

水资源管理是一项复杂的水事行为,其内容涉及范围很广。归纳起来,水资源管理工作主要包括以下几部分内容。

2.2.2.1 加强宣传教育,提高公众觉悟和参与意识

加强对有关水资源信息和业务准则的传播和交流,广泛开展对用水户的教育。提高公众对水资源的认识,应该让公众意识到:水资源是有限的,只有在其可承载的范围内开发利用,才能保证水资源利用的可持续性;如果随意引用和污染,必然导致水资源短缺的后果。公众的广泛参与是实施水资源可持续利用战略的群众基础,因此水资源管理工作具有宣传的义务和职责。

2.2.2.2 制定水资源合理利用措施

制订目标明确的国家和地区水资源合理开发利用实施计划与投资方案;在自然、社会和经济的制约条件下,实行最适度的水资源分配;采取征收水费以及其他经济措施,以制止不合理的用水行为,这是确保水资源可持续利用的重要手段。因此,水资源管理工作具有制定决策和实施决策的功能与义务。

2.2.2.3 制定水资源管理政策

为了管好水资源,必须制定一套合理的管理政策。比如,水费和水资源费征收政策、水污染保护与防治政策等。通过需求管理、价格机制和调控措施,实行对水资源合理分配的政策。因此,水资源管理工作具有制定管理政策的义务和执行管理政策的职责。

2.2.2.4 水资源统一管理

坚持利用与保护统一、开源与节流统一、水量与水质统一。保护和涵养潜在的水资源,开发新的和可替代的供水水源,推动节约用水,对水的数量和质量进行综合管理。这些都是水资源统一管理的要求,也是实施水资源可持续利用的基本支撑条件。

2.2.2.5 实时进行水量分配与调度

水资源管理部门具有对水资源实时管理的义务和职责。在洪水季节,需要及时预报水情、制定防洪对策、实施防洪措施;在旱季,需要及时评估旱情、预报水情、制定并组织实施抗旱具体措施。因此,水资源管理部门具有防治水旱灾害的义务。

2.2.3 水资源管理的原则

水资源管理是由国家水行政主管部门组织实施的、带有一定行政职能的管理行为,对一个国家和地区的生存和发展有着极为重要的作用。加强水资源管理,必须遵循以下原则。

2.2.3.1 坚持依法治水

我国现行的法律、规范是指导各行业工作正常开展的依据和保障,也是水利行业合理开发利用和有效保护水资源、防治水害、充分发挥水资源综合效益的重要手段。因此,水资源管理工作必须严格遵守我国的相关法律和规章制度,如《中华人民共和国水法》《中华人民共和国水污染防治法》《中华人民共和国水土保持法》《中华人民共和国环境保护法》等。这些是水资源管理的法律依据。

2.2.3.2 坚持水是国家资源

水,是属于国家所有的一种自然资源,是社会全体共同拥有的宝贵财富。水资源虽然可以再生,但它毕竟是有限的。过去,人们习惯地认为水是取之不尽、用之不竭的。实际上,这是不科学的、浅显的认识,它可能会导致人们无计划、无节制地用水,从而造成水资源的浪费。因此,加强水资源管理首先应该从观念上认识到水是一种有限的宝贵资源,必须加以精心管理和保护。

2.2.3.3 坚持整体考虑和系统管理

前面提到过,人类所能利用的水资源是非常有限的。因此,一个地区、一个部门滥用水资源,都可能会影响相邻地区或部门的用水保障;某一地区、某一部门随便排放废水、污水,也可能会影响相邻地区或部门的用水安全。因此,必须从整体上来考虑对水资源的利用和保护,系统管理水资源,避免"各自为政""损人利己""强占滥用"的现象发生。

2.2.3.4 坚持用水资源价格来进行经济管理

长期以来,人们认为水是一种自然资源,是无价值、可以无偿占有和使用的,这导致了对水资源的滥用,浪费极大。水本身是有价值的,应把加强水权管理摆在战略位置,明确水是商品,通过改革水价体制,制定合理的水资源价格,来实现对水资源管理的宏观调控,调节各行各业的用水比例,达到水资源合理分配、合理利用的目标。同时,适时、适度地调整水资源和水费的征收幅度,还可以调动全社会节水的积极性。因此,用经济的手段来加强水资源管理是可行的。

2.2.4 现行水资源管理的准则

从科学意义和社会实践的观点看,科学准则是一个范例,是在达成共识的基础上,从理论到实践都应遵循的行为准则。就现行的水资源管理准则而言,主要考虑的是以下几个方面的内容。

2.2.4.1 综合效益

综合效益是目前水资源规划与管理所追求的主要目标之一。通常的做法是将水资源分配量作为决策变量,以水资源带来的综合效益为目标函数,其他条件作为约束,建立优化模型,从而得到最优决策方案。因此,追求综合效益就成为现行水资源管理的准则之一。

2.2.4.2 技术效率

技术上可行、效率较高,是现行水资源管理的另一个准则。它要求选定的水资源管理方案在技术上是可行的,并且使用效率较高。如果技术不可行,再好的方案也是不可取的;另外,如果技术上需要很大的代价才能实现,也就是说,使用效率不高时,这样的水资源管理方案也是很难实施的。

2.2.4.3 实施的可靠性

由于水资源系统总是存在着内在和外在的影响因素,在制订水资源管理方案和实施水资源管理措施时,要分析实施的可靠性。尽可能抓住影响实施的主要因素,分析实施的可靠性,寻找有效的对策以保证具体方案的实施。

这些行为准则尽管仍然被现行水资源管理所应用,但是就现状而言,已经不能满足可持续发展目标下的水资源管理的要求,迫切需要逐步转变到新的行为准则上来。

2.3 水资源规划与管理的联系及工作流程

在对水资源规划与水资源管理的概念、内容、原则等进行介绍的基础上,本节将讨论它们之间的联系和区别,同时将叙述水资源规划与管理的工作流程。

2.3.1 水资源规划与水资源管理的联系

总体来说,水资源规划与水资源管理之间的关系为:水资源规划为水资源管理指明了方向,水资源管理将水资源规划落实到位。同时,它们之间还存在如下相似点。

2.3.1.1 具有相同的出发点

水资源规划与水资源管理的目的都是更合理有效地利用水资源,以支持社会经济发展和改善生态环境质量。因此,在开展水资源规划与水资源管理工作时,都必须以可持续发展为指导思想,以如何充分利用有限的水资源来发挥最大的社会效益、经济效益、环境综合效益为最终目标。通过工程措施或非工程措施,使水资源能为人类提供更多的服务,使人类的生存环境朝着良性的方向发展。

2.3.1.2 具有共同的研究对象

水资源系统不是一个孤立的个体,它受到人类活动的影响,为经济发展提供服务。同时,水资源的开发水平又受到生态环境质量优劣的约束。可以说水资源与社会经济、生态环境之间紧密相联、密不可分。因此,在开展水资源规划与水资源管理工作时,其研究对象不仅要包括水资源系统本身,还要考虑水资源所在的外部环境——社会经济系统和生态系统对它的作用,即要以社会经济—生态环境—水资源复合大系统为研究对象,考虑在该系统综合作用下的水资源配置问题。

2.3.1.3 包含相近的研究内容

水资源规划与水资源管理都应坚持可持续发展的指导思想,以可持续发展量化方法作为方案评估的准则和依据。在对水资源现状进行评价分析的基础上,进行社会经济发展预测,研究在一定时段内(水资源管理强调短期内预测,水资源规划则要考虑不同水平年的情况)水资源的供需状况和存在的问题;然后,通过计算机技术寻求解决问题的方案和措施,从而为工程措施的实施提供决策参考。

2.3.1.4 采用相同的研究方法

在进行水资源规划与水资源管理时,常常涉及针对某一问题进行多种方案的决策分析。这就要用到水资源系统分析方法,建立水资源优化配置模型,用寻优技术求得全局最优值,或通过计算机模拟多个方案或多种情景,对其进行评价比较,从中选出最优结果。

2.3.2 水资源规划与水资源管理的区别

2.3.2.1 工作的侧重点不同

虽然水资源规划与水资源管理都包含了对水资源进行优化配置的相关内容,但水资源规划的内容相对单一,重点是通过计算求出使水资源与外部环境平衡协调的最佳方案;

而水资源管理的内容则比较广泛，它更多的是强调人对水资源的能动作用，包括实施水量调度、制定水法、处理水事纠纷、水库河流的日常管理等。

2.3.2.2 技术手段的运用不同

水资源规划的技术手段通常是进行科学分析、论证，在模型计算的基础上，进行决策分析。而水资源管理的技术手段则多种多样，既运用了数学方法进行计算，为决策提供参考，又要通过行政部门的行政职能、水法的法律效力、群众的自身觉悟等多方面来贯彻落实。

2.3.2.3 工作的时效不同

水资源规划往往是对水资源开发利用的远景分析，侧重于对未来状况的预测，时效一般比较长（有近期、中期、远期、远景之分）。而水资源管理则强调实时决策，即对当前状况下水资源进行管理、调配、使用，其时效一般不会太长。

2.3.2.4 对工程的意义不同

水资源规划往往是在水利工程施工前进行的评价论证或规划的可行方案，而水资源管理则往往是在水利工程结束后，进行管理调度，发挥工程的综合效益。如调水工程，在工程施工前，成立了“调水工程规划局”，而在工程建成后，则将其更名为“调水工程管理局”。

2.3.3 水资源规划与管理的工作流程

尽管水资源规划与水资源管理在许多方面存在着差异，但两者的指导思想和理论基础还是基本一致的。本书针对水资源规划与管理的工作目标和内容，从理论方法和计算模块中选取两者的相似部分，构架出水资源规划与管理的工作流程，如图 2-1 所示。

图 2-1 中，左边部分是水资源规划的工作内容和步骤，包括确立规划目标、区划工作、水资源评价、水资源开发利用现状分析、水资源供需分析、水资源优化配置研究和制定具体措施等，详细叙述将在本书第 10 章展开。

右边部分是水资源管理的工作内容和流程，包括水资源信息、社会经济信息的获取与传输，建立管理优化模型，寻找最优管理方案，管理措施实施的可行性分析和水资源运行调度等，详细叙述将在本书第 11 章展开。

中间虚框内部分则是水资源规划与管理的基础和理论，即本书所要用到的方法体系，具体包括：对研究区域水循环过程进行模拟，进而进行水量平衡分析计算；计算生态环境需水量与水环境容量，从水量、水质两个方面分析生态系统的承载状况，进而提出水资源保护措施；通过对社会经济系统发展预测求出各项经济指标、人口增长速度等，进而得出社会经济需水量；在对以上环节分析的基础上，求出整个系统的水资源供需状况，再通过系统分析的方法和方案的拟订、评价，对规划目标和管理目标的方案进行优选；最后通过可持续发展量化理论方法评价各方案是否符合可持续发展的基本要求。这些内容将在本书第 3 ~ 9 章中分别进行介绍。

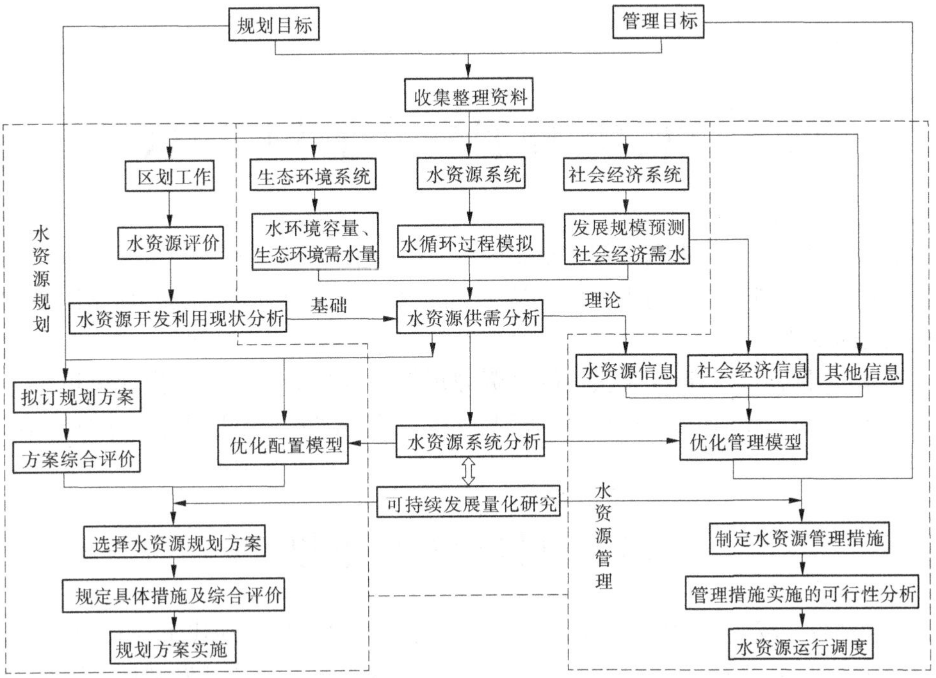

图 2-1　水资源规划与管理的工作流程

思考题

2-1　水资源管理应该坚持哪些原则?

2-2　从可持续发展的概念及要求角度,论述“加强宣传和公众广泛参与”对水资源管理的重要性。

2-3　简述水资源规划与管理的联系及区别。

2-4　水资源规划与管理研究为什么需要坚持可持续发展的指导思想?在实际应用中会面临哪些问题或困难?

2-5　以你比较熟悉的城市为例,介绍其存在的水问题,并从可持续发展的高度,论述解决这些问题的主要措施。

第3章 水资源规划与管理的指导思想

水资源规划与管理是水利工作的重要内容之一，是一项涉及面很广、专业性很强的业务工作。水资源规划与管理的指导思想是一个国家或地区的治水思想的具体体现，随着时代的变迁而变化。

本章将介绍我国政府近年来实施的水资源规划与管理的几个主要指导思想，包括可持续发展思想、人水和谐思想、最严格水资源管理制度、水生态文明理念和新时期治水思路。

3.1 可持续发展思想

传统水利以工程建设为中心，以追求经济效益为最终目标。现代水利有别于传统水利，其工作目标是追求人与自然的和谐共存，追求水资源的可持续开发利用。因此，新时期的水资源规划与管理必须坚持以可持续发展为指导思想，以水资源优化配置为技术手段，协调处理好经济社会、生态环境与水资源开发利用之间的关系。

3.1.1 可持续发展的概念

3.1.1.1 可持续发展思想的由来

可持续发展思想是随着人类的生产力水平的不断提高而逐步形成的。在远古时期，人类的生产力水平极低，与自然做斗争的唯一目标就是生存，此时人类与自然融为一体。随着农业文明的到来，人类的生产力水平有了较大的提高，能够利用自身的力量去影响和改变局部的自然环境，在创造财富的同时产生了一定的环境问题。但从整体上来看，在这一时期，人类对自然的破坏力有限，仍能与自然和平共处。进入工业革命后，人类与自然的关系发生了重大变化。随着培根和笛卡儿提出的“驾驭自然、做自然的主人”机械论的传播，人类已不满足于自己在自然界的被动地位，开始对大自然进行大肆开发、掠夺和破坏，生态系统的平衡受到严重干扰以致破坏。直到进入20世纪后，威胁人类生存、发展和环境问题不断在全球显现，人类才开始重新审视自己的行为，并对人类和自然之间的合作关系作出新的定位。

1935年，英国坦斯莱第一次提出生态系统的概念，从“生态平衡”入手，把人类与自然关系的研究引上科学轨道。1968年4月，来自世界各地的30多名专家学者聚集于罗马，全面研究了限制和最终决定人类社会发展的基本因素（人口、自然资源、环境污染、工业和农业生产等），并于1972年提出了著名的研究报告——《增长的极限》（The Limits to Growth）。它对于人类的自我认识、自我反思起到了巨大的推动作用。1987年的世界环境与发展委员会上，由布伦特兰夫人等作了题为《我们共同的未来》（Our Common Future）

的报告。该报告正式提出了可持续发展的新设想,并对可持续发展模式作了较深入的探讨。1992 年 6 月,被称为"地球首脑会议"的"世界环境与发展大会"在巴西里约热内卢由联合国组织召开。各国政府首脑聚集一堂,商讨人类摆脱环境危机的对策。会议通过了意义深远的《21 世纪议程》,这标志着可持续发展思想得到全球共识并在各国取得合法性。

3.1.1.2 可持续发展的概念与内涵

可持续发展(Sustainable Development)的原始概念来源于生态学,最早由联合国教科文组织(UNESCO)科技政策处在 20 世纪 70 年代使用,在公开国际文件中最早出现于 1980 年由国际自然保护同盟制定的《世界自然资源保护大纲》。

尽管许多机构和专家从不同角度对可持续发展作了不同的理解和定义,但较为常用的是布伦特兰夫人在《我们共同的未来》报告中提出的定义,即可持续发展是指"人类在经济社会发展和能源开发中,确保它满足目前的需要而不破坏未来发展需求的能力"。它有三个基本要求:第一,开发不允许破坏地球上基本的生命支撑系统,即空气、水、土壤和生态系统;第二,发展必须在经济上是可持续的,即能从地球自然资源中不断地获得食物和维持生态系统的必要条件与环境;第三,要求建立国际间、国家、地区、部落和家庭等各种尺度上的可持续发展社会系统,以确保地球生命支撑系统的合理配置,共同享受人类发展与文明,减少贫富差别。

从可持续发展的概念可以看出,可持续发展的内涵十分丰富,涉及社会、经济、人口、资源、环境、科技、教育等各个方面,但究其实质是要处理好人口、资源、环境与经济协调发展的关系。其根本目的是满足人类日益增长的物质和文化生活需求,不断提高人类的生活质量。其核心问题是有效管理好自然资源,为社会进步和经济发展提供持续的支撑力。

可持续发展的内涵概括如下:

(1)促进社会进步是可持续发展的最终目标。可持续发展的核心是"发展",是要为当今和子孙后代造福。造福的标准不仅仅是经济增长,还特别强调用社会、经济、文化、环境、生活等多项指标来衡量,需要把当前利益与长远利益、局部利益与全局利益有机地结合起来,使经济增长、社会进步、环境改善统一协调起来。

(2)可持续发展以资源、环境作为其支撑的基本条件。因为社会发展与资源利用和环境保护是相互联系的有机整体,如果没有资源与环境作为基本支撑条件,也就谈不上可持续发展。资源的持续利用和环境保护的程度是区分传统发展与可持续发展的主要标准,所以如何保护环境和有效利用资源就成为可持续发展研究的首要问题。

(3)可持续发展鼓励经济增长,但可持续发展所鼓励的经济增长绝不是以耗竭资源、污染环境为代价,而是力求减少消耗、避免浪费、减小对环境的压力。

(4)可持续发展强调资源在当代人群之间以及代际之间公平合理地分配。为了全人类长远和根本的利益,当代人群之间应在不同区域、不同国家之间协调好利益关系,统一、合理地使用地球资源,以期共同实现可持续发展的目标。同时,当代人也不应只为自己谋利益而滥用资源,在追求自身的发展和消费时,不能剥夺后代人理应享有的发展机会,即人类享有的权利和承担的义务应是统一的。

(5)可持续发展战略的实施以适宜的政策和法律体系为条件,必须有全世界公众的广泛参与。可持续发展是全球的协调发展,虽然各国可以自主选择可持续发展的具体模式,但是生态环境问题是全球的问题,必须通过全球综合的、整体的发展加以解决。因此,各国必须着眼于整个人类的长远利益和根本利益,积极统一采取行动,加强合作,协调关系。同时,积极倡导全社会公众的广泛参与。

3.1.2 可持续水资源管理的提出

"可持续发展"这一涉及人类社会方方面面的新观念的出现,是人类思想认识的一次飞跃,同样由"可持续发展"派生出来的"可持续水资源管理"的理念,则激发了水利科学和水利技术的一场深刻革命。

3.1.2.1 可持续水资源管理的由来

针对已出现的水问题和 21 世纪所面临的水压力,国际社会十分重视,水资源学术界也曾多次召开学术研讨会专题讨论有关问题。比如,1996 年 10 月在日本东京召开的《国际水资源及环境研究大会:面向 21 世纪新的挑战》以及 1998 年 5 月在中国武汉召开的《国际水资源量与质的可持续管理》的学术研讨会等,都反映了国际社会对水问题的高度重视。

如何研究可持续发展目标下的水资源管理问题,已被提到十分重要的地位,并逐渐形成了"可持续水资源管理"的概念。1996 年,联合国教科文组织国际水文计划工作组将可持续水资源管理定义为"支撑从现在到未来社会及其福利而不破坏它们赖以生存的水循环及生态系统完整性的水的管理与使用"。它要求在水资源规划、开发和管理中,寻求经济发展、环境保护和人类社会福利之间的最佳联系与协调,即人们常说的探求水资源开发利用和管理的良性循环。可持续水资源管理与现行的水资源管理相比,它特别强调了未来变化、社会福利、水循环、生态系统保护这样完整性的水的管理。简言之,它是"使未来遗憾可能性达到最小的水的管理决策"。

3.1.2.2 可持续水资源管理的基本特点

可持续水资源管理的基本特点主要表现在以下两个方面:

(1)面向可持续发展。在可持续水资源管理中,考虑可持续发展是首要的,其中不仅仅指水资源在代际间公平分配,社会—经济—资源—环境的协调发展,十分现实的还有当代人群之间、流域的上下游之间和跨流域之间的水资源合理分配及区域社会、经济与环境的协调发展问题。由于我们只有一个地球和有限的水资源,当人类活动与开发利用程度超过水资源的承载能力时,与自然界的水循环系统紧密联系的生态系统就会遭到破坏,并且恢复十分困难。所以,在水资源规划和管理中,必须考虑水资源的承载能力和水资源系统本身对自然界生态系统的影响,必须以可持续发展思想为指导,使有限的水资源能够可持续利用。

(2)考虑未来大范围环境的变化与影响。过去水资源规划与管理主要考虑工程所在地区或者本流域的影响问题,而对跨地区、跨流域或大陆尺度甚至全球气候变化影响考虑不多或者没引起重视。现代水科学的观点与之有很大的不同,它要求解决水资源问题必须进行综合管理,通过纳入一种能够比较客观反映实际的综合分析体系中,识别各种生态系统要素间的相互作用,预测未来的变化。因为在较长的时间范围内,期望区域或流域的系统特征稳定不变是不太可能的。随着社会的发展,都市化的土地利用在发生变化,生态系统在发生变化,农业开发以及经济社会条件在发生变化,社会价值系统也在发生变化。因此,预测这些变化显得十分重要,现代水资源规划与管理就必须考虑这些在未来可能发生变化的影响。

3.1.3 可持续发展对水资源规划与管理的指导意义

如今,可持续水资源管理的概念和思想逐渐被大家所认识和接受,可持续水资源管理中的科学准则与理论方法也在不断完善和发展。对于水资源规划与管理来说,可持续发展的指导意义可以从以下三方面来分析。

3.1.3.1 从人类水利发展的历史进程来看

纵观人类兴水利除水害的漫长历史,大体可以划分为以下三个阶段:

(1)原始水利阶段。该阶段水利活动的主要目标是解决人类生存问题。水资源的开发利用仅根据当时的经济技术条件,为满足当地的生产发展需要,进行灌溉、航运、防洪等单目标开发。其决策的依据也常限于某一地区或局部的直接利益,很少进行以整条河流或整个流域为目标的开发利用规划。由于在初期阶段中,生产力水平低,人口稀少,经济社会发展对水的需求量远小于水资源可利用量,这样水就给人们产生取之不尽、用之不竭的印象。

(2)传统水利阶段。该阶段以水利工程建设为主要措施来保障人类经济社会发展对水资源的需求。在此阶段,水资源的开发利用已由单一目标发展到多目标的综合利用,也开始注重水资源的统一规划、兴利除害、综合利用。在技术方法方面,常通过一定数量的方案比较来确定流域或区域的开发方式,提出工程措施的实施程序。但水资源的开发规划目标和评价方法,大多以区域经济的需求为前提,以工程或方案的技术经济指标最优为依据,未涉及经济以外的其他方面。在这个阶段中,由于大规模的水资源开发利用工程建设,可利用水资源量与经济社会发展的各项用水逐步趋于平衡,或天然水体环境容量与排水的污染负荷逐渐超出平衡。个别地区在枯水期出现了缺水现象,在丰水期又频发洪水,水环境问题日益突出。这种状况向传统水利提出了挑战,迫使水利建设的观念向协调发展的思想转变。

(3)现代水利阶段。该阶段是以水资源优化配置理论为基础,以水资源合理分配与统一管理为主要措施,实现水与社会、经济、环境的持续协调发展。水资源开发利用特别强调要与国民经济生产力布局、产业结构调整以及生态环境保护等紧密结合,统筹考虑社会、经济、环境等各个方面的因素,进行统一的管理和持续的开发利用,使水资源开发、利用、保护和管理有机结合,使水资源与人口、经济、环境协调发展,争取实现水资源总供给与总需求的基本平衡。目前,我国正处于现代水利阶段。

从三个阶段的转变可以看出,在现阶段,随着人口的增长和经济社会的发展,用水量在不断增加,相应的污、废水排放量也在增长,水资源与经济社会发展、生态环境保护的不协调关系在"水"上表现得十分突出,比如出现的水资源短缺、水环境问题等。如果再按照传统水利的趋势发展下去,水问题将更加突出,甚至会对人类造成灾难性威胁。正如一位科学家所形容的,"人类如果再这样浪费宝贵的水资源,那过不了多少年,人们见到的最后一滴水,将是人类的眼泪”。为了及时有效地解决出现的水问题,必须加强水资源的规划与管理,统筹考虑水资源与社会、经济、环境之间的协调,走可持续发展道路。

3.1.3.2 从21世纪水资源面临的压力和挑战来看

21世纪全球水资源面临的压力将有增无减,突出表现在以下几个方面:

(1)水资源需求量不断增加,供需矛盾日益突出。到2050年,预计世界人口将增至106亿人左右,大约是20世纪末人口的2倍。全球的用水量也将在20世纪末的基础上翻一番。而目前几乎所有易获得的水源都已经开发或正在开发之中,特别是某些缺水地区,水资源超采十分严重,几乎到了掠夺性开采的地步。在中东、南非、中国西北干旱区,都出现了严重缺水的局面。从全球一般情况来看,各国可获得的淡水量都是有限的,而人类的需水量是不断增加的。随着这种供需矛盾的日益尖锐,必将带来严重的水问题。并且,水资源的供需矛盾也对世界和平构成威胁,这已引起联合国和国际社会的高度重视。

(2)污水排放量逐年增加,可利用水资源污染严重。据统计,21世纪初期全世界每年有约420亿 m^3 污水排入江河湖海,使5 500亿 m^3 水资源受到污染,约占全年径流量的14%以上,而且污染的多是城市周围水源,许多城市守着江河却不能用。随着用水量的增加,在污水处理率改观不大的情况下,污水的排放量也必然增加,并且这种状况在很多国家或地区还会持续很长一段时间。可以预言,在21世纪,水资源污染会更加严重,在许多地区将会出现水质型缺水。这必然影响到原本就已短缺的水资源,也是对人们身体健康的一种威胁。

(3)对水资源的开发投资不足,技术相对落后,统一规划、统一管理需要进一步落实,水资源价格政策仍需不断调整。对水资源的开发利用是一项系统工程,涉及面广、影响因素众多,需要资金、技术、政策、法规、管理等方面的配合。然而,由于用水量的增加,供水规模和开发成本也越来越大,需要更多的资金和更强的技术作为后盾,需要合理的水资源价格政策作为调控手段,需要流域进一步统一规划、统一管理,吸引全社会公众的广泛参与。实际上,完全满足这些需要是十分困难的,这也为21世纪水资源开发利用带来了很大压力。

为了缓解水资源面临的压力,适应现代社会发展的要求,传统的水利观念和方法必须转变和创新。21世纪水资源管理的目标就是确保经济社会系统和生态环境系统的协调发展,走可持续发展道路。

3.1.3.3 从21世纪水资源关注的重点来看

在21世纪,由于特殊的社会发展阶段和面临的水资源压力,水资源规划与管理的重点发生转移,其主要表现为:

(1)实行流域水质与水量、地表水与地下水的统一规划、统一使用、统一管理。根据水资源系统的观点,制定流域水质与水量、地表水与地下水统一开发利用的长期规划,建立完善的水资源管理体系。

(2)实行水资源与社会、经济、环境的协调发展,同时在协调发展的总背景下,实现水资源的优化调度。一方面,需要以水资源与社会、经济、环境协调发展理论为指导;另一方面,需要以水资源优化配置理论为依据。

(3)通过地理信息系统(GIS)、卫星遥感系统(RS)、气象雷达和决策支持系统建立流域或区域水资源基础信息管理系统和决策系统,对水资源系统变化进行分析计算,对水资源开发利用方案进行优化选择,对水资源开发利用产生的问题进行科学分析,对水资源分配进行实时调度,以提高水资源开发利用的总体水平,包括规划、决策、管理及实时调度等。

(4)改变传统的水供给管理模式,以适应21世纪经济社会发展的需要。采用水资源补偿制度、取水许可制度,建立竞争型需水管理模式,建立用水审计制度,制定工业、农业和城镇生活用水标准,鼓励节水技术、方法的应用和创新,实行最严格的水资源管理制度。

(5)吸引全社会的广泛参与。水资源规划与管理不仅是一个科学问题,也是一个社会问题。促进水的有效利用和安全使用,需要公众的支持和参与,建立新的全球水道德,加强水忧患意识和节水意识教育,走向一个新的时代——节水型社会。

以上几个重点问题正是可持续发展思想对水资源规划与管理的要求,因此为了解决21世纪水资源关注的重点问题,就必须坚持可持续发展的观念。

3.2　人水和谐思想

水滋养了人类,但人类又面临着水带来的生存安全危机(缺水危机、洪涝灾害、水污染危害等)。随着人口的增加和经济社会的发展,人水矛盾越来越突出,人和水的关系倍受关注。走人水和谐之路,是正确处理人水关系的重要途径,也是新时期治水思路的本质要求。

本节将阐述人水和谐思想的由来、概念、内涵以及在水资源规划与管理中的应用等。

3.2.1　人水和谐思想的由来

在我国,提倡人与自然、人与水和谐相处的观点由来已久。我国古代就有"天人合一"的哲学思想,大禹治水、都江堰的建设,都使人对水能够趋利避害。西汉贾让提出著名的治河三策,其上策便是人水和谐,指出在抵御洪水的同时,要给洪水以出路。民国时期李仪祉对我国北方地区洪水利用和洪水资源化也有精辟的论述。这些思想对当代治水仍有很重要的借鉴意义。

1999年11月16日,水利部部长汪恕诚在中国水利报社通讯报工作会议上第一次提出人与自然和谐共处。从目前查阅到的文献来看,"人水和谐"一词最早出现于1999年,2001年将"人水和谐"纳入现代水利的内涵及体系之中。2004年,我国将"中国水周"活动主题确定为"人水和谐",人们对人水和谐的思想有了更深入的认识。2005年3月,全国人大十届三次会议提出"实践科学发展观,构建和谐社会"的重大战略思想后,人水和谐成了人与自然和谐相处的关键因素,也成为新时期治水思路的核心内容。

从中国学术期刊中搜索"人水和谐"一词,从1999~2005年共搜索到495篇文章。其中,在2002年以前提到这一词的只有17篇文章,也只是使用了这一词,并没有专门讨论或形成概念。到2003年,已有37篇文章提到"人水和谐"一词,到2004年就达到142篇,2005年上升到299篇,开始讨论和建议以"人水和谐"为水利发展目标。一直到2006年,左其亭等提出了人水和谐的概念及量化研究理论方法框架,并逐步应用于实践。

从目前收集到的资料来看，国内研究在2006年以前多是只提到“人水和谐”概念，并没有对这一概念进行详细讨论，也没有形成比较统一的概念。由于所处背景、所学专业、观点不同，人们对这一概念有不同的认识和阐述，多集中在定性讨论和决策分析上。自2006年以后，人水和谐的相关文献迅速增多，逐步深入探讨人水和谐的量化研究方法及应用实践。

国际上，许多学者开展了全球、区域、流域不同尺度下，与人水相互作用、协调发展有关的研究工作。自20世纪80年代以来，联合国教科文组织（UNESCO）、国际科学联盟理事会（ICSU）、国际水文科学协会（IAHS）、世界气象组织（WMO）等实施了一系列国际水科学研究计划，如国际水文计划（IHP）、国际地圈生物圈计划（IGBP）、世界水资源评价计划（WWAP）、国际人文因素计划（IHDP）、全球气候研究计划（WCRP）、国际生物多样性计划（DIVERSITAS）等，目的是从全球、区域和流域不同尺度和交叉学科途径，探讨人（或人类活动）与水（或自然）的相互作用机制及发展途径。这些研究和努力都为人水关系研究和人水和谐理论研究奠定了基础。2006年以前的文献显示，相关的研究主要是探讨了人类活动与水、生态系统与水、气候与水等之间的单方面或某些方面的关系，但从人文系统与水系统综合“系统”角度来研究人水相互作用关系与和谐发展途径的还比较少，多是采用定性或半定量分析，来研究人类活动与水系统之间的关系，仍缺乏人水和谐量化研究的理论方法及应用研究成果。

3.2.2 人水和谐的概念及内涵

3.2.2.1 人水和谐的概念

不同时期不同文献中，对“人水和谐”的含义有不同的认识和定义。本书认为人水和谐的研究对象是人－水系统，该系统能够依靠自身水循环动力和经济社会动力而演变。人是社会、经济活动的主体，水是人类赖以生存和发展的基础性和战略性自然资源。和谐是和睦、协调之意。在英文中，和谐是“harmonious”，指和谐的、协调的、和睦的。人水和谐是指人文系统与水系统相互协调的良性循环状态，即在不断改善水系统自我维持和更新能力的前提下，使水资源能够为人类生存和经济社会的可持续发展提供久远的支撑和保障。

3.2.2.2 人水和谐的内涵

1. 人水和谐是人与自然和谐相处的重要方面

马克思主义认为，人不是站在自然界之外的存在物，人存在于自然界，也属于自然界的一部分。人与自然的关系是相互联系、相互依存、相互制约的辩证关系。人与自然的统一是相互依存的、和谐的统一。马克思主义阐述的人与自然关系，决不能把人排斥在自然之外，更不能凌驾于自然之上去统治自然、主宰自然。

在人类历史发展进程中，人与自然关系的发展经历了四个时期——依存、开发、掠夺、和谐。

第一个时期，在生产力水平极低的原始社会，人与自然是一种依存的关系，人依附于自然。人类一方面直接或通过简单的生产工具从大自然获得所需的一切，另一方面又要承受自然界给人类生存带来的各种威胁。这一时期，人类被动地适应自然，与自然的关系处于一种原始的和谐状态。

随着生产力水平的提高,青铜器、铁器的使用,至农业、畜牧业出现后,人类开始开发利用自然资源,改变自然,使得这种关系进入了开发阶段。在这一时期,由于人类开发利用自然的能力有限,还没有对自然造成较大的破坏。

但是随着科技的进步和生产力水平的进一步提高,近现代大工业生产出现后,人类的自信心和对生存环境的不满足感,驱使他们去“征服自然”“统治自然”,毫无节制地向大自然索取、掠夺,人与自然的关系进入了第三个时期。在这一时期,掠夺性地开发资源,一方面对大自然造成破坏性的灾难,另一方面也招致大自然对人类的惩罚与报复。

然而,人类终究是理性的,当这种掠夺式的开发难以为继时,人与自然的关系进入了一个新的境界——人与自然和谐相处。

人与自然关系发展的四个时期,在哲学意义上是一种否定之否定、螺旋式上升的过程。在原始社会,人依附于自然,处于“天人合一”的原始和谐状态;在掠夺阶段,主导人们的是“人定胜天”,对人与自然的初级关系给予了否定;现在,人们追求“人天和谐”的境界,就是要否定“人定胜天”的思想。

在地球表面和表层中以各种形态存在的水,是自然赐予包括人类在内全体生物的生命线和宝贵财富。人的生存离不开水,水与人类社会的发展有着极为密切的关系。在人类社会的发展中,水不仅作为维持其生理需要的要素,也是不断丰富人类生活的重要物质。水是自然的重要组成元素,处理好人与水的关系也是处理好人与自然关系的重要内容,人水和谐是人与自然和谐相处的重要方面。

2. 人水和谐是处理好人水关系的重要途径

人类自诞生之日起,就面临着人与水的关系问题,就开始着人水关系的实践。回顾人类历史,从人水关系来看,大致经历了四个阶段:

第一阶段:水侵人阶段。原始社会,生产力极为低下,人类逐水而居,但是对洪水的规律并无认识,洪水肆虐人类,人类束手无策。

第二阶段:人避水阶段。在实践过程中,人类不断认识水的规律,开始采取积极措施(比如修建水利工程)开发利用水、减少水的危害。这一阶段与第一阶段不同的是,人类对洪水的规律有了初步认识,知道如何用水之利而避水之害,兴建了很多水利工程。

第三阶段:人争水阶段。随着人类生产力的提高,人们为了自身利益需求,不断加大对自然界的索取,出现人水相争。伴随着工业化进程的加快和人口的急剧增加,人水关系更加紧张。

第四阶段:人亲水阶段。伴随着水资源情况的变化、经济社会发展形势的变化以及科学技术的进步,人们再次认识到,在约束水的同时,必须约束人类的行为;在利用水的同时,必须善待水、珍惜水、节约水、保护水;在以工程措施治理水的同时,必须大力采用法律、经济和行政、科技等综合措施来规范人与水的关系。

从人水关系经历的发展阶段来看,人和水都是自然的一部分,在自然这个统一体中,人依赖于水,又具备改造水的能力;水为人类的发展提供支撑,同时通过各种灾害限制人类活动,人类改造自然的行为必须尊重水的运动规律。走人水和谐之路,是处理好人水关系的重要途径。

3. 人水和谐思想是指导水资源开发利用与保护的重要思想

从上面的论述可以看出，人与水的关系有以下特点：

(1) 人和水都是自然的一部分。在自然这个统一体中，人依赖于水，又具备改造水的能力；水为人类的发展提供支撑，同时通过各种灾害限制人类活动。

(2) 人类改造自然的行为必须尊重水的运动规律。

(3) 人与水的关系是一个动态的平衡。这种状态会随着人类活动的影响和自然界的自身变化以及人的认识水平和期望而不断改变。

(4) 人水关系的调整特别是人水矛盾的解决主要通过调整人类的行为来实现。

人水和谐就是坚持以人为本、全面、协调、可持续的科学发展观，解决由于人口增加和经济社会高速发展出现的洪涝灾害、干旱缺水、水土流失和水污染等水问题，使人和水的关系达到一个协调的状态，使有限的水资源为经济社会的可持续发展提供久远的支撑，为构建和谐社会提供基本保障。

具体来说，在观念上，要牢固树立人文系统与水系统和谐相处的思想；在思路上，要从单纯的就水论水、就水治水向追求人文系统的发展与水系统的健康相结合转变；在行为上，要正确处理水资源保护与开发之间的关系。

3.2.3 人水和谐思想的主要理念及其在水资源规划与管理中的应用

综合人们对人水和谐的理解，总结人水和谐思想的主要理念如下：

(1) 坚持以人为本、全面、协调、可持续的科学发展观，解决由于人口增加和经济社会高速发展出现的洪涝灾害、干旱缺水、水土流失和水污染等水问题，使人和水的关系达到一个协调的状态，使有限的水资源为经济社会可持续发展提供久远的支撑，为构建和谐社会提供基本保障。

(2) 坚持辩证唯物主义哲学思想，认为人和水都是自然的一部分，人和水必须协调发展。在自然这个统一体中，人依赖于水，又具备改造水的能力；水为人类的发展提供支撑，同时通过各种灾害限制人类活动。因此，人类必须限制和规范自己的行为，尊重水的运动规律和自然属性，确保人水和谐相处。

(3) 重视人水和谐思想观念的宣传与普及。只有公众认识到水资源的稀缺性、不可替代性、对人类生存的重要性，才能主动去节水、保护水，朝着人水和谐的目标努力。这是实现水资源可持续利用、保障人水和谐相处的重要基础。

(4) 人水关系的调整特别是人水矛盾的解决主要通过调整人类的行为来实现，需要调整好社会关系，合理分配不同地区、不同部门、不同用户的用水量和排污量，既共享水资源又共同承担保护水资源的责任。

(5) 人水和谐目标应包含三方面内容：①水系统自身的健康得到不断改善；②人文系统走可持续发展的道路；③水资源为人类发展提供保障，人类主动采取一些措施来改善水系统健康，协调人水关系。

(6) 对人水关系的研究不能就水论水，就人论人，必须将人和水纳入各自的系统（人文系统与水系统）或人水大系统中进行研究。

(7) 在观念上，要牢固树立人水和谐相处的思想；在思路上，要从单纯的就水论水、就水治水向追求人文系统的发展与水系统的健康相结合转变;在行为上,要正确处理水资源保护与开发之间的关系。

人水和谐思想在水资源规划与管理中的应用至少有以下几个方面:

(1)在水资源规划与管理中,始终贯彻人水和谐思想。伴随着日益严峻的水问题,人水和谐的思想及其重要性已基本被人们所接受,人们正期待着通过对人与自然、人与水关系的研究,特别是对人水和谐理论的研究及实践的应用,来协调日益恶化的人水关系,缓解目前存在的洪涝灾害、干旱缺水、水土流失和水环境污染等水问题,为水资源可持续利用指明道路。因此,在水资源规划与管理中坚持人水和谐思想是十分必要的。

(2)应用于水资源合理配置,解决分区分部门、跨界河流、跨流域调水等水资源分配问题。关于水资源分配的研究很多,水资源配置建立的模型也非常多。各个模型针对不同情况,考虑各种各样的因素,采用的方法和形式也多种多样。文献[6]建立了"基于人水和谐量化理论的水资源配置优化模型",考虑了人水和谐关系。实际上,水资源配置模型除考虑经济目标、社会目标、环境目标以及各种约束外,还应关注分区之间、分部门之间、河流上下游之间、人与水之间的和谐关系。对于跨流域调水工程,应综合考虑调出区—调入区之间、调入区不同用水单位之间、不同用水部门之间、经济效益—社会效益—环境效益之间、经济社会发展与水资源保护之间的协调。

(3)应用于水资源规划方案制订和水资源管理措施选择,水资源规划是对未来水资源开发利用的总体布局和措施进行规划。水资源管理是针对水资源分配、调度的具体管理,是水资源规划方案的具体实施过程。通过水资源合理分配、优化调度、科学管理,以做到科学、合理地开发利用水资源,支撑经济社会发展,改善生存环境,并达到水资源开发、经济社会发展及生态系统保护相互协调的目的。在水资源规划和水资源管理中,经常会遇到人与人、集体与集体、人与水等的协调问题,人水和谐的思想就有了用武之地。根据人水和谐思想,可以制订科学合理的水资源规划方案和水资源管理措施。

3.3 最严格水资源管理制度

现阶段人多水少,水资源时空分布不均,经济社会发展与水资源分布不协调,以及日益严峻的水污染形势,使得实行合理有效的水资源管理方式成为迫切需求。最严格水资源管理制度作为最新的治水方略,从取水、用水、排水三方面进行严格控制,并形成了与取水、用水、排水和管水相关的制度。

本节将介绍最严格水资源管理制度的提出背景和概念,阐述最严格水资源管理制度的主要内容和内涵。

3.3.1 最严格水资源管理制度的提出背景和概念

水是生命之源、生产之要、生态之基。兴水利,除水害,事关人类生存、经济发展、社会进步,历来是治国安邦的大事。水资源在作为基础性自然资源和战略性经济资源的同时,也是生态延续与环境维持的控制性要素。新中国成立以来特别是改革开放以来,国家在水资源开发、利用、配置、节约、保护和管理方面取得了显著的成绩,为经济社会发展和人民安居乐业做出了突出贡献。但我们必须清醒地认识到，作为我国国情和水情——人多水少和水资源时空分布不均的水资源现状并未有所改变，同时在全球气候变化和大规模经济开发双重因素的交织作用下，我国水资源情势正在发生新的变化。北少南多的水资源分布格局进一步加剧，水资源短缺、水污染严重、水生态恶化等问题逐步加重，这一系列的水问题已成为制约经济社会可持续发展的主要瓶颈。并且，随着工业化、城镇化的深入发展，水资源需求在较长一段时期仍会持续增长，水资源供需矛盾将更加尖锐，我国水资源面临的形势将更为严峻。

党中央、国务院始终高度重视水资源管理工作。中国共产党"十七大"报告中强调，要保护土地和水资源，建设科学合理的能源资源利用体系，提高能源资源利用效率。时任国务院副总理回良玉在2009年全国水利工作会议上明确提出，从我国的基本水情出发，必须实行最严格的水资源管理制度，对水资源进行合理开发、综合治理、优化配置、全面节约、有效保护，建立健全流域与区域相结合、城市与农村相统筹，开发利用与节约保护相协调的水资源综合管理体制。水利部陈雷部长在2009年全国水资源工作会议上发表了题为《实行最严格的水资源管理制度，保障经济社会可持续发展》的重要讲话，对实施最严格的水资源管理制度的重要意义、所面临的形势和总体要求作了深刻论述。2010年，"严格水资源管理，保障可持续发展"列为"中国水周"的宣传主题。2011年中央一号文件指出，"要大力推进节水型社会建设，实行最严格的水资源管理制度，确保水资源的可持续利用和经济社会的可持续发展"。2012年1月，国务院发布了《国务院关于实行最严格水资源管理制度的意见》（国发〔2012〕3号）文件，对实行最严格水资源管理制度作出全面部署和具体安排。2013年1月，国务院办公厅又发布了《实行最严格水资源管理制度考核办法》（国办发〔2013〕2号）文件，对实行最严格水资源管理制度考核办法进行具体规定。这说明实行最严格的水资源管理制度是当前和今后一个时期水资源管理的主旋律，也是解决当前一系列日益复杂的水资源问题，实现水资源高效利用和有效保护的根本途径。

在我国自然资源管理领域，首先被冠以"最严格"且取得显著成效的是土地资源管理制度。作为人类赖以生存的重要自然资源，水资源与土地资源之间存在相似的属性。"最严格水资源管理制度"理念由于提出的时间比较短，目前还未形成统一的概念和定义。左其亭等曾给出其简单定义：最严格的水资源管理制度是一种行政管理制度，它是指根据区域水资源潜力，按照水资源利用的底限，制定水资源开发、利用、排放标准，并用最严格的行政行为进行管理的制度。

3.3.2 最严格水资源管理制度的主要内容

最严格水资源管理制度的主要内容包括"三条红线"和"四项制度"。

3.3.2.1 三条红线

最严格水资源管理制度的核心是确立"三条红线"，即水资源开发利用控制红线，严格控制取用水总量；用水效率控制红线，坚决遏制用水浪费；水功能区限制纳污红线，严格控制入河湖排污总量。实际上是在客观分析和综合考虑我国水资源禀赋情况、开发利用状况、经济社会发展对水资源需求等方面的基础上，提出今后一段时期我国在水资源开发利用和节约保护方面的管理目标，实现水资源的有序、高效和清洁利用。

"三条红线"的目标要求,是国家为保障水资源可持续利用,在水资源的开发、利用、节约、保护各个环节划定的管理控制红线。为实现"三条红线"的目标,在《国务院关于实行最严格水资源管理制度的意见》(国发〔2012〕3号)文件中提出了2015年和2020年在用水总量、用水效率和水功能区限制纳污方面的目标指标。这些目标指标与流域及区域的水资源承载能力相适应,是一定时期、一定区域生产力发展水平、经济发展结构、社会管理水平和水资源管理的综合反映。

3.3.2.2　四项制度

最严格水资源管理的"四项制度"是指:用水总量控制制度、用水效率控制制度、水功能区限制纳污制度、水资源管理责任和考核制度。这"四项制度"是一个整体,其中用水总量控制制度、用水效率控制制度、水功能区限制纳污制度是实行最严格水资源管理"三条红线"的具体内容,水资源管理责任和考核制度是落实前三项制度的基础保障。只有在明晰责任、严格考核的基础上,才能有效发挥"三条红线"的约束力,实现最严格水资源管理制度的目标。

用水总量控制制度、用水效率控制制度、水功能区限制纳污制度三者相互联系、相互影响,具有联动效应。严格执行用水总量控制制度,有利于促进用水户改进生产方式,提高用水效率;严格执行用水效率控制制度,在生产相同产品的条件下会减少取用水量;严格用水总量和用水效率管理,有利于促进企业改善生产工艺和推广节水器具,提高水资源循环利用水平,有效减少废污水排放和进入河湖水域,保护和改善水体功能。通过"总量""效率""纳污"三条红线,对水资源开发利用进行全过程管理,对水资源的"量""质"统一管理,才能全面发挥水体的支持功能、供给功能、调节功能和文化功能。任何一项制度的缺失,都难以有效应对和解决我国目前面临的复杂的水问题,难以实现水资源有效管理和可持续利用。

3.3.3　最严格水资源管理制度的内涵

最严格水资源管理制度以科学发展观为指导,以维护人民群众的根本利益为出发点和落脚点,以实现人水和谐为核心理念,以水资源配置、节约和保护为工作重心,以统筹兼顾为根本方法,以坚持改革创新为推进管理的不竭动力,统筹协调水资源承载能力、经济社会发展用水安全和水生态与环境安全,着力推进从供水管理向需水管理转变,从水资源开发利用向节约保护转变,从事后治理向事前预防转变,从过度开发、无序开发向合理开发、有序开发转变,从水资源粗放利用向高效利用转变,从注重行政管理向综合管理转变。可以从如下几方面理解最严格水资源管理制度。

3.3.3.1　最严格水资源管理制度是以水循环规律为基础的科学管理制度

最严格水资源管理制度是在遵守水循环规律的基础上面向水循环全过程、全要素的管理制度。它依据全国水资源综合规划和中国水资源公报,以流域水资源可利用量为上限,综合考虑流域、区域水资源开发利用及保护现状、用水效率、产业结构布局和未来发展需求,分析确定到2015年各水资源一级区和各省(自治区、直辖市)的用水总量控制指标。

3.3.3.2 最严格水资源管理制度是对水资源的依法管理制度

最严格水资源管理制度是对水资源依法管理的一种制度。最严格水资源管理制度是对水资源的依法管理,这主要体现在它进一步完善了我国的水法规体系,丰富、细化了我国的水资源管理制度,建立了水资源管理的指标体系。

3.3.3.3 最严格水资源管理制度是对水资源的可持续管理

最严格水资源管理制度为解决中国日益复杂的水资源问题提供了思路。最严格水资源管理制度围绕促进水资源的优化配置、高效利用和有效保护,明确建立"三条红线",提出了近期全国用水总量、用水效率和水功能区达标的约束性指标。

3.3.3.4 最严格水资源管理制度旨在提高水资源配置效率的管理

最严格水资源管理制度同时强调政府的宏观调控和水市场调节机制,在最严格水资源管理制度实施过程中,要认识到水功能区达标率的提高是水资源优化配置的必要条件,同时用水效率的提高是水资源配置效率提高的外在体现。

3.4 水生态文明理念

中国共产党"十八大"报告提出大力推进生态文明建设。为了贯彻落实党的"十八大"重要精神,水利部于2013年1月印发了《关于加快推进水生态文明建设工作的意见》,提出生态文明理念,把生态文明理念融入到水资源开发、利用、治理、配置、节约、保护的各方面和水利规划、建设、管理的各环节。

本节将介绍水生态文明理念的提出背景和概念,阐述水生态文明建设的目标和主要内容,分析推进水生态文明建设应关注的问题。

3.4.1 水生态文明理念的提出背景和概念

在分析水生态文明建设概念和内涵之前,先回顾一下生态文明建设的提出背景和经过。2007年10月15日,党的"十七大"把"建设生态文明"列为全面建设小康社会目标之一,作为一项战略任务,首次把"生态文明"概念写入党代会的报告中。报告指出:"建设生态文明,基本形成节约能源资源和保护生态环境的产业结构、增长方式、消费模式";"生态文明观念在全社会牢固树立"。2009年9月18日,党的十七届四中全会把"生态文明建设"提升到与经济建设、政治建设、文化建设、社会建设并列的战略高度。报告指出:"全面推进社会主义经济建设、政治建设、文化建设、社会建设以及生态文明建设,全面推进党的建设新的伟大工程。"2010年10月18日,党的十七届五中全会提出,将提高生态文明水平作为"十二五"时期的重要战略任务。报告指出:社会主义经济建设、政治建设、文化建设、社会建设以及生态文明建设和党的建设取得重大进展。2012年11月8日,"十八大"报告提出:建设生态文明,是关系人民福祉、关乎民族未来的长远大计。

目前,国内外关于生态文明的概念有很多论述,解读"十七大"报告和"十八大"报告,可以看出生态文明建设被赋予的新的理念和内涵。"十七大"报告指出,建设生态文明的实质就是要建设以资源环境承载力为基础,以自然规律为准则,以可持续发展为目标的资源节约型、环境友好型社会。"十八大"报告首次完整阐述了"五位一体"的总布局,指出应将生态文明建设与政治、经济、文化、社会四种文明的建设并列,生态文明是社会整体文明不可分割的一部分,并将建设“美丽中国”作为生态文明建设的目标。生态文明建设的新理念是人类能够自觉地把一切经济社会活动都纳入到“人与自然和谐相处”的体系中,是一种包容了人口优生优育、资源节约、环境保护的可持续发展,是一种包容了经济、社会与自然协调的和谐发展,是一种包容了优化生态、安居乐业、生活幸福的全面发展,是一种包容了新型工业文明转型的绿色经济发展。

为了贯彻落实党的“十八大”精神,水利部提出把生态文明理念融入到水资源开发、利用、治理、配置、节约、保护的各方面和水利规划、建设、管理的各环节中,加快推进水生态文明建设。那么,如何理解水生态文明建设的概念、内涵呢?

分析水利部文件和“十八大”报告精神,左其亭在文献中把水生态文明简单定义为:水生态文明是指人类遵循人水和谐理念,以实现水资源可持续利用,支撑经济社会和谐发展,保障生态系统良性循环为主体的人水和谐文化伦理形态,是生态文明的重要部分和基础内容。

可以从以下几方面来解读水生态文明的内涵:

(1)水生态文明倡导人与自然和谐相处,水生态文明的核心是“和谐”。“十八大”报告提出“尊重自然、顺应自然、保护自然的生态文明理念”,全新诠释了生态文明的内涵,倡导尊重自然、顺应自然、保护自然、合理利用自然。同样,水生态文明理念提倡的文明是人与自然和谐相处的文明,坚持以人为本、全面、协调、可持续的科学发展观,解决由于人口增加和经济社会高速发展出现的洪涝灾害、干旱缺水、水土流失和水污染等水问题,使人和水的关系达到一个和谐的状态,使宝贵有限的水资源为经济社会可持续发展提供久远的支撑。仅仅把水生态文明理解为“保护水生态”是不全面的,我们倡导的水生态文明的核心是“和谐”,包括人与自然、人与人、人与社会等方方面面的和谐。

(2)水资源节约是水生态文明建设的重中之重。当前我国水资源面临的形势十分严峻,水资源短缺问题日益突出,已成为制约经济社会可持续发展的主要瓶颈。水资源节约是解决水资源短缺的重要之举,是实现人水和谐的生态文明的重要措施。“十八大”报告提出“节约资源是保护生态环境的根本之策”“加强水源地保护和用水总量管理,推进水循环利用,建设节水型社会”。可以看出,推进水生态文明建设的重点工作是厉行水资源节约,构建一个节水型社会。这是建设水生态文明工作的重中之重。

(3)水生态保护是水生态文明建设的关键所在。“十八大”报告提出“良好的生态环境是人类经济社会持续发展的根本基础。要实施重大生态修复工程,增强生态产品生产能力”“加快水利建设,增强城乡防洪抗旱排涝能力”“坚持共同但有区别的责任原则、公平原则、各自能力原则,同国际社会一道积极应对全球气候变化”。建设生态文明的直接目标是保护好人类赖以生存的生态与环境。因此,大力开展水生态保护工作是建设水生态文明的关键所在。

(4)水生态文明建设与经济建设、社会发展一起,是实现可持续发展的重要保障。“十八大”报告提出要把生态文明建设融入经济建设、政治建设、文化建设、社会建设各方面和全过程,组成“五位一体”。生态文明是物质文明、政治文明、精神文明、社会文明的重要基础和前提,没有良好和安全的生态与环境,其他文明就会失去载体。水资源是人类生存和发展不可或缺的一种宝贵资源，是经济社会可持续发展的重要基础。水生态系统是水资源形成、转化的主要载体。因此，保护好水生态系统，建设水生态文明，是实现经济社会可持续发展的重要保障。

3.4.2 水生态文明建设的目标和主要内容

水利部明确了水生态文明建设的五大目标：最严格水资源管理制度有效落实，“三条红线”和“四项制度”全面建立；节水型社会基本建成，用水总量得到有效控制，用水效率和效益显著提高；科学合理的水资源配置格局基本形成，防洪保安能力、供水保障能力、水资源承载能力显著增强；水资源保护与河湖健康保障体系基本建成，水功能区水质明显改善，城镇供水水源地水质全面达标，生态脆弱河流和地区水生态得到有效修复；水资源管理与保护体制基本理顺，水生态文明理念深入人心。

水利部明确的水生态文明建设包括八个方面的主要工作内容：一是落实最严格水资源管理制度；二是优化水资源配置；三是强化节约用水管理；四是严格水资源保护；五是推进水生态系统保护与修复；六是加强水利建设中的生态保护；七是提高保障和支撑能力；八是广泛开展宣传教育。总结提出的这八个工作内容比较全面，是目前水利部门的主要工作，也可以理解为水利部落实“十八大”提出的生态文明理念的具体抓手。

3.4.3 推进水生态文明建设应关注的几个关键问题

在推进水生态文明建设过程中，还应该注意以下问题：

(1)始终贯穿生态文明理念，服从生态文明建设大局。水生态文明建设是水利部贯彻落实“十八大”提出的生态文明理念的一项重要举措，水利部门在实施生态文明建设中具有重要作用，但不能理解为水利部门“单打独斗”“另搞一套”，要把生态文明理念贯穿于水利工作的方方面面，要服从于全国生态文明建设大局。

(2)主动为生态文明建设做好服务，积极参与到生态文明建设中。虽然说水资源是生态文明建设的核心制约因素，水利应走在生态文明建设的前列，但是并不等于说水利部门是被动参与，应该积极主动参与生态文明建设的有关方面，成为践行“十八大”精神的主力军。

(3)水生态文明建设不是水利部门常规工作的简单梳理和集成，应该是贯彻“十八大”精神和生态文明建设理念的一种升华和系统提高。有人看到水利部提出的水生态文明建设八个方面主要工作内容时，感觉好像就是以往水利部主抓工作的再一次罗列。这种认识是不全面的，这八个方面仅仅是建设水生态文明的主要抓手，必须牢牢围绕生态文明建设这个纲，转变观念、提高认识，深刻领会党的“十八大”精神，切实抓好水生态文明建设工作。

(4)以科学发展观为指导，牢固树立人水和谐理念。在经济社会快速发展过程中，要尊重自然规律和经济社会发展规律，充分发挥生态系统的自我修复能力，以水定需、量水而行、因水制宜，推动经济社会发展与水资源和水环境承载力相协调。

(5)水利工程建设与生态系统保护应和谐发展。以往水利部门很多人过于重视水利工程建设，过于强调水利工程建设带来的经济效益，忽视工程建设对生态系统的影响。在水利工程前期工作、建设实施、运行调度等各个环节,都应高度重视对生态环境的保护,着力维护河湖健康,重视进行水生态系统保护与修复,使工程建设与生态系统保护和谐发展。

(6)工程措施与非工程措施应和谐发展。生态文明建设并不是只考虑生态系统保护,而是发展与保护协调开展。生态文明建设中的水利工作,既包括工程建设等措施,也包括水资源管理制度、法制、监管、科技、宣传、教育等非工程措施。单一重视工程措施或过分强调非工程措施都不是科学的态度,要使工程措施与非工程措施和谐发展,共同支撑水生态文明建设。

(7)基础研究、应用技术、软科学研究应和谐发展。水生态文明建设是一项庞大而复杂的系统工程,可能是今后一定时期内水利工作的奋斗目标和工作重点。面对新时期水利改革发展和生态文明建设的需求,需要解决一些新的基础科学问题,比如生态文明建设的关键影响因素及评价指标体系,人水关系的和谐论调控研究,水与可持续发展关系研究,水资源与经济社会协调发展理论及量化研究方法、管理模型、方案制订,水资源保护理论方法,河湖健康理论方法等。同时,要解决适应生态文明建设的一些应用技术问题,比如农业节水新技术、工业节水新工艺、非常规水利用技术、污水处理新技术、水资源优化调控技术、水生态系统保护与修复技术等。此外,基于新的理念也急需开展一些有关软科学研究,比如,水生态补偿机制,水价制定与水市场运行方式,水资源管理责任和考核制度,最严格水资源管理制度技术标准体系、行政管理体系和法律法规体系,经济社会发展与水资源水环境承载能力和谐发展理论等。因此,针对这样一个系统工程,需要加强多方面的研究,使基础研究、应用技术、软科学研究和谐发展,共同支撑水生态文明建设。

3.5 新时期治水思路

在党的“十八大”和十八届三中全会提出的一系列生态文明建设和生态文明制度建设的新理念、新思路、新举措基础上,习近平总书记强调保障水安全,必须坚持“节水优先、空间均衡、系统治理、两手发力”的思想,这十六字方针奠定了我国新时期的治水思路。简述如下:

第一,牢牢把握节水优先的根本方针。要善用系统思维统筹水的全过程治理,分清主次、因果关系,当前的关键环节是节水,从观念、意识、措施等各方面都要把节水放在优先位置。我国人均水资源占有量2 100 m^3,仅为世界平均水平的28%,正常年份缺水500多亿 m^3。目前,我国用水方式还比较粗放,万元工业增加值用水量为世界先进水平的2~3倍;农田灌溉水有效利用系数为0.52,远低于0.7~0.8的世界先进水平。我们要充分认识到节水的极端重要性,始终坚持并严格落实节水优先方针,像抓节能减排一样抓好节水工作。

第二,牢牢把握空间均衡的重大原则。面对水安全的严峻形势,必须树立人口经济与资源环境相均衡的原则,加强需求管理,把水资源、水生态、水环境承载能力作为刚性约束,贯彻落实到改革发展稳定各项工作中。长期以来,一些地方对水资源进行掠夺式开发,经济增长付出的资源环境代价过大。我们要深刻认识到水资源、水生态、水环境承载能力是有限的，必须牢固树立生态文明理念，始终坚守空间均衡的重大原则，努力实现人与自然、人与水的和谐相处。

第三，牢牢把握系统治理的思想方法。山、水、林、田、湖是一个生命共同体，治水要统筹自然生态的各个要素，要用系统论的思想方法看问题，统筹治水和治山、治水和治林、治水和治田等。长期以来，许多地方重开发建设、轻生态保护，开山造田、毁林开荒、侵占河道、围垦湖面，造成生态系统严重损害，导致生态链条恶性循环。我们要坚持从山、水、林、田、湖是一个生命共同体出发，运用系统思维，统筹谋划治水、兴水、节水、管水各项工作。

第四，牢牢把握两手发力的基本要求。保障水安全，无论是系统修复生态、扩大生态空间，还是节约用水、治理水污染等，都要充分发挥市场和政府的作用，分清政府该干什么，哪些事情可以依靠市场机制。水是公共产品，水治理是政府的主要职责，该管的不但要管，还要管严管好。同时要看到，政府主导不是政府包办，要充分利用水权、水价、水市场优化配置水资源，让政府和市场“两只手”相辅相成、相得益彰。

围绕新时期治水思路，要实现六个根本性转变，即由强调水服务保障功能向突出水务引导约束功能转变，由强调水资源开源节流并重向全面落实“节水优先”理念转变，由强调工程治理向注重系统治理和水源涵养保护转变，由重视城市供排水管理向城乡供排水统筹兼管并重转变，由粗放式管理向规范化、精细化和智能化管理转变，由水安全区域化管理向流域化管理转变。

思考题

3-1　阐述可持续发展思想产生的背景及由来，分析可持续发展的概念及内涵。

3-2　阐述人水和谐思想产生的背景及由来，分析人水和谐的概念及内涵。简要介绍人水和谐思想在水资源规划与管理中的应用前景及意义。

3-3　介绍最严格水资源管理制度的概念及主要内容，分析实行最严格水资源管理制度的意义。

3-4　介绍水生态文明理念的提出背景、概念和内涵，阐述推进水生态文明建设应注意哪些问题？并结合实际进行论述。

第4章 水资源评价

水资源评价是保证水资源持续开发利用和管理的前提，是水资源规划与管理的基础工作之一。

鉴于水资源评价的重要性与编制的统一规范性，中华人民共和国水利部于1999年发布了《水资源评价导则》(SL/T 238—1999)，内容主要包括总则、一般规定、水资源数量评价、水资源质量评价与水资源开发利用及其影响评价。

4.1 水资源评价的概念

水资源评价是对某一地区或流域水资源的数量、质量、时空分布特征、开发利用条件、开发利用现状和供需发展趋势等作出的分析和评价。它是合理开发利用和保护管理水资源的基础工作。

对一个具体的区域来说，核心是要研究计算大气降水、地表水、地下水、污水回用及过境或外调水等五块水，调查分析生活用水、生产用水与生态用水等三类需求。一个区域中只有实现五块水与三类需求的协调平衡，才可能实现水资源的可持续利用，保障社会经济的可持续发展。

水资源评价的主要类型有水资源数量评价、水资源质量评价、水资源开发利用评价、水资源综合评价等。地表水、地下水评价涵盖在这几类评价中。

4.2 水资源评价的内容和要求

4.2.1 水资源评价的技术原则

水资源评价工作要求客观、科学、系统、实用，并遵循以下技术原则：

(1)地表水与地下水统一评价。

(2)水量、水质并重。

(3)水资源可持续利用与社会经济发展和生态环境保护相协调。

(4)全面评价与重点区域评价相结合。

4.2.2 水资源评价的一般要求

(1)水资源评价是水资源规划的一项基础工作。首先应该调查、收集、整理、分析利用已有资料，必要时再辅以观测和试验工作。水资源评价使用的各项基础资料应具有可靠性、合理性与一致性。

(2)水资源评价应分区进行。各单项评价工作在统一分区的基础上,可根据该项评价的特点与具体要求,再划分计算区或评价单元。首先,水资源评价应按江河水系的地域分布进行流域分区。全国性水资源评价要求进行一级流域分区和二级流域分区;区域性水资源评价可在二级流域分区的基础上,进一步进行三级流域分区和四级流域分区。另外,水资源评价还应按行政区划进行行政分区。全国性水资源评价的行政分区要求按省(自治区、直辖市)和地区(市、自治州、盟)两级划分,区域性水资源评价的行政分区可按省(自治区、直辖市)、地区(市、自治州、盟)和县(市、自治县、旗、区)三级划分。

(3)全国及区域性水资源评价应采用日历年,专项工作中的水资源评价可根据需要采用水文年。计算时段应根据评价的目的和要求选取。

(4)应根据社会经济发展需要及环境变化情况,每隔一定时期对前次水资源评价成果进行全面补充修订或再评价。

4.3 水资源评价基本程序

水资源评价基本程序分四步。第一步,资料收集与分析;第二步,评价区水资源分区;第三步,水资源基础评价,包括水资源数量评价与水资源质量评价;第四步,水资源开发利用评价。

4.3.1 基本资料的收集、整理与分析

4.3.1.1 资料的收集

区域水资源评价需要收集、整理与分析的基本资料主要有如下几类。

1. 评价区及邻近区域水文循环资料

水资源评价所需的水文循环资料,包括水流的时空变化资料、各种水文循环要素资料,如降水,蒸发,空气湿度,径流,河流,湖泊,冰雪,土壤水,地下水中水的物理、化学和生物学特征值。水文气象资料是水资源评价的基本资料。水文资料应能反映研究区水资源的天然分布特点,包括径流量资料,河流水位、流量、洪水、含沙量及水化学、地下水位等资料。气象资料反映流域气候变化的一般规律和特征,包括降水、气温、蒸发、风速、霜冻、冰冻和日照等资料。其系列年限应基本符合有关专业规范的要求。收集时应注意水量与水质资料并重。

2. 评价区的自然地理资料

自然地理资料是指与水资源间接相关的、与水文气象资料一起用来估计水资源特征值的资料,主要是与地形、地质(包括地貌)、土壤、土地利用和土地被覆等有关的资料。除土地利用、土地被覆数据的时变特性密切影响径流和有关水文循环要素的时变特性外,上述自然地理资料可以看成不随时间而变。自然地理资料,可以解释水文循环要素时空变化的原因,并利用实测水文循环资料在没有设站地区进行内插。

(1)流域特性资料。包括地形、地貌、土壤、植被以及河流、湖泊、沼泽特性等资料。地形图用于确定流域界线、河流水系。所用的地形图应能准确反映区域的地理位置、行政区域、河源、河口情况,流域地形、地貌、山区、丘陵、平原、湖泊及河道分布情况。

(2)区域水文地质特性资料。包括岩性分布,地下水平均埋深及其补给、径流、排泄特性,地下水开采情况、地下水动态观测资料与分析成果。水文地质图可提供地下水埋深、流动方向、水质及其与河流的关系等资料。

自然地理资料还包括土地利用和土地被覆资料。

3. 评价区的社会经济环境资料

社会经济环境资料包括研究区内行政区、人口分布、国内生产总值、耕地面积、灌溉面积、作物组成及分布等资料,用于研究现状年用水效率以及现状年供需平衡分析。

除以上有关环境的资料外,还应收集大气、水、土地、生态等方面的环境指标及重点污染源情况等资料。

4. 评价区各部门水质监测资料

评价区各主要水体、水源近期的水质监测资料,包括区域内主要城镇和工矿企业的排污量、污染物排放途径及影响范围,近年来各种农药使用量等资料。

5. 现状水资源开发利用资料

水资源评价还应收集了解流域内历代治水与主要水系历史演变概况、以往评价成果、流域治理开发现状与已建主要水利工程设施及管理水平等有关资料。

对收集的资料,应进行系统整理。作为评价依据的基础资料,应进行一致性、合理性和可靠性的分析评价,可靠性较差的应进行复查核实,不足的应设法进行补充收集。

6. 相关资料的还原与插补延长分析

分析代表站的选择,径流还原计算,资料的插补延长,年降水、年径流系列代表性分析。

7. 以往水资源评价成果

4.3.1.2　资料的整理与分析

分析代表站的选择,径流还原计算,资料的插补延长,年降水、年径流系列代表性分析。对收集的资料进行合理性审查。作为规划依据的基础资料,进行合理性和可靠程度的分析评价,可靠性较差的应进行复查核实,不足的应设法进行补充收集。

4.3.2　水资源利用分区

水资源的开发利用与自然地理条件、社会经济情况、工农业发展和布局、水资源的特性以及水利工程措施的服务范围和对象等多方面因素存在密切的关系,这些条件与因素既有明显地区差异性,又有地域上相似的一致性。为了因地制宜地合理开发与保护水资源,必须分区进行评价研究,使其既能充分反映不同区域的差异,又能较好地表达同类区域的开发前景,便于水资源调配。同时,划分研究分区也是各种研究成果汇总的需要,使汇总成果具有统一性、系统性和科学性,便于建立水资源数据库和在实际中应用。

分区应遵循以下原则:基本能反映水资源的地区差别;尽量保持水系的完整性,对自然条件有显著差异的干流和较大支流,可分段划区,自然条件相同的小河可适当合并;同一区域内自然地理要素、水资源特点、水资源开发利用条件基本相同或相似;考虑已建和在建的水利工程的主要水文站的控制作用,有利于进行水资源计算和供需平衡分析;适当保持行政区划的完整;尽可能保持与以往水资源研究成果的连贯性和一致性。

下面分节详细论述水资源评价。

4.4 水资源数量评价

水资源的数量评价，一般是针对城市某一特定区域而进行的，它是在充分收集整理气象、水文资料的基础上，研究城市区域内降水、蒸发、径流等要素的时空变化规律以及区域地表水、土壤水、地下水的互相转化关系，计算地表水资源、地下水资源以及总水资源量的数量，分析其质量以及时空变化规律，为城市水资源的开发规划提供科学依据。

4.4.1 数量评价的基本原则

水资源评价必须遵循以下基本原则。

4.4.1.1 在水质评价的基础上进行水量评价

一般情况下，应先进行水质评价，再做水量评价，即要充分了解地表水、地下水化学组分及其时空变化规律，将可利用的水作为水量评价的对象。对不符合水质标准的水，应考虑经济技术条件，允许采用人工处理改善水质后计入水量，否则不计入水量评价。

4.4.1.2 按流域和地下水系统进行评价

1. 地表水资源量按照流域进行评价

地表水是按流域分布的，流域出口的水量是上游各级河流汇集的总水量。因此，水量的评价，应按完整的地表水流域来进行。

地表水资源评价一般要根据水系或不同级别流域嵌套的特点进行分区计算。由于计算区是人为划分的，各区之间存在着水量流入、流出的关系，出于地表水资源整体性考虑，评价时应充分重视河流的分支性、流域嵌套的结构特点，既要防止将水量分解、人为固化在小区的做法，又要避免上、下游水量的重复计算。

2. 地下水资源量按照地下水系统进行评价

地下水资源是按一定的地下水系统分布埋藏的，系统内部的水是一个有机整体，具有密切的水力联系和水化学组分迁移聚集的完整性。正确认识地下水系统的结构以及系统与外界的联系，是评价地下水资源的基础。在局域地下水水量评价时，要注意与外围地区的水量联系，避免出现水量固化在计算区和水量重复计算的问题。

4.4.1.3 根据"三水转化"的规律进行评价

在水文循环过程中，大气降水、地表水、地下水是相互联系、相互转化的统一体。一方面，地表水、地下水接受降水的补给并通过蒸散发作用将水分释放到大气中；另一方面，地表水与地下水也不断进行着水量交换。从某种意义上说，地表水资源和地下水资源都是"三水转化"的中间产物。

在实际工作中，地表水资源量评价和地下水资源量评价往往是分开进行的，某些水量的重复计算是难免的。要根据"三水转化"的规律，对各系统间的水量耦合关系进行分析，在大体确定地表水资源量和地下水资源量的同时，通盘考虑两者的重复计算量，决定取舍，以保证总水资源量上的整合。

4.4.1.4　以动态、发展的观点进行评价

1. 以动态的观点指导水资源的评价工作

随着科学技术水平的提高,人类控制、开发水资源的能力也会越来越强,一些现在无法开发、利用的水都有可能成为今后水资源评价的新对象,如海水淡化,冰川水、深层地下水的开发,生态用水的评价与保护等。这就要求评价工作不断跟上水资源理论的发展。即使是常规的地表水、地下水的资源评价,也会因理论的发展不断修正原有的概念和思维方式,涌现出新的评价方法和手段。必须随着人们对水资源认识程度的不断深入,以发展变化的观点指导水资源的评价工作。

2. 以发展的观点认识水资源系统,及时了解水资源条件的变化

准确预测未来各种自然因素和人为因素的变化对地表水、地下水的影响,仍有较大难度。一方面,地表水和地下水的资源评价往往是根据现有的水文资料或勘探、试验等野外调查成果进行的,人们对自然背景现状的了解仍是有限的;另一方面,由于人类生产和生活方式的不断改变,超前预测人类未来的行为在客观上是难以办到的。尽管目前有许多方法可用于预测,但都有一定的局限性。因此,必须按照发展变化的观点认识水资源系统,及时掌握水资源条件变化的有关信息。根据动态变化,定期进行水资源评价工作。

4.4.2　地表水资源数量评价

地表水资源是指既有经济价值又有长期补给保证的重力地表水,即当地地表产水量,它是河川径流量的一部分,因此可以通过对河川径流的分析来计算地表水资源。河川径流量即水文站能测到的当地产水量,它包括地表产水量和部分地下产水量,是水资源总量的主体,也是研究区域水资源时空变化规律的基本依据。有的国家就将河川径流量视为水资源总量。在多年平均情况下,河川年径流量是区域年降水量扣除区域年总蒸发量后的产水量,因此河川径流量的分析计算必然涉及降水量和蒸发量。在无实测径流资料的地区,降水量和蒸发量是间接估算水资源的依据。

在天然情况下,一个区域的水资源总补给量为大气降水量;总排泄量为总径流量与总蒸散发量之和。总补给量与总排泄量之差则为蓄水变量,其水量平衡方程可表示为

$$P = R + E \pm \Delta V \tag{4-1}$$

式中　P——一定时段内区域降水量,mm;

R——一定时段内区域总径流量,mm;

E——一定时段内区域总蒸散发量,mm;

ΔV——一定时段内区域总蓄水变量,mm。

在多年平均情况下,区域总蓄水变量可忽略不计,则水量平衡方程可写成

$$P = R + E \tag{4-2}$$

式(4-2)说明,水资源数量(总径流量)直接与降水量、总蒸散发量的大小有密切关系,而水资源的时空分布特点,尚可通过降水、蒸发等水量平衡要素的时空分布来反映,因此水资源估算与评价的主要内容就是对水量平衡的各个要素进行定量分析,研究它们的时程变化和地区分布。

地表水资源数量评价应包括下列内容:

(1)单站径流资料统计分析。

(2)主要河流(一般指流域面积大于5 000 km^2的大河)年径流量计算。

(3)分区地表水资源数量计算。

(4)地表水资源时空分布特征分析。

(5)入海、出境、入境水量计算。

(6)地表水资源可利用量估算。

(7)人类活动对河川径流的影响分析。

4.4.2.1 降水量

根据水资源评价工作的要求,降水量的分析与计算,通常要确定区域年降水量的特征值,研究年降水量的地区分布、年内分配和年际变化等规律,为水资源供需分析提供区域不同频率代表年的年降水量。

降水分析计算应包括下列内容:

(1)计算各分区及全评价区同步期的年降水量系列、统计参数和不同频率的年降水量。

(2)以同步期均值和 C_v点据为主,不足时辅以较短系列的均值和 C_v点据,绘制同步期多年平均年降水量和 C_v等值线图,分析降水的地区分布特征。

(3)选取各分区月、年资料齐全且系列较长的代表站,分析计算多年平均连续最大4个月降水量占全年降水量的百分率及其发生月份,并统计不同频率典型年的降水月分配。

(4)选择长系列测站,分析年降水量的年际变化,包括丰枯周期、连枯连丰、变差系数、极值比等。

(5)根据需要,选择一定数量的有代表性测站的同步资料,分析各流域或地区之间的年降水量丰枯遭遇情况,并可用少数长系列测站资料进行补充分析。

1.绘制多年平均年降水量以及年降水量变差系数等值线图

1)分析代表站的选择

测站和资料选用应符合下列要求:

(1)选用的雨量观测站,其资料质量较好、系列较长、面上分布较均匀。在降水量变化梯度大的地区,选用的站要适当加密,同时应满足分区计算的要求。

(2)采用的降水资料应为经过整编和审查的成果。

(3)计算分区降水量和分析其空间分布特征,应采用同步资料系列;而分析降水的时间变化规律,应采用尽可能长的资料系列。

(4)资料系列长度的选定,既要考虑评价区大多数测站的观测年数,避免过多地插补延长,又要兼顾系列的代表性和一致性,并做到降水系列与径流系列同步。

(5)选定的资料系列如有缺测和不足的年、月降水量,应根据具体情况采用多种方法插补延长,经合理性分析后确定采用值。

例如,在我国东部平原地区,降水量梯度较小,着重按分布不均匀作为选站的原则。在山区,设站年限一般较短,可以按照实际情况降低要求,在个别地区,只有几年观测资料,即使系列很短,也极其宝贵,需用来作勾绘多年平均年降水量等值线的参考。分析代表站选定后,需要尽可能多地收集分析代表站的降水量资料。有了充分的资料,才能保证全面客观地分析降水量的统计规律以及统计参数等值线图的合理可靠。

2)年降水量统计参数的分析计算

年降水量需要分析计算的统计参数有:多年平均年降水量 $\overline{P}$、年降水量变差系数 C_v、年降水量偏态系数 C_s。我国普遍采用的确定统计参数的方法是图解适线法,采用的理论频率曲线是P-Ⅲ型曲线。

3)降水量参数($\overline{P}$,C_v)等值线图的绘制

将分析计算的各站年降水量统计参数 $\overline{P}$ 和 C_v 值,分别标注在带有地形等高线的工作底图的站址处。根据各站实测资料系列长短、可靠程度等因素,将分析代表站划分为主要站、一般站和参考站,绘制等值线图要以主要站数据作为控制。绘图前,要了解本地区的降水成因、水汽来源、不同类型降水的盛行风向,本地区地形特点及其对成雨条件的影响等,还要求收集以往的分析成果为等值线图提供依据。

绘制等值线图时,按照"以主要站为控制,一般站为依据,参考站做参考"的原则绘制等值线。绘制时要重视数据但不拘泥于个别点据;要充分考虑气候和下垫面条件,参考以往成果。同时,需要注意地形、高程、坡向对降水量的影响,一般来说,随着高程的增加,降水量逐渐增大,但达到某一高程后不再加大,有时反而随高程的增加而减少。因此,应该根据山区不同高程、不同位置的雨量站实测降水量资料,建立降水量与高程的相关图,或沿某一地势剖面的降水量分布图,分析降水量随高程的变化。通常,山区降水量等值线与大尺度地形走向一致,要避免出现降水量等值线横穿山脉的不合理现象。

年降水量变差系数 C_v 值,一般在地区分布上变化不大,但由于可作依据的长系列实测资料的站点不多,多数站点经插补展延后系列参差不齐,算出的 C_v 值仅可供参考,且 C_v 值是由适线最佳而确定的,有一定的变化幅度。对突出点据,要分析代表性,以及是否包括丰、枯年的资料,并要与邻近站资料进行对比协调。

4)等值线图合理性分析

对绘制的多年平均降水量以及年降水量变差系数等值线图进行合理性分析,主要从以下几个方面进行:

(1)检查绘制的等值线图是否符合自然地理因素对降水量影响的一般规律:靠近水汽来源的地区年降水量大于背离水汽来源的地区,山区降水量大于平原区,迎风坡降水量大于背风坡,高山背后的平原、谷地的降水量一般较小。降水量大的地区 C_v 值相对较小。

(2)与邻近地区等值线对比检查是否衔接,与以往绘制的相应等值线对比检查是否存在大的差异。

(3)与陆面蒸发量、年径流深等值线图对比检查是否符合水量平衡原理。

如发现问题,需要尽早对等值线图按照水量平衡等原则进行修正。

2. 研究年降水量的年际变化,推求区域不同频率代表年的年降水量

1)区域多年平均降水量系列分析计算

根据区域内实测降水量资料情况,区域多年平均及不同频率年降水量的计算方法主要有直接计算法和等值线图法两种。

当区域内雨量站实测年降水量资料充分时,可用区域实测的年降水量资料系列直接计算,计算步骤为:根据区域内各雨量站实测年降水量,用算术平均法或面积加权平均法,

逐年算出区域的平均年降水量,得到历年区域年降水量系列;对区域年降水量系列进行频率计算,即可求得区域多年平均年降水量以及不同频率的区域年降水量。

对实测降水量资料短缺的较小区域,可用降水量等值线图间接计算,其计算方法为:在转绘、加密的多年平均年降水量等值线图上画出本区域范围,量算等值线之间的面积,采用面积加权法求得本区域多年平均年降水量:

$$\overline{P}_{\mathrm{f}} = \sum_{i=1}^{n} \frac{\overline{P}_i + \overline{P}_{i-1}}{2} \cdot \frac{f_i}{F} \tag{4-3}$$

式中 $\overline{P}_{\mathrm{f}}$——区域多年平均年降水量,mm;

$\overline{P}_i$、$\overline{P}_{i-1}$——年降水量等值线图上相邻两等值线的年降水量,mm;

f_i——$\overline{P}_i$ 和 $\overline{P}_{i-1}$ 相邻两等值线图之间的面积,km^2;

F——区域总面积,km^2。

2)区域不同频率的年降水量计算

当区域面积不大时,区域年降水量的变差系数 C_v 可按区域形心在 C_v 值图上查得或取地区综合的 C_v 值。C_s/C_v 值可以取为固定值,查 P-Ⅲ型理论频率曲线模比系数 K_P值表得不同频率的 K_P值,进而计算出不同频率的年降水量。

当区域面积较大时,上述方法的计算会具有较大的误差。因为区域面积加大会使得区域平均年降水量的年季变化均匀,即使得变差系数随区域面积加大而减小。因此,需要尽量采用区域年降水系列直接进行频率计算。

3)研究年降水量的年内变化,推求其多年平均及不同频率代表年的年内分配过程

降水量的年内分配可以采用降水量百分率以及其出现的月份分区图来表示。选择资料质量好、实测系列较长且分布比较均匀的测站,分析计算多年平均连续最大 4 个月降水量占多年平均年降水量的百分比以及出现时间,绘制连续最大 4 个月降水量占年降水量百分比等值线图及其出现月份分区图。在上述分析的基础上,按降水的类型等特性划分小区,在每个小区中选择代表站,按实测年降水量与某一频率的年降水量相近的原则选择典型年,分析不同典型年年降水的月分配过程。此外,尚可以关键供水期降水量推求其年内分配。

4.4.2.2 **蒸发量**

蒸发量是水量平衡要素之一,它是特定地区水量支出的主要项目,是反映当地蒸发能力的指标。在城市水资源调查评价工作中要研究的内容包括水面蒸发、流域蒸散发和干旱指数三个方面。

1. 水面蒸发

水面蒸发是反映陆面蒸发能力的一个指标,其分析计算对于探讨研究陆面蒸发量时空变化规律,对水量平衡要素分析以及水资源总量的计算,都具有重要作用。水面蒸发量主要受气压、气温、湿度、风力、辐射等气象因素的综合影响,在不同纬度、不同地形条件下所产生的水面蒸发能力也不同。我国确定水面蒸发量的主要方法是通过蒸发器观测,再折算为自然水面蒸发量。

1)水面蒸发器折算系数

水面蒸发器折算系数是指天然大水面蒸发量与某种型号水面蒸发器同期实测蒸发量

的比值。

国内水文气象站网主要使用三种类型的水面蒸发器，即 ϕ20 型、ϕ80 型（套盆）和 E—601 型。其中，E—601 型蒸发器（由蒸发筒、水圈、溢流筒和测针组成）与大水体水面蒸发值之间的折算系数为 0.9 ~0.99。

水面蒸发器的口径、水深、材料、安装方式、颜色等都对蒸发量的测试结果有很大的影响。E—601 型折算系数最大，其次是 ϕ80 型（套盆），ϕ20 型的折算系数最小，见表 4-1。

表 4-1　ϕ20 型、ϕ80 型年蒸发量折算成 E—601 年蒸发量的折算系数

省（自治区、直辖市）	ϕ20 型折算系数	ϕ80 型折算系数	省（自治区、直辖市）	ϕ20 型折算系数	ϕ80 型折算系数
北京	0.59 ~0.62		河南	0.62	0.83 ~0.84
天津	0.59 ~0.62		湖北	0.58 ~0.66	0.76 ~1.00
河北	0.59 ~0.62		湖南	0.61 ~0.69	
山西	0.59 ~0.62		广东	0.76	
内蒙古	0.59 ~0.62		广西	0.74	
辽宁	0.54 ~0.64		四川	0.60 ~0.75	0.73 ~0.86
吉林	0.56 ~0.58		贵州	0.63 ~0.70	0.95 ~1.00
黑龙江	0.53 ~0.64		云南	0.60 ~0.80	0.72 ~0.83
上海	0.79		西藏	0.61 ~0.67	
江苏		0.78 ~0.99	陕西	0.62 ~0.66	0.81 ~0.85
浙江		0.94 ~1.03	甘肃	0.63 ~0.65	0.81 ~1.00
安徽		0.72 ~0.99	青海	0.64 ~0.65	
福建	0.78		宁夏	0.63	
江西	0.66 ~0.74		新疆	0.61	

水面蒸发折算系数的时空变化，主要取决于影响天然水体蒸发量和蒸发器蒸发量的各种物理因素——辐射、水温、水汽压、风速、冷热平流、储热量等的时空差异。其变化特征如下：

（1）折算系数随白昼、夜间、晴、雨等不同情况而变化。月折算系数的年际变化幅度显著大于季和年的折算系数的变化幅度。

（2）折算系数的年内变化一般是秋季高于春季；在南方，部分地区春季又低于冬季。

（3）折算系数的地区分布一般由东南沿海向内陆递减。

（4）我国北方冬季（冰期）水面蒸发量一般采用直径 20 cm 蒸发器（ϕ20 型）进行观

测,冰期水面蒸发折算系数一般为0.50~0.65;初冰和解冻月份,折算系数略大于全封冻的月份。

2)多年平均年水面蒸发量等值线图的绘制

(1)选取资料质量较好、面上分布均匀且观测年数较长的蒸发站作为统计分析的依据,选取的测站应尽量与降水选用站相同。

(2)不同型号蒸发器观测的水面蒸发量,应统一换算为E—601型蒸发器的蒸发量。

(3)计算单站同步期年平均水面蒸发量,绘制等值线图,并分析年内分配、年际变化及地区分布特征。

(4)合理性分析:分析气温、湿度、风速和日照等气候因素及地形等下垫面因素对水面蒸发量的影响。一般情况下,水面蒸发量随着高程的增加而减小;平原地区蒸发量一般要大于山区;水土流失严重、植被稀疏的干旱高温地区蒸发量要大于植被良好、湿度较大的地区。对于个别数据过于突出的站点,还要分析蒸发器的制作安装是否合乎规范,局部是否有其他特殊的因素造成突出影响等。

2. 流域蒸散发

流域蒸散发是流域水面蒸发、土壤蒸发与植物散发的综合。在流域内,除河流、湖泊纯属水面蒸发外,一般耕地、草原、森林区的蒸散发与土壤含水量有关。当土壤水分充分供应时,流域蒸散发将达到最大值,称为最大可能蒸散量或潜在总蒸发量。潜在总蒸发量不受土壤含水量的影响,但取决于下垫面的条件,如植被覆盖、土地管理情况及气象因素(如温度、湿度和风速)等。

确定流域蒸散发有两条途径:一是调查流域内水体、耕地、荒地和森林等所占面积及其蒸散发量,然后加以综合而得;二是将流域作为一个整体,进行分析研究。前有积分法,后有水量平衡法、热量平衡法、紊动扩散法及经验公式法等。

1)积分法

将流域内水体面积、荒地面积、每种作物的面积及天然植被面积乘以相应的蒸散发量,然后汇总除以流域总面积,即得流域一定时段平均蒸散发量,如下式所示:

$$E_{\mathrm{b}} = \frac{\sum_{i=1}^{n} A_i E_i}{A} \tag{4-4}$$

式中 E_{b}——全流域或全区域一定时段平均蒸散发量;

A_i——流域各个部分面积;

E_i——相应各个部分面积的蒸散发量;

A——流域总面积。

A_i与E_i值随时间而变化,但面积A_i随时间变化比较缓慢,可视为常数。

流域水体面积,一般包括河流与湖泊。湖水流动缓慢,成层现象比较显著,即夏季表面水温大于底部水温,冬季则相反。河水流速较大,成层现象不如湖水显著,因此在夏季河面蒸发小于湖面,而冬季则相反。此外,河流水源的不同也有一定影响,冰川源使水温降低,地下水源可使水温升高。但由于对流水的水面蒸发研究尚少,故一般仍采用静水的水面蒸发资料。

由于分别确定流域各部分的蒸散发量比较困难，因此除小流域外，较少采用此种方法。

2）土壤水分样本法

这一方法适用于区域较小、土质比较均匀、地下水埋深不影响植物根系土壤水分变化的灌溉地区。定期分层采取土样，测定其含水量，根据时段内土壤剖面含水量的消耗来计算该区域的总蒸发量。

取样时，要在有代表性的地区取够土样，以期达到所需精度，土样需代表根系所占整个深度。取样处的面积要大，以避免边界影响，取样地点须离植物的外面一行有一定距离，免除平流热量的影响。

3）水量平衡法

这一方法将流域蒸散发量作为流域水量平衡方程的剩余项，所有其他各项的观测误差与计算误差，最终归于蒸散发项。水量平衡法最常用于计算大河流域的平均蒸散发量，如下式所示：

$$E_b = P_x - Q_y \tag{4-5}$$

式中　E_b——流域蒸散发量；

P_x——流域平均降水量；

Q_y——流域平均径流深。

4）空气动力学法

可用计算水面蒸发的公式计算流域蒸散发，但须考虑平流与温度层结构的影响。排除平流的影响，应在平地植被均匀处测量水汽压与风速的垂直梯度。

5）经验公式法

确定实际蒸散发的经验公式法颇多，在此不作介绍。

3. 干旱指数

干旱指数是气象学中用来反映气候干湿程度的指标，以年蒸发能力 E_0 和年降水量 P 的比值来表示。干旱指数 $\gamma > 1.0$，说明年蒸发能力大于年降水量，表明该地区的气候偏于干旱，γ 值越大，干旱程度就越严重；干旱指数 $\gamma < 1.0$，说明年蒸发能力小于年降水量，表明该地区气候偏于湿润，γ 值越小，气候越湿润。因此，干旱指数的地区分布和降水量、径流深分带有着密切的关系，一般可用相对应的表格反映，见表 4-2。

表 4-2　干旱指数、年降水量、径流深分带对照

降水分带	年降水量(mm)	干旱指数(γ)	径流深(mm)	径流分带
十分湿润带	>1 600	0.5	>1 000	丰水带
湿润带	800 ~ 1 600	0.5 ~ 1.0	300 ~ 1 000	多水带
过渡带	400 ~ 800	1.0 ~ 3.0	50 ~ 300	过渡带
干旱带	200 ~ 400	3.0 ~ 7.0	10 ~ 50	少水带
十分干旱带	<200	>7.0	<10	干涸带

西北内陆广阔的大沙漠地带是我国干旱指数的高值区,包括内蒙古高原西北部、河西走廊、柴达木盆地、塔里木盆地、准噶尔盆地等。其中,吐鲁番盆地的托克逊站,干旱指数高达 318.9。华北平原、松辽平原一带干旱指数为 1 ~ 3。内蒙古东部、黄土高原西北部干旱指数为 3 ~ 10。

4.4.2.3 河川径流量

1. 河川正常年径流量的基本概念

河川正常年径流量是指无限期年径流算术平均值,以 R_0 表示。

事实上,无限长的观测是不可能的,只能根据有限的资料,用推算多年期间年径流量的算术平均值 R_m 来代表正常年径流量,它表示河流断面多年可泄出的平均水量,是比较稳定的数值。

$$R_0 \approx R_m = \frac{R_1 + R_2 + \cdots + R_n}{n} = \frac{1}{n}\sum_{i=1}^{n} R_i \tag{4-6}$$

式中 n——实测资料的年数;

$R_1, R_2, \cdots, R_n$——每年实测年径流量, m^3。

从式(4-6)可看出,一定观测时期年径流量的算术平均值与其实际的正常年径流量之间有一个差数,用 θ_n 表示,即

$$R_0 = R_m \pm \theta_n \tag{4-7}$$

式中: θ_n 就是算术平均数的误差,它与径流资料的观测年数 n 及大的水文周期变化有关。河流的正常年径流量在水文、水利及农业水资源计算中是一个重要的特征值,它具体反映了河流可利用的水资源数量。主要河流年径流量计算,选择河流出口控制站的长系列径流量资料,分别计算长系列和同步系列的平均值及不同频率的年径流量。

2. 正常年径流量的计算

1) 径流资料的统计处理

(1) 查清水文站以上控制区内水土保持、水资源开发利用及农作物耕作方式等各项人类活动状况。

(2) 综合分析人类活动对当地河川径流量及其时程分配的影响程度,对当地实测河川径流量及其时程分配作出修正。

2) 有长期实测资料情况下的正常年径流量计算

所谓有长期实测资料,就是指系列足够长,并包括丰、中、枯水的典型年观测资料(二三十年以上),由它计算的多年平均值基本趋于稳定(可直接用上式计算)。

3) 有短期实测资料情况下的正常年径流量计算

短期实测资料是指仅有 20 年以下的实测资料,代表性较差,如果直接根据这些资料进行计算,求得的结果可能有较大的误差,在这种情况下,为了提高精度,保证计算结果的可靠性,必须设法展延系列资料,目前常用的是相关法。

相关法就是通过分析研究变量与参变量之间的相关关系,利用参变量与较长实测资料来延长研究变量较短的资料,使其具有与参变量同长度的资料。

在水资源分析中,通常利用径流量或降水量作参证资料来展延设计站的年、月径流系列。

利用径流资料插补展延系列：就是在本流域上下游、干支流或相邻流域上，选取具有系列实测年径流量的测站作为参证站，经过分析后，如果证明它们之间同步的年径流量具有相关性，则可用两者相关图或相关方程来插补展延研究站的径流系列。

利用降雨资料插补展延系列：如果在该地区或附近有较长的降雨观测资料，通过分析，如果它们之间具有相关性，则可用来展延径流资料。

一般来说，在我国南方湿润地区，由于降水多，降水与径流关系密切，相关性较好；而在北方干旱、半干旱地区，由于降水大部分耗于蒸发，相关性较差或不相关。

3. 缺乏实测径流资料情况下正常径流量的计算

在这种情况下，一般要通过间接途径来推求。目前常用的方法是水文等值线图法（如年正常径流深等值线图、正常径流模数等值线图）、经验公式法、水量均衡法和水文比拟法等。

4. 河川径流的变化

通常把河川径流在年际之间的变化特征和年内分配规律称为径流情势。

1）河川径流的年际变化

（1）河川径流变化的准周期性。河川径流的年径流量的大小在各年都不相同，在丰水年径流量大，而在枯水年则径流量小，这种丰水年和枯水年往往连续几年循环交替出现，其交替周期是不固定的，它在一定幅度内变化，故称为准周期性。

（2）河川年径流量的随机变化。河川年径流量的变化是一个随机过程，河川年径流量的变化幅度及其可利用的规模，可用年径流量的变差系数 C_v 来表示。变差系数 C_v 表示随机变量对其均值的相对离散程度，用系列的标准差与其均值的比值表示。均值是以频数作为权重所得的平均数。

$$C_v = \left[\sum_{i=1}^{n}(K_i - 1)^2/(n-1)\right]^{1/2} \tag{4-8}$$

式中 K_i——模比系数，$K_i = R_i/R_m$；

n——系列年数；

R_m——年径流量算术平均值。

C_v 反映了随机变量在总体范围内的相对离散程度，对某流域年径流量，C_v 值大，说明该流域年径流量的年际变化大，在丰水年来水特多，不能充分利用；而在枯水年来水又特别少，供水不足。在一定频率情况下，C_v 值越大，天然径流中可利用的部分就越小。

从我国情况看，C_v 分布有如下特点：南方小于北方，沿海地区小于内陆，降水多的地区小于降水少的地区，流域面积大的地区小于流域面积小的地区。

2）河川径流量的年内变化

河流的天然径流量在年内的变化过程，称为径流的年内分配，径流量的年内变化情势往往与农业需水要求矛盾，必要时要进行人工调节，如建水库、塘、坝、闸等。

河川径流量的年内变化通常用年径流量过程线来表示，在分析河川径流的年内变化时一般不使用日历年度，而是使用水文年度。所谓水文年度，是指从这一年丰水期开始（开始较大的地表水补给），到下一年丰水期开始为止（春季）之间一年长时期。就我国来说，东北地区以4月1日作为水文年开始，长江以南是以3月1日作为水文年开始。

在我国的一个水文年内，根据水文动态，可分为四个阶段：

（1）春季桃汛或平水、枯水：北方河流由于冰雪融解，河水位上涨，水量增加形成桃汛，其中像东北以及北疆阿尔泰山区，春季水量一般占全年水量的20%～30%；南方河流由于雨季开始，径流迅速增加，可占全年水量的40%左右；而在华北、西北地区，春旱严重，河流大多处在缺水时期。

（2）夏季洪水：夏季是我国河川径流量最丰富的季节，由于受东南季风和西南季风的影响，先后普遍降雨，雨量集中，多暴雨，各河流量过程线相应陡涨形成夏季洪水，是决定河流年径流量的重要时期，也是河流洪水灾害最多的时期。

（3）秋季平水：秋季是我国河川径流量普遍减退的季节，也是夏季洪水过渡到冬季枯水之间的平水期，它和春季平水的不同之处在于流量缓慢减少，而春季一般是逐渐增加的。对于全国大部分地区，河流的秋季径流总量一般占全年径流总量的20%～30%，但像海南岛等局部地区，可达50%左右。

（4）冬季枯水：冬季是我国大部分河川径流量枯竭的季节，此时河水主要靠地下水补给。在干旱和半干旱地区的小河，由于河床切割不深，得不到充足的地下水补给而发生断流现象，北方河流在气候寒冷的冬季受冻结影响，径流量大部分不及全年的5%。

4.4.2.4 分区地表水资源数量计算应注意的问题

（1）针对不同情况，采用不同方法计算分区年径流量系列：当区内河流有水文站控制时，根据控制站天然年径流量系列，按面积比修正为该地区年径流系列；在没有测站控制的地区，可利用水文模型或自然地理特征相似地区的降雨径流关系，由降水系列推求径流系列；还可通过逐年绘制年径流深等值线图，从图上量算分区年径流量系列，经合理性分析后采用。

（2）应在求得年径流系列的基础上进行分区地表水资源量的计算。

（3）入海、出境、入境水量计算应选取河流入海口或评价区边界附近的水文站，根据实测径流资料采用不同方法换算为入海断面或出境、入境断面的逐年水量，并分析其年际变化趋势。

（4）地表水资源时空分布特征分析应符合下列要求：①选择集水面积为300～5 000 km^2的水文站（在测站稀少地区可适当放宽要求），根据还原后的天然年径流系列，绘制同步期平均年径流深等值线图，以此反映地表水资源的地区分布特征；②按不同类型自然地理区选取受人类活动影响较小的代表站，分析天然径流量的年内分配情况；③选择具有长系列年径流资料的大河控制站和区域代表站，分析天然径流的多年变化。

（5）地表水资源可利用量估算应符合下列要求：①地表水资源可利用量是指在经济合理、技术可能及满足河道内用水并顾及下游用水的前提下，通过蓄、引、提等地表水工程措施可能控制利用的河道外一次性最大水量（不包括回归水的重复利用）；②某一分区的地表水资源可利用量，不应大于当地河川径流量与入境水量之和再扣除相邻地区分水协议规定的出境水量。

4.4.3 地下水资源数量评价

地下水资源在我国水资源中占有举足轻重的地位，由于其分布广、水质好、不易被污染、调蓄能力强、供水保证程度高,正被越来越广泛地开发利用。尤其在中国北方、干旱半干旱地区的许多地区和城市,地下水成为重要的甚至唯一的水源。据计算,我国可更新地下淡水资源总量为8 300亿 m^3,占我国水资源总量的30%,其中地下淡水可开采资源为2 900亿 m^3。

从目前的供水情况看,全国地下水的利用量占全国水资源利用总量的16%,其中地下水开发利用程度最高的是华北地区,其地下水供水量占全区总用水量的52%。在21世纪,我国淡水资源供需矛盾突出的地区仍是华北、西北、辽中南地区及部分沿海城市。

地下水资源数量评价内容应包括补给量、排泄量、可开采量的计算和时空分布特征分析,以及人类活动对地下水资源的影响分析。

地下水资源计算的基本方法主要有:基于水量平衡原理的方法——水量平衡法;基于数理统计原理的方法——相关分析法;基于实际试验的方法——开采试验法;基于地下水动力学原理的方法——解析法和数值法。

区域水资源评价常用的方法为水量平衡法。水量平衡法是根据水量平衡原理,建立水量平衡方程来进行地下水资源评价的方法。在较大范围内进行区域性地下水资源评价时,往往因水文地质条件及其他影响因素的复杂性,当用其他方法评价都比较困难时,采用水量平衡法具有概念清楚、方法简单、适应性强等优点。对于一个平衡区(或水文地质单元)的含水层组来说,地下水在补给和消耗的动平衡发展过程中,任一时段补给量和消耗量之差,永远等于该时段内单元含水层储存水量的变化量,这就是水量平衡原理。根据多年平均的水量平衡方程,便可建立开采条件下的水量平衡方程,即地下水资源量=总补给量=总排泄量。

山丘区以总排泄量估算总补给量,代表地下水资源量;平原区以总补给量代表地下水资源量。

4.4.3.1　地下水资源评价的原则

1. 三水综合考虑的原则

大气降水、地表水与地下水(土壤水)之间相互联系、相互转化,构成水资源循环转化系统。地下水人工开采以后,这种转化关系明显加强。如地下水的人工开采改变了大气降水的入渗条件,开采使埋深增加,相应地增加了大气降水入渗量,使大气降水更多地转化为地下水,减少了地表径流。因此,进行地下水资源评价时,必须三水综合考虑。充分利用评价区内部的水量,合理夺取区外水量,一方面开采地下水时要尽量使更多的大气降水、地表水转化成地下水,增加地下水资源的补给量;另一方面又要考虑到大气降水、地表水转化成地下水后,会减少当地地表水资源量,不能使其他用水部门经济上受到损失。在干旱、半干旱地区,大气降水、地表水相对贫乏,地下水补给来源少,三水统一规划、统一管理对地下水资源的持续开发利用显得尤为重要。

2. 以丰补歉、调节平衡的原则

地下水尤其是浅层地下水的补给主要来自降水入渗,因此地下水的补给量不仅有季节性变化,而且还有年际变化。在地下水资源评价中必须选择恰当的补给量来评价可开采量。在实践中,常选用年或多年平均补给量作为评价标准。要充分利用地下水的调蓄作用,允许在枯水年份借用储存量,以满足用水部门对地下水的需求,同时腾出储水空间待丰水年得以补给恢复，从而达到多年平衡，即以丰补歉、调节平衡。这一原则对于以间歇开采为特征的农业灌溉用水来说更具有重要性。

3. 水质、水量统一的原则

地下水作为资源，必须符合一定的水质标准及水量要求。若水质不符合要求，即使水量再多也没有使用价值；相反，若水质符合要求，但水量却很少，同样也没有开采价值。因此，在地下水资源评价中必须水质、水量同时考虑。

4.4.3.2　山丘区地下水资源量的计算

目前，直接计算山丘区地下水补给量的资料尚不充分，故可以根据水均衡法的原理，用地下水的排泄量近似作为补给量。计算公式为

$$\overline{W}_{g山} = \overline{R}_{g山} + \overline{U}_{潜} + \overline{U}_{侧山} + \overline{U}_{泉} + \overline{E}_{g山} + \overline{g}_{山} \tag{4-9}$$

式中　$\overline{W}_{g山}$——山丘区地下水的总排泄量；

$\overline{R}_{g山}$——河川基流量；

$\overline{U}_{潜}$——河川潜流量；

$\overline{U}_{侧山}$——山前侧向流出量；

$\overline{U}_{泉}$——未计入河川径流的山前泉水出露量；

$\overline{E}_{g山}$——山间盆地潜水蒸发量；

$\overline{g}_{山}$——浅层地下水开采的净消耗量。

式(4-9)中各项均为多年平均值，计量单位均为 m^3。各项排泄量中，以河川基流量为主要部分，也是分析计算的主要内容。对于我国南方降水量较大的山丘区，其他各项排泄量相对较小，一般可以忽略不计。

1. 河川基流量的计算

1）基本资料的获得与处理

河川基流量为地下水对河道的排泄量。山丘区河流坡度陡，河床切割较深，水文站实测的逐日平均流量过程线包括来自地表的地表径流，又包括来自地下水的河川基流。因此，河川基流量可以通过对实测流量过程的分割方法近似求得。具体方法有直线分割法、加里宁分割法等。本节仅介绍直线分割法。

直线分割法又可分为平割法和斜割法两种。

（1）平割法，又称枯季最小流量法，将枯水无降雨时期的某一特征最小流量作为河川基流量，水平直线分割日流量过程线。直线以上部分为地表径流量，直线以下是河川基流量。枯水无降雨时期的某一特征最小流量又有最小日平均流量、最小月平均流量和 3 个月最小平均流量 3 种选择。经有关单位的分析研究认为：在我国南方湿润地区，以枯季最小月平均流量作为地下水较好（该时段河川径流量均为地下水的流出量）。而在我国北方则以 3 个月最小流量作为地下水为妥。但亦有用最小 5 个月和最小 8 个月的平均流量来分割的，如图 4-1 所示。

（2）斜割法，是一种应用十分广泛的方法，即做出洪水过程线的起涨点与地表径流的终止点的连线，直线以下则为河川基流量，如图 4-2 所示。直线斜割法的关键在于确定退水拐点，常用的方法有：

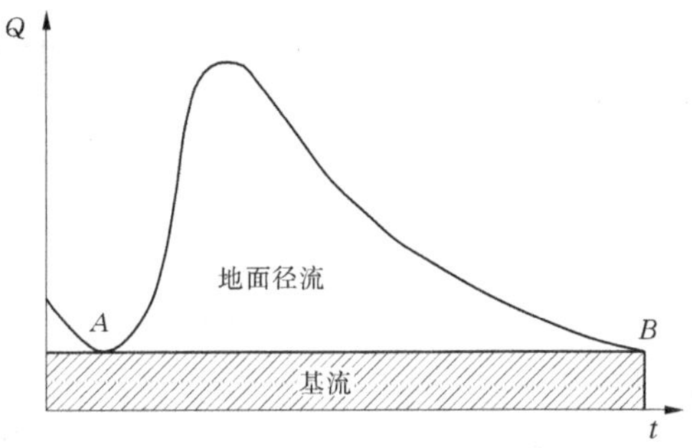

图 4-1　平行直线分割基流

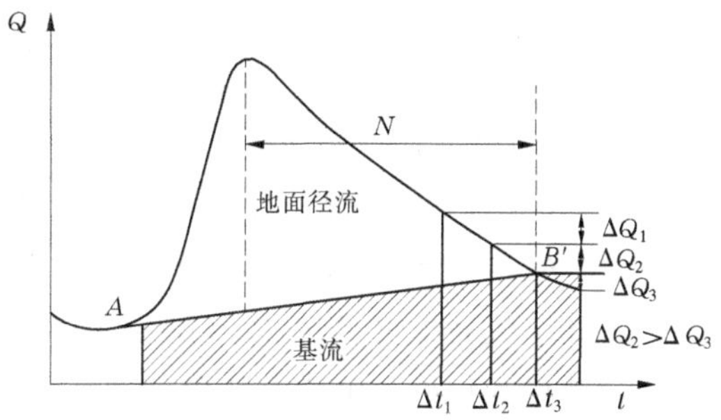

图 4-2　直线斜割法分割基流

①综合退水曲线法。在历年日平均流量过程线上，选择峰后无雨、退水较均匀的退水段过程线若干条。将各条退水段过程线用相同的坐标比例绘出，在水平方向上移动，使其尾部重合，绘出外包线，即为综合退水曲线，将其绘制在透明纸上，再在欲分割的流量过程线上水平移动，使其与实测流量过程线退水段尾部相重合，两条曲线的分叉处即为退水拐点。

②消退流量比值法。退水流量的消退规律可以写成如下退水曲线方程：

$$Q_t = Q_0 e^{-\beta t} \tag{4-10}$$

式中　Q_t——退水开始 t 日后的流量，m^3；

Q_0——退水开始 t_0 时的流量，m^3；

β——消退系数；

t——退水开始后的时间，d。

取时段 $\Delta t = t_{i+1} - t_i = 1$ d，对应的时段始、末流量的比值为

$$\frac{Q_t}{Q_0} = e^{-\beta} = 常数 \tag{4-11}$$

因此，可以自退水开始，逐时段计算时段始末的流量比值，其值由小变大，并逐渐趋于稳定，即为退水段拐点。此外，还有消退系数比较法、经验关系法等，此处不详细论述。

2）多年平均以及不同频率河川径流量的计算

（1）长系列法。点绘历年日流量过程线，分割基流，求得隔年河川基流量，其算术平均值即为所需多年平均年河川基流量。

（2）典型年法。点绘丰、平、枯典型年的日流量过程线，分割基流，求得各典型年河川基流量，并计算多年平均河川基流量。

（3）代表年径流量与河川基流相关法。选择 8～10 年代表性年份，分割基流，求得各代表年的年河川基流量，与同年年径流量点绘相关图，根据逐年年径流量，查相关图得未分割基流年份的年河川基流量，并计算其多年平均年河川基流量。

根据历年的年河川基流量，用频率计算方法求得不同频率的年河川基流量。

3）区域河川基流量的计算

（1）模数分区法。

①分别计算区域内各代表站的多年平均河川基流模数

$$M_{基} = \frac{W_{基}}{f} \tag{4-12}$$

式中 $M_{基}$——代表站多年平均河川基流模数,m^3/km^2;

$W_{基}$——代表站多年平均年河川基流量,m^3;

f——代表站流域面积,km^2。

②按区域植被、岩性以及地质构造等分布特征将区域划分为若干均衡计算单元,每个均衡计算区包括一个或者几个分割基流的代表站。

③计算各均衡区的平均基流模数,可用各区代表站基流模数按代表面积加权平均求得

$$\overline{M} = \frac{1}{\sum_{i=1}^{n} f_i} \sum_{i=1}^{n} M_{基i} f_i \tag{4-13}$$

式中 $\overline{M}$——均衡计算区平均基流模数,m^3/km^2;

$M_{基i}$——均衡计算区各站基流模数,m^3/km^2;

f_i——均衡计算区各站代表面积,km^2。

④计算区域河川基流量。计算公式为

$$\overline{R}_g = \sum_{i=1}^{n} \overline{M}_i F_i \tag{4-14}$$

式中 $\overline{R}_g$—— 区域河川基流量,m^3;

$\overline{M}_i$—— 一个均衡计算区平均基流模数,m^3/km^2;

F_i—— 一个均衡计算区的面积,km^2。

(2)等值线图法。在水文地质条件比较单一的区域,可以使用等值线图法计算区域河川基流量。其步骤如下:

①将各个代表站的多年平均年河川基流深点绘在地形图上各站流域面积形心处。

②参照地形、地貌和水文地质图勾绘出多年平均年基流深等值线图。

③用面积加权平均法计算区域多年平均年河川基流量。

2. 其他排泄量的计算

1)河川潜流量

流经河床松散沉积物中未被水文站测得的径流量称为河川潜流量,一般采用达西公式计算

$$\overline{U}_{潜} = KIAt \tag{4-15}$$

式中 $\overline{U}_{潜}$——河川潜流量,m^3;

K——渗透系数,m/d;

I——水力坡度,一般用河底坡降代替;

A——垂直于地下水流向的河床潜流过水断面面积,m^2;

t——潜流历时,d。

若河床松散沉积物很薄,则可忽略。

2)山前侧向流出量

经由山丘区和平原区地下界面的流出水量,就称为山前侧向流出量。可由达西公式分段计算,然后进行累加求得。如山丘区与平原区交界处水力坡降较小,则山前侧向流出量可以忽略不计。

3)山前泉水出露量

在地下水丰富的山丘区,尤其是岩溶区,地下水常以泉水的形式在山前排泄出来,未包括在河川径流量中,通常根据分析调查求得。

4)山间盆地的潜水蒸发量

在本节的平原区潜水蒸发量计算方法中将详细介绍。

5)浅层地下水的实际开采的净消耗量

浅层地下水的实际开采的净消耗量计算公式为

$$\overline{g}_{山} = \overline{Q}_{农}(1-\beta_{农}) + \overline{Q}_{工}(1-\beta_{工}) \tag{4-16}$$

式中　$\overline{g}_{山}$—— 浅层地下水开采的净消耗量;

$\overline{Q}_{工}$、$\overline{Q}_{农}$——用于工业以及城市生活、农田灌溉的浅层地下水实际开采量,m^3;

$\beta_{农}$、$\beta_{工}$——井灌回归系数、工业及城市用水回归系数。

4.4.3.3　平原区地下水资源量的计算

一般,平原区地下水以及气象等资料较山区丰富,可以直接计算各项补给量作为地下水资源量,有条件的地区,可以同时计算总排泄量进行校核。地下水开发程度较高的平原区,一般尚需计算可开采量,以便为水资源供需分析提供依据。

1.补给量估算

平原区补给量是指天然或者人工开采条件下,由大气降水以及地表水体渗入、山前侧向径流及人工补给等流入含水层的水量,计算公式为

$$\overline{U}_{s} = \overline{U}_{河渗} + \overline{U}_{渠渗} + \overline{U}_{渠灌} + \overline{U}_{库渗} + \overline{U}_{人工} \tag{4-17}$$

式中　$\overline{U}_{s}$——地表水体对地下水的入渗补给量;

$\overline{U}_{河渗}$——河道渗漏补给量;

$\overline{U}_{渠渗}$——渠系渗漏补给量;

$\overline{U}_{渠灌}$——渠灌田间入渗补给量;

$\overline{U}_{库渗}$——水库、湖泊等蓄水渗漏补给量;

$\overline{U}_{人工}$——人工回灌补给量。

式中各项为多年平均值,单位均为 m^3。

1)降水入渗补给量

降水入渗补给量是指降水入渗到包气带后在重力作用下渗透给潜水的水量,是浅层地下水重要的补给来源,可根据降水入渗补给系数进行估算,计算公式如下:

$$\overline{U}_{p} = \alpha \overline{P} F \tag{4-18}$$

式中　$\overline{U}_{p}$——降水入渗补给量,m^3;

α——年降水入渗补给系数;

$\overline{P}$——年降水量,mm;

F——计算区面积,km^2。

所谓降水入渗补给系数，即在同一面积上降水入渗量占降水量的百分数,与地下水埋深、包气带岩性、降水量大小等有关。在有比较充足的地下水动态观测资料情况下,α值可用下式计算:

$$\alpha = \frac{\mu\sum h_i}{P} \tag{4-19}$$

式中 α——年降水入渗补给系数;

μ——给水度;

$\sum h_i$——年内各次降水入渗补给形成的地下水位升幅之和,mm;

P——年降水量,mm。

给水度是表征潜水含水层给水能力和储蓄水量能力的一个指标,在数值上等于单位面积的潜水含水层柱体,当潜水位下降一个单位时,在重力作用下自由排出的水量体积和相应的潜水含水层体积的比值。

给水度不仅和包气带的岩性有关,而且随排水时间、潜水埋深、水位变化幅度及水质的变化而变化。各种岩性给水度经验值见表4-3。

表4-3 各种岩性给水度经验值

岩性	给水度	岩性	给水度
黏土	0.02~0.035	细砂	0.08~0.11
亚黏土	0.03~0.045	中细砂	0.085~0.12
亚砂土	0.035~0.06	中砂	0.09~0.13
黄土状亚黏土	0.02~0.05	中粗砂	0.10~0.15
黄土状亚砂土	0.03~0.06	粗砂	0.11~0.15
粉砂	0.06~0.08	黏土胶结的砂岩	0.02~0.03
粉细砂	0.07~0.010	裂隙灰岩	0.008~0.10

2)河道渗漏补给量

河流对于地下水的补给,主要取决于河水位与地下水位的相对关系。河道水位一旦高于地下水位,即可发生补给地下水的现象。补给量的大小及持续时间,除与河床的透水性能、河床的周界有关外,主要取决于江河水位高低以及高水位持续时间的长短。

江河对地下水的补给与降水入渗补给还存在明显的不同点:前者的补给局限于河槽边界,呈线状补给,补给面比较窄;而降水补给呈面状,在一次降水期间普遍而均匀,但雨停后,降水补给亦很快停止,所以时间上断断续续;江河的补给,只要河水位高于两岸地下水位,就可持续进行。

河道渗漏补给量可以通过水文分析法直接确定,也可以通过地下水动力学法来计算。

(1)水文分析法。此法适用于河道附近缺乏地下水观测资料、河段上下游有水文站的河段。利用上下游水文站实测径流资料估算河道渗漏补给量

$$\overline{U}_{河渗} = (\overline{R}_{上} - \overline{R}_{下})(1 - \lambda)\frac{L}{L'} \tag{4-20}$$

式中 $\overline{U}_{河渗}$——河道渗漏补给量,m^3;

$\overline{R}_{上}$、$\overline{R}_{下}$——上下游水文站实测年径流量,m^3;

L'——上下游水文站之间的距离,km;

L——计算河段长度,km;

λ——上下游水文站间水面及两岸浸润带蒸发量之和与 $\overline{R}_{上} - \overline{R}_{下}$ 之比值,由观测、试验资料确定。

(2)地下水动力学法。当河段两岸有钻孔资料时,可沿岸切割渗流剖面,根据河水位与钻孔地下水位确定水力坡度,利用达西公式估算河道渗漏补给量。

3)渠系渗漏补给量

灌溉渠系水位一般高于地下水位,各级渠道在输水过程中渗漏补给地下的水量,称为渠系渗漏补给量。常用补给系数法来计算,公式为

$$\overline{U}_{渠渗} = m\overline{W}_{渠首} \tag{4-21}$$

式中 $\overline{U}_{渠渗}$——渠系渗漏补给量,m^3;

$\overline{W}_{渠首}$——渠首引水量,当缺乏实测资料时,可由毛灌溉定额乘以灌溉面积得出,m^3;

m——渠系渗漏补给系数,$m = \gamma(1 - \eta)$,可查表 4-4;

η——渠系有效利用系数;

γ——修正系数。

4)渠灌田间渗漏补给量

渠灌田间渗漏补给量可分为次灌溉入渗补给量和规定时段灌溉入渗补给量。常用的有次、年或多年平均的灌溉入渗补给量,次灌溉入渗补给量是计算年与多年平均值的基础。常采用田间灌溉试验法、田块水量均衡法和田间地中渗透仪测定法求得。

灌溉进入田间后,经过包气带渗漏补给地下水的水量称为渠灌田间渗漏补给量,计算公式为

$$\overline{U}_{渠灌} = \beta_{渠}\overline{W}_{渠田} \tag{4-22}$$

式中 $\overline{U}_{渠灌}$——渠灌田间渗漏补给量,m^3;

$\beta_{渠}$——渠灌田间入渗补给系数,可查表 4-5;

$\overline{W}_{渠田}$——渠灌进入田间的水量,可由渠首引水量乘以渠系有效利用系数得出,m^3。

表 4-4　不同渠床衬砌、岩性和地下水埋深情况下的 m 值

分区	衬砌情况	渠床下岩性	地下水埋深(m)	渠系渗漏补给系数
长江以南地区和内陆河流域农业灌溉区	未衬砌或部分衬砌	亚黏土、亚砂土	<4	0.22~0.60
			>4	0.19~0.50
	衬砌		<4	0.18~0.45
			>4	0.17~0.45
半干旱半湿润地区	未衬砌	亚黏土	<4	0.16~0.45
		亚砂土		0.144
		亚黏土、亚砂土互层		0.18~0.30
	部分衬砌	亚黏土		0.09~0.14
			>4	0.09~0.135
		亚砂土	<4	0.12~0.17
			>4	0.10~0.17
		亚黏土、亚砂土互层	<4	0.09~0.17
	衬砌	亚黏土		0.04~0.112
		亚砂土		0.10~0.16

表 4-5　不同岩性、地下水埋深、灌水定额的渠灌田间入渗补给系数 $\beta_{渠}$ 值

地下水埋深(m)	灌水定额(m^3/亩)	岩性		
		亚黏土	亚砂土	粉细砂
$h<1$	40~70	0.10~0.17	0.10~0.20	
	70~100	0.10~0.20	0.15~0.25	0.20~0.35
	>100	0.10~0.25	0.20~0.30	0.25~0.40
$1\leqslant h<2$	40~70	0.05~0.10	0.05~0.15	
	70~100	0.05~0.15	0.05~0.20	0.05~0.25
	>100	0.10~0.20	0.10~0.25	0.10~0.30
$h\geqslant 2$	40~70	0.05	0.05	0.05~0.10
	70~100	0.05~0.10	0.05~0.10	0.05~0.20
	>100	0.05~0.15	0.10~0.20	0.05~0.20

5)水库等蓄水体渗漏补给量

估算方法有渗漏剖面法和出入库水量平衡法。主要介绍后者,其计算公式如下:

$$\overline{U}_{库渗} = P_{库} + \overline{W}_{入} - \overline{E}_0 - \overline{W}_{出} \tag{4-23}$$

式中　$\overline{U}_{库渗}$——多年平均水库渗漏补给量;

$P_{库}$——水库水面上的降水量；

$\overline{W}_{入}$——入库水量；

$\overline{E}_0$——水库水面蒸发量，可以使用E—601型蒸发器观测值代替；

$\overline{W}_{出}$——出库水量。

以上单位均为m^3。

6）山前侧向流入补给量

与山丘区山前侧向流出量估算方法一致。

7）越流补给量和人工回灌补给量

一般情况下，因该两项补给量的数量相对较小，资料难以取得，可忽略不计。

2. 排泄量估算

平原区地下水的排泄量主要包括潜水蒸发量、河道排泄量、侧向流出量、越流排泄量、地下水实际开采量等，公式如下：

$$\overline{W}_{g平} = \overline{E}_g + \overline{R}_{g平} + \overline{U}_{越排} + \overline{U}_{侧平} + \overline{g}_{平} \tag{4-24}$$

式中：各项均为多年平均值，符号意义同前。

1）潜水蒸发量

浅层地下水，在毛细管作用下，通过包气带岩土向上运动造成的蒸发量（包括棵间蒸发量和被植物根系吸收造成的叶面蒸散发量两部分）。

（1）采用潜水蒸发系数法可按式（4-25）计算：

$$E_g = cE_0F \tag{4-25}$$

式中　F——计算区面积；

c——潜水蒸发系数，是潜水蒸发量与水面蒸发量的比值，主要受潜水埋深、包气带岩性、气候以及植被等因素的影响。

具体确定方法与用动态资料确定给水度的方法一致，也可以移用同类地区潜水蒸发系数经验值，但是必须进行充分的论证。

（2）经验公式法：

$$E_g = E_0\left(1 - \frac{\Delta}{\Delta_0}\right)^n \tag{4-26}$$

根据各地实际地下水动态资料分析测算出各参数值，由E—601型蒸发器实测水面蒸发量E_0和时段平均地下水埋深Δ_0，估算时段潜水蒸发量。上述公式物理含义清楚，结构合理，国内外采用较普遍。关键问题是公式中的幂指数n值具有任意性，时段平均地下水埋深Δ_0在缺乏资料地区确定比较困难。

（3）由均衡试验场地中渗透仪实测潜水蒸发资料计算。此方法影响精度的因素很多，代表性论证困难，因此使用不多。

2）河道排泄量

当河道水位低于两岸地下水位时，地下水向河道排泄的水量称为河道排泄量。平原区地下水河道排泄量相当于河川基流量，如河段上下游有水文站实测径流资料，可分别绘制上下游平水年日流量过程线，分割基流，求出上下游站的河川基流量之差，即可作为两站间平原区的地下水河道排泄量。

3)侧向流出量

当区外地下水位低于区内地下水位时,通过区域周边流出的地下水量称为侧向流出量,与山丘区山前侧向流出量的计算方法一致。

4)越流排泄量

越流排泄量是指浅层地下水越层排入深层地下水的水量,计算同前,并且因量少,可忽略不计。

5)地下水实际开采量

与山丘区相同。

4.4.3.4 地下水可开采量

地下水可开采量指在经济合理的开采条件下,并在开采过程中不致发生水质恶化等不良现象的情况下,在开采期内有保证的地下水水量,也称为地下水的开采资源。在一般情况下,以多年平均补给量作为有保证的可开采量。可开采量除上述天然补给量外,还包括在一定开采条件下,由于地下水位下降而新增加的一部分补给量。因此,在一定有利条件下,可开采资源略大于天然资源。

1. 可开采系数法

地下水可开采量与地下水总补给量之比称为可开采系数,表示为ρ。对浅层地下水有一定开发利用水平,并积累有较长系列的开采量调查统计数据及地下水动态资料的地区,通过对多年平均年实际开采量、水位动态特征、现状条件下总补给量的综合分析,确定出合理的可开采系数,则多年平均可开采量等于可开采系数与多年平均条件下地下水总补给量的乘积,开采系数可以根据多年浅层地下水实际开采量及水位动态的变化与总补给量三者之间的关系综合分析,结合各地区的水文地质条件合理确定。

2. 实际开采量调查法

在浅层地下水开发程度较高,开采量调查资料比较准确,潜水埋深大而潜水蒸发量小的地区,当平水年年初、年末的浅层地下水位基本相等时,则将年浅层地下水的实际开采量近似地作为浅层地下水多年平均年可开采量。

4.4.4 水资源总量的计算

水资源总量指评价区内当地降水形成的地表和地下的产水量,即地表径流量与降水入渗补给量之和。其基本表达式为

$$\overline{W} = \overline{R} + \overline{W}_g - \overline{W}_{重} \tag{4-27}$$

式中 $\overline{W}$——区域多年平均水资源总量;

$\overline{R}$——区域多年平均河川径流量;

$\overline{W}_g$——区域多年平均地下水补给量;

$\overline{W}_{重}$——多年平均河川径流量与多年平均地下水补给量之间的重复计算量。

各种类型区的水量转化关系不同,资料条件差异较大,各地可以根据具体情况将上述基本表达式进行变通,利用地表水资源量和地下水资源量评价的有关成果,计算分区水资源总量。技术要求如下。

4.4.4.1 山丘区水资源总量计算

山丘区重复计算水量为山丘区河川径流量与地下水总排泄量之间的河川基流量，则将重复计算量代入水量平衡公式可以得到山丘区区域多年平均水资源总量为

$$\overline{W}_{山} = \overline{R}_{g山} + \overline{U}_{潜} + \overline{U}_{侧山} + \overline{U}_{泉} + \overline{E}_{g山} + \overline{g}_{山} \tag{4-28}$$

式中 $\overline{W}_{山}$——山丘区多年平均水资源总量；

其他符号意义同前。

山丘区地下水主要以河川基流形式排泄，其他排泄量很小，可以将河川径流量近似作为水资源总量。

4.4.4.2 北方平原区水资源总量计算

已知分区河川径流量、降水入渗补给量和平原河道排泄量，用式(4-29)计算分区水资源总量：

$$\overline{W}_{平} = \overline{R}_{平} + \overline{U}_{p} + \overline{U}_{越流} - \overline{R}_{g山} \tag{4-29}$$

式中 $\overline{W}_{平}$——北方平原区多年平均水资源总量；

$\overline{R}_{平}$——北方平原区多年平均河川径流量；

其他符号意义同前。

在浅层地下水开采强度较大的平原区，地下水位一般低于河道水位或河底高程，水资源总量为河川径流量与降水入渗补给量之和。

4.4.4.3 南方平原区水资源总量计算

该类地区的水田、水面面积大，浅层地下水开采程度低，与北方平原区相比，地表水与地下水之间的转化关系有很大差别。例如，水稻泡田期和生长期一般没有潜水蒸发，降水和灌溉的入渗补给量基本上排入河道，与河川径流量重复，而且难以分割。因此，宜采用河川径流量加不重复量的办法计算水资源总量。

$$W = R + Q_{不重复} \tag{4-30}$$

$$Q_{不重复} \approx (E_{旱} + Q_{采耗}) \frac{U_{p旱}}{Q_{旱总补}} \tag{4-31}$$

式中 $Q_{不重复}$——地下水资源与地表水资源的不重复量；

$E_{旱}$——旱地和水田旱作期的潜水蒸发量；

$Q_{采耗}$——浅层地下水开采净消耗量；

$U_{p旱}$——旱地和水田旱作期的降水入渗补给量；

$Q_{旱总补}$——旱地和水田旱作期的总补给量，即降水与灌溉入渗补给量之和。

4.5 水资源质量评价

水资源的质量问题是研究、开发水资源的中心内容之一。水的质量是指水体中所含物理成分、化学成分、生物成分的总和。

水的质量决定着水的用途和水的利用价值，从供水的角度来讲，要求水资源既要有充足的水量，又要具备符合要求的水质。若水量充足、水质优良，满足用水要求，则可直接作为供水水源；若有充足的水量，但水质不好，则不能用作供水水源；若水质一般，则需经处

理后方可作为供水水源,水处理成本的大小取决于水质。如果水量不足而水质尚好,则只能用作小型供水水源或分散供水水源。本节重点讨论水资源质量评价的有关内容。

水资源质量评价是根据用水的要求和水的物理、化学与生物性质,评定水资源质量。质量不符合标准的水,不但失去资源的价值,而且会酿成公害,影响经济发展,危害人民健康。为保障生活和生产的安全用水,必须及时掌握水质变化情况,了解污染物质来源、污染过程、污染程度、污染物质的分布规律,找出影响水质的原因,预测水体水质的发展趋势,采取必要的水源保护和防治措施。

4.5.1 水环境概念和指标体系

天然水质是自然界水循环过程中各种自然因素综合作用的结果。因此,天然水的成分与其形成过程中的各种物理化学条件紧密相关。大气降水的水质主要与当地气象条件和降水淋溶的大气颗粒物的化学物理成分有关,地表水的水质则与流经地区的岩土类型、植被条件有关,地下水的水质主要取决于含水介质的岩性与补给、径流和排泄条件相联系的水化学环境。

一般来说,天然水中含有溶解的气体、离子、原生质及悬浮固体等成分。

若按存在状态,可将水中的物质组分分为三类,即悬浮物、溶解物和胶体物质。悬浮物由大于分子尺寸的颗粒组成,靠浮力和黏滞力悬浮于水中;溶解物由分子或离子组成,被水的分子结构所支撑;胶体物质则介于悬浮物与溶解物之间。但水中物质的颗粒大小还不能全面反映水的综合特性,必须建立相应的水质指标,才是判断水质量的具体衡量标准。天然水通常根据水的物理特性、化学组分、生化指标等进行质量的分类。

4.5.2 水质量指标

水质量指标是表示水中物质的种类、成分和数量的综合指标,是判断水质的具体衡量标准。水质量指标繁多,但可分为物理的、化学的和生物学的等几大类。

4.5.2.1 水的物理指标

水的物理指标一般包括色、臭、味、透明度、水温等。

4.5.2.2 水的化学指标

水的化学指标通常有矿化度、硬度、酸碱度以及各种常量离子的组合。

4.5.2.3 水的环境化学指标

化学需氧量(COD):指水体中进行氧化过程所消耗的氧量,以 mg/L 表示。

生化需氧量(BOD):指水体中微生物分解有机化合物过程中所消耗的溶解氧量。

4.5.2.4 水的化学组分指标

目前,水化学分类的方案有多种,最常见的是舒卡列夫分类、阿廖金分类、苏林分类等。例如,舒卡列夫分类是根据地下水中6种主要离子(K^+合并于Na^+中)及矿化度划分的(见表4-6),分类简明易懂,在我国广泛应用。

表4-6　舒卡列夫分类图表

超过25%毫克当量的离子	HCO_3	HCO_3+SO_4	HCO_3+SO_4+Cl	HCO_3+Cl	SO_4	SO_4+Cl	Cl
Ca	1	8	15	22	29	36	43
Ca + Mg	2	9	16	23	30	37	44
Mg	3	10	17	24	31	38	45
Na + Ca	4	11	18	25	32	39	46
Na + Ca + Mg	5	12	19	26	33	40	47
Na + Mg	6	13	20	27	34	41	48
Na	7	14	21	28	35	42	49

4.5.3　水质评价方法

水质评价是按照评价目标,选择相应的水质参数(指标)、水质标准和计算方法,对水质的利用价值及水的处理要求做出的评定。

我国使用的水质评价方法大致分为污染指数法和分级评价法两大类。污染指数法主要用各种污染物的相对值,进行数学上的归纳统计得出一个比较简便的值,以表征水的污染程度。这种方法比较简便,但对有些参数如电导率、细菌群数等不适用。分级评价法把评价参数的区域代表值,用同一分级标准进行对比、分级,从而确定水质的优劣。这种方法比较直观、明确,适用范围广,能反映水域污染的真实情况,但不能反映污染物质进入水体后的迁移、转化、加成等许多复杂的作用。因此,还需要通过污染机制的研究改进水质评价的方法。

4.5.3.1　饮用水水质评价

1. 饮用水水质评价标准

饮用水水质评价标准见表4-7。

2. 饮用水水质评价的一般步骤

(1)按照规定进行取样、检测分析,分析项目应不少于生活饮用水水质标准中所列的项目。

(2)对分析结果和采用的分析方法进行全面的复查。

(3)根据复查后的结果依据《生活饮用水卫生标准》(GB 5749—2006)中规定的指标逐项进行对比评价,当全部项目符合标准要求时,才能作为生活饮用水。

3. 饮用水水质评价

物理性质:饮用水的物理性质应当是无色、无味、无臭,不含可见物及清凉可口(7～11 ℃),这在生活饮用水水质标准中已有明确规定。

普通盐类:水中溶解的普通盐类主要指水中的一些常见离子成分,如Cl^-、SO_4^{2-}、HCO_3^-、Ca^{2+}、Mg^{2+}、Na^+、K^+、Fe^{2+}、Mn^{2+}、I^-、Sr^{2+}、Be^{2+}。它们多数是天然矿物,其含量在水中变化很大。它们的含量过高时会损及水的物理性质,使水过于咸或苦,以致不能饮用;过低时,人体吸取不到所需的某些矿物质,也会产生一些不良的影响。

表 4-7　饮用水水质评价标准

项目	标准	
感官性状和一般化学指标	色	色度不超过 15 度,并不能呈现其他异色
	浑浊度	不超过 3 度,特殊情况不超过 5 度
	臭和味	不得有异臭、异味
	肉眼可见物	不得含有
	pH	6.5～8.5
	总硬度(以碳酸钙计)	450 mg/L
	铁	0.3 mg/L
	锰	0.1 mg/L
	铜	1.0 mg/L
	锌	1.0 mg/L
	挥发酚类	0.002 mg/L
	阴离子合成洗涤剂	0.3 mg/L
	硫酸盐	250 mg/L
	氯化物	250 mg/L
	溶解性总固体	1 000 mg/L
毒理学指标	氟化物	1.0 mg/L
	氰化物	0.05 mg/L
	砷	0.05 mg/L
	硒	0.01 mg/L
	汞	0.001 mg/L
	镉	0.01 mg/L
	铬(六价)	0.05 mg/L
	铅	0.05 mg/L
	银	0.05 mg/L
	硝酸盐(以氮计)	20 mg/L
	氯仿*	60 μg/L
	四氯化碳*	3 μg/L
	苯并(α)芘*	0.01 μg/L
	滴滴涕*	1 μg/L
	六六六*	5 μg/L
细菌学指标	细菌总数	100 个/mL
	总大肠菌群	3 个/L
	游离余氯	在与水接触 30 min 后应不低于 0.3 mg/L,集中式给水除出厂水应符合上述要求外,管网末梢水不应低于 0.05 mg/L
放射性指标	总 α 放射性	0.1 Bq/L
	总 β 放射性	1 Bq/L

有害物质:天然水中超量的有害元素的形成有两种原因,一种属于区域水文地质环境因素,一种是人类的污染因素。前者在有些硫化金属矿体附近,地下水常含有超量的有害金属离子;后者例如工农业生产过程中产生的废水、废液、废渣是有害元素的主要来源之一,对水源的危害极大,应予以充分注意。

细菌:采用细菌指标对水质进行评价,即应用大肠杆菌在水中存在的数量来判断水中的污染程度。大肠杆菌本身并不是有毒的病菌,但是大肠杆菌多与其他杂菌共生,通常是随着人畜粪便以及动物尸体的腐烂一起进入水中,饮用水标准规定,每升水中大肠杆菌不能多于 3 个。在 37 ℃情况下培养 24 h,1 mL 水中细菌总数不能超过 100 个。

4.5.3.2　锅炉用水及某些工业用水的水质评价

1. 锅炉用水的水质评价

在绝大多数的工矿企业及铁路运输中,都需要使用各种类型的锅炉,如蒸汽机车、各种工业锅炉、电站锅炉以及采暖锅炉等。在各种工业用水中,锅炉用水是基本组成部分,因此不论各种工业用水的具体要求如何,首先必须对锅炉用水进行全面评价。在高温、高压的条件下,水在锅炉中可以发生各种不良的化学反应,主要有成垢作用、成泡作用和腐蚀作用等。这些作用对锅炉的正常使用会造成非常有害的影响,而这些作用的发生与水质有关。对锅炉用水进行水质评价时,应从这三方面进行全面评价。

(1)成垢作用。在高温高压的蒸汽锅炉中,水中所存在的 Al^{3+}、Fe^{3+} 等离子相互作用会产生能附着在锅炉内壁的化合物如 Al_2O_3、Fe_2O_3 等,即锅垢,会阻碍热传导,消耗燃料,降低锅炉的效率,还会使得炉壁受热不均发生局部金属烧蚀,甚至引发锅炉爆炸。

(2)成泡作用。水煮沸时在水面产生大量的泡沫即为成泡作用,会造成锅炉中发生不均匀的蒸汽冲程及水位急剧跳动,锅炉不能正常运转,产生这种作用的原因是水温升高后,易溶的钾、钠盐类在水面上产生薄膜。因此,通常以钾、钠含量计算成泡作用。

(3)腐蚀作用。由于氢置换铁的作用,溶解于水中的气体成分如氧、硫化氢、二氧化碳等的腐蚀,以及锰盐、有机质、脂肪油类作为接触剂加强腐蚀作用的进行,会造成锅炉的腐蚀作用。其危害较大,不但会减少锅炉的使用寿命,还有可能发生爆炸事故。

具体评价指标见表 4-8。

表 4-8　一般锅炉用水水质评价指标

成垢作用				成泡作用		腐蚀作用	
按锅垢总量(H_0)		按硬垢系数(K_a)		按起泡系数(F)		按腐蚀系数(K_k)	
指标	水质类型	指标	水质类型	指标	水质类型	指标	水质类型
<125	锅垢很少的水	<0.25	具有软沉淀物的水	<60	不起泡的水	>0	腐蚀性水
125~250	锅垢少的水	0.25~0.5	具有中等沉淀物的水	60~200	半起泡的水	<0,但 $K_k+0.0503[Ca^{2+}]>0$	半腐蚀性水
250~500	锅垢多的水	>0.5	具有硬沉淀物的水	>200	起泡的水	<0,但 $K_k+0.0503[Ca^{2+}]<0$	非腐蚀性水
>500	锅垢很多的水						

2. 其他工业用水水质评价

不同的工业部门都有一定的用水水质要求，其中纺织、造纸和食品等工业对水质的要求更为严格。水质硬度过高，对于使用肥料、染料、酸、碱的生产过程的工艺，都不太适宜。硬水妨碍纺织着色，使纤维变脆、皮革不坚固、糖类不结晶。水中存在过量的铁、锰盐类能使纸张、淀粉及糖类出现色斑，影响产品质量。对食品工业用水必须符合饮用水的标准，并考虑影响产品质量的其他成分。由于工业企业的种类繁多，目前也只能根据各部门的要求与经验，提出某些试行的规定，纺织等 13 种工业用水水质要求见表 4-9。

表 4-9　纺织等 13 种工业用水的水质要求

工业用水		浑浊度（度）	色度（度）	总硬度（度）	总碱度（度）	pH	总含盐量（mg/L）	铁（mg/L）	锰（mg/L）	硅酸（mg/L）	氯化物（mg/L）	COD_{Mn}（mg/L）
制糖		5	10	5	100	6～7	—	0.1	—	—	20	10
造纸	高级纸	5	5	3	50	7	100	0.05～0.1	0.05	20	75	10
	一般纸	25	15	5	100	7	200	0.2	0.1	50	75	20
	粗纸	50	30	10	200	6.5～7	500	0.3	0.1	100	200	—
纺织		5	20	2	200	—	400	0.25	0.25	—	100	—
染色		5	5～20	1	100	6.5～7.5	150	0.1	0.1	15～20	4～8	10
洗毛		—	70	2	—	6.5～7.5	150	1.0	1.0	—	—	1
鞣革		20	10～100	3～7.5	200	6～8	—	0.1～0.2	0.1～0.2	—	10	—
人造纤维		0	15	2	—	7～7.5	—	0.2	—	—	—	6
黏液丝		5	5	0.5	50	6.5～7.5	100	0.05	0.03	25	5	5
透明胶片		2	2	3	—	6～8	100	0.07	—	25	10	—
合成橡胶		2	—	1	—	6.5～7.5	10	0.05	—	—	20	—
聚氯乙烯		3	—	2	—	7	150	0.3	—	—	10	—
合成染料		0.5	0	3	—	7～7.5	150	0.05	—	—	25	—
洗涤剂		0.6	20	5	—	6.5～8.6	150	0.3	—	—	50	—

4.5.3.3　灌溉用水的水质评价

农作物能够正常生长所需要的灌溉用水必须具备适宜的水温和有益的盐类及有机物质。

1. 水质标准

农田灌溉用水水质标准见表 4-10。

表 4-10　农田灌溉用水水质标准(GB 5084—2005)　(单位:mg/L)

序号	分类项目		水作	旱作	蔬菜
1	生化需氧量(BOD_5)	≤	80	150	80
2	化学需氧量(COD_{Cr})	≤	200	300	150
3	悬浮物	≤	150	200	100
4	阴离子表面活性剂(LAS)	≤	5.0	8.0	5.0
5	凯氏氮	≤	12	30	30
6	总磷(以 P 计)	≤	5.0	10	10
7	水温(℃)	≤	35		
8	pH	≤	5.5 ~ 8.5		
9	全盐量	≤	1 000(非盐碱土地区),2 000(盐碱土地区),视条件还可适当放宽		
10	氯化物	≤	250		
11	硫化物	≤	1.0		
12	总汞	≤	0.001		
13	总镉	≤	0.005		
14	总砷	≤	0.05	0.1	0.05
15	铬(六价)	≤	0.1		
16	总铅	≤	0.1		
17	总铜	≤	1.0		
18	总锌	≤	2.0		
19	总硒	≤	0.02		
20	氟化物	≤	2.0(高氟区),3.0(一般地区)		
21	氰化物	≤	0.5		
22	石油类	≤	5.0	10	1.0

续表 4-10

序号	分类项目		水作	旱作	蔬菜
23	挥发酚	≤	1.0		
24	苯	≤	2.5		
25	三氯乙醛	≤	1.0	0.5	0.5
26	丙烯醛	≤	0.5		
27	硼	≤	1.0(对硼敏感作物,如马铃薯、笋瓜、洋葱、柑橘等); 2.0(对硼耐受性较强的作物,如小麦、玉米、青椒、小白菜、葱等); 3.0(对硼耐受性强的作物,如水稻、萝卜、油菜、甘蓝等);		
28	大肠菌群数(个/L)	≤	1 000		
29	蛔虫卵数(个/L)	≤	2		

2. 评价方法

依据不同情况,国内外曾有过各种对灌溉水的评价方法,仅将几种典型方法摘要如下,以供参考。

1)按钠吸附比值(A 评价方法)

$$A = \frac{c(\mathrm{Na^+})}{\sqrt{\dfrac{c(\mathrm{Ca^{2+}}) + c(\mathrm{Mg^{2+}})}{2}}} \tag{4-32}$$

式中 $c(\mathrm{Ca^{2+}})$、$c(\mathrm{Mg^{2+}})$、$c(\mathrm{Na^+})$——$\mathrm{Ca^{2+}}$、$\mathrm{Mg^{2+}}$、$\mathrm{Na^+}$每克毫升当量数。

当 $A>20$ 时,为有害的水;当 $15\leqslant A\leqslant 20$ 时,为有害边缘的水;当 $A<8$ 时,为安全的水。

2)按灌溉系数 K_a 评价

灌溉系数是根据钠离子与氯离子、硫酸根的相对含量采用不同经验公式计算的方法,它反映了水中的钠盐值,但忽略了全盐的作用。灌溉系数 K_a 的计算公式可查阅相关手册。

当灌溉系数 $K_a>18$ 时,为完全适用的水;当 $K_a=18\sim6$ 时,为适用的水;当 $K_a=5.9\sim1.2$ 时为不太适用的水;当 $K_a<1.2$ 时,为不能用的水。

3)水质标准法

所谓水质标准法,即依据我国现行的《农田灌溉用水水质标准》(GB 5084—2005)进行农田灌溉用水水质评价的方法(见表 4-10)。

农田灌溉用水质量的评价,除遵照现行标准《农田灌溉用水水质标准》(GB 5084—2005)外,还必须考虑温度的下限、盐分的类型、有机物类型、灌溉方式等问题。

4.5.4　水环境质量评价

4.5.4.1　水环境质量标准与方法

我国根据国内水体的分布与水质特性,制定了适用于江河、湖泊、水库等地面水体的《地表水环境质量标准》(GB 3838—2002)和适用于地下水环境质量的《地下水质量分类指标》(GB/T 14848—93)。标准的颁布与实施为水体环境质量的正确评价奠定了基础。

水环境质量评价的关键是选择或构建正确的评价方法,以及评价模型中所涉及的关键参数序列。利用评价模型与参数对水体的环境质量作出有效评判,确定其水环境质量状况和应用价值,从而为防治水体污染及合理开发利用、保护水资源提供科学依据。

水环境质量评价方法有多种,可分为标准对比分析法、水质指数法、水质标准级别法、模糊数学法等几类。这里只介绍标准对比分析法。

标准对比分析法主要是根据水环境质量标准与实际水质结果进行对比,对区域水环境进行分类分区,从而确定水环境质量分布概况的一种方法。

4.5.4.2　地表水环境质量评价

1. 评价因子的选择

1)地表水评价因子的种类

(1)感官性因子包括颜色、味道、嗅、透明度、浑浊度、悬浮物、总固体等。感官性因子是水质量的直观指标,是初步判断水质及污染程度的依据。

(2)氧平衡因子主要有溶解氧(DO)、化学需氧量(COD)、生化需氧量(BOD)、有机碳总量(UC)、氧总消耗量(TOD)。氧平衡因子是表征水体有机物污染的指标,它不仅指示水质状况,而且能预示水质可能变化的趋势。

(3)营养盐类因子主要指硝酸盐、铵盐、磷酸盐等。它们是判断水体污染及污染类型、水体氧化还原条件、水体富营养化程度的重要指标。

(4)毒物因子如酚、氰、汞、铬、砷、镉、铅、有机氯等。它们在水中的存在对人体危害和潜在危害极大。

(5)微生物因子主要指细菌、大肠杆菌等。它们是导致人体消化系统传染病发生的主要根源。

2)根据污染物的化学性质,对评价因子的分类

(1)无机物:硝酸盐氮、铵态氮、磷酸盐、氯化物、总固体等。

(2)有机物:BOD、COD、酚、氰、碳氯仿提出物(CCE)、洗涤剂等。

(3)重金属:汞、铬、砷、镉、铅等。

3)一般水质评价应包括的因子

水质评价一般应包括水温、电导率、pH、COD、BOD_5、DO、悬浮物、酚、氰、汞、砷、铬、大肠杆菌等。

在实际评价工作中,根据各水域的实际情况和污染物的差别,评价因子可以增加或减少。

2. 地表水环境质量的分类标准

为保护地表水环境，控制水污染，我国依据地表水水域、使用目的和保护目标将其划分为五类（见表4-11），各类适用于不同水域。

表4-11 地表水环境质量标准基本项目标准限值 （单位：mg/L）

序号	项目		Ⅰ类	Ⅱ类	Ⅲ类	Ⅳ类	Ⅴ类
1	水温（℃）		人为造成的环境水温变化应限制在： 周平均最大温升≤1 周平均最大温降≤2				
2	pH（无量纲）		6～9				
3	溶解氧	≥	饱和率90%（或7.5）	6	5	3	2
4	高锰酸盐指数	≤	2	4	6	10	15
5	化学需氧量（COD）	≤	15	15	20	30	40
6	五日生化需氧量（BOD_5）	≤	3	3	4	6	10
7	氨氮（NH_3-N）	≤	0.15	0.5	1.0	1.5	2.0
8	总磷（以P计）	≤	0.02（湖、库0.01）	0.1（湖、库0.025）	0.2（湖、库0.05）	0.3（湖、库0.1）	0.4（湖、库0.2）
9	总氮（湖、库，以N计）	≤	0.2	0.5	1.0	1.5	2.0
10	铜	≤	0.01	1.0	1.0	1.0	1.0
11	锌	≤	0.05	1.0	1.0	2.0	2.0
12	氟化物（以F^-计）	≤	1.0	1.0	1.0	1.5	1.5
13	硒	≤	0.01	0.01	0.01	0.02	0.02
14	砷	≤	0.05	0.05	0.05	0.1	0.1
15	汞	≤	0.000 05	0.000 05	0.000 1	0.001	0.001
16	镉	≤	0.001	0.005	0.005	0.005	0.01
17	铬（六价）	≤	0.01	0.05	0.05	0.05	0.1
18	铅	≤	0.01	0.01	0.05	0.05	0.1
19	氰化物	≤	0.005	0.05	0.2	0.2	0.2
20	挥发酚	≤	0.002	0.002	0.005	0.01	0.1
21	石油类	≤	0.05	0.05	0.05	0.5	1.0
22	阴离子表面活性剂	≤	0.2	0.2	0.2	0.3	0.3
23	硫化物	≤	0.05	0.1	0.05	0.5	1.0
24	粪大肠菌群（个/L）	≤	200	2 000	10 000	20 000	40 000

4.5.4.3 地下水环境质量评价

1. 地下水环境质量的分类标准

依据我国地下水水质现状、人体健康基准值及地下水质量保护目标，并参照生活饮用水、工业和农业用水水质要求，地下水环境质量评价将地下水质量划分为五类（见

表 4-12)，各类分别适用于不同用途。

表 4-12　地下水质量分类指标

序号	项目	Ⅰ类	Ⅱ类	Ⅲ类	Ⅳ类	Ⅴ类
1	色(度)	≤5	≤5	≤15	≤25	>25
2	臭和味	无	无	无	无	有
3	浑浊度(度)	≤3	≤3	≤3	≤10	>10
4	肉眼可见物	无	无	无	无	有
5	pH	6.5～8.5			5.5～6.5，8.5～9	<5.5，>9
6	总硬度(以 $CaCO_3$ 计)(mg/L)	≤150	≤300	≤450	≤550	>550
7	溶解性总固体(mg/L)	≤300	≤500	≤1 000	≤2 000	>2 000
8	硫酸盐(mg/L)	≤50	≤150	≤250	≤350	>350
9	氯化物(mg/L)	≤50	≤150	≤250	≤350	>350
10	铁(Fe)(mg/L)	≤0.1	≤0.2	≤0.3	≤1.5	>1.5
11	锰(Mn)(mg/L)	≤0.05	≤0.05	≤0.1	≤1.0	>1.0
12	铜(Cu)(mg/L)	≤0.01	≤0.05	≤1.0	≤1.5	>1.5
13	锌(Zn)(mg/L)	≤0.05	≤0.5	≤1.0	≤5.0	>5.0
14	钼(Mo)(mg/L)	≤0.001	≤0.01	≤0.1	≤0.5	>0.5
15	钴(Co)(mg/L)	≤0.005	≤0.05	≤0.05	≤1.0	>1.0
16	挥发性酚(以苯酚计)(mg/L)	≤0.001	≤0.001	≤0.002	≤0.01	>0.01
17	阴离子合成洗涤剂(mg/L)	不得检出	≤0.1	≤0.3	≤0.3	>0.3
18	高锰酸盐指数(mg/L)	≤1.0	≤2.0	≤3.0	≤10	>10
19	硝酸盐(以氮计)(mg/L)	≤2.0	≤5.0	≤20	≤30	>30
20	亚硝酸盐(以氮计)(mg/L)	≤0.001	≤0.01	≤0.02	≤0.1	>0.1
21	氨氮(mg/L)	≤0.02	≤0.02	≤0.2	≤0.5	>0.5
22	氟化物(mg/L)	≤1.0	≤1.0	≤1.0	≤2.0	>2.0
23	碘化物(mg/L)	≤0.1	≤0.1	≤0.2	≤1.0	>1.0
24	氰化物(mg/L)	≤0.001	≤0.01	≤0.05	≤0.1	>0.1
25	汞(Hg)(mg/L)	≤0.000 05	≤0.000 5	≤0.001	≤0.001	>0.1
26	砷(As)(mg/L)	≤0.005	≤0.01	≤0.05	≤0.05	>0.05
27	硒(Se)(mg/L)	≤0.01	≤0.01	≤0.01	≤0.1	>0.1
28	镉(Cd)(mg/L)	≤0.000 1	≤0.001	≤0.01	≤0.01	>0.01
29	铬(Cr)(六价)(mg/L)	≤0.005	≤0.01	≤0.05	≤0.1	>0.1
30	铅(Pb)(mg/L)	≤0.005	≤0.01	≤0.05	≤0.1	>0.1

注：该表摘自《地下水质量标准》(GB/T 14848—93)

续表 4-12

序号	项目	Ⅰ类	Ⅱ类	Ⅲ类	Ⅳ类	Ⅴ类
31	铍(Be)(mg/L)	≤0.000 02	≤0.000 1	≤0.000 2	≤0.001	>0.001
32	钡(Ba)(mg/L)	≤0.01	≤0.1	≤1.0	≤4.0	>4.0
33	镍(Ni)(mg/L)	≤0.005	≤0.05	≤0.05	≤0.1	>0.1
34	滴滴涕(μg/L)	不得检出	≤0.005	≤1.0	≤1.0	>1.0
35	六六六(μg/L)	≤0.005	≤0.05	≤5.0	≤5.0	>5.0
36	总大肠杆菌(个/L)	≤3.0	≤3.0	≤3.0	≤100	>100
37	细菌总数(个/mL)	≤100	≤100	≤100	≤1 000	>1 000
38	总α放射性(Bq/L)	≤0.1	≤0.1	≤0.1	>0.1	>0.1
39	总β放射性(Bq/L)	≤0.1	≤1.0	≤1.0	>1.0	>1.0

2. 地下水环境质量分类的判别

地下水环境质量评价以地下水水质调查分析资料或水质监测资料为基础，可分为单项组分评价和综合评价。

4.6 水资源开发利用评价

水资源开发利用评价主要是对水资源开发利用现状及其影响的评价，是对过去水利建设成就与经验的总结，是对如何合理进行水资源的综合开发利用和保护规划的基础性前期工作，其目的是增强流域或区域水资源规划时的全局观念和宏观指导思想，是水资源评价工作的重要组成部分。

4.6.1 水资源开发利用现状分析的任务

水资源开发利用现状分析的任务主要包括两方面：一是开发现状分析；二是利用现状分析。

水资源开发现状分析，是分析现状水平年情况下，水利工程在流域开发中的作用。这一工作需要调查分析这些工作的建设发展过程、使用情况和存在的问题；分析其供水能力、供水对象和工程之间的相互影响，并主要分析流域水资源的开发程度和进一步开发的潜力。

水资源利用现状分析，是分析现状水平年情况下，流域用水结构、用水部门的发展过程和目前的需水水平、存在问题及今后的发展变化趋势。重点分析现状情况下的水资源利用效率。

水资源开发现状分析和水资源利用现状分析既有联系又有区别，水资源开发现状分析侧重于对流域开发工程的分析，主要研究流域水资源的开发程度和进一步开发的潜力；水资源利用现状分析侧重于对流域内用水效率的分析，主要研究流域水资源的利用率。

水资源开发现状分析与水资源利用现状分析是相辅相成的，因而有时难以对二者内容严格区分。

4.6.2 水资源开发利用现状分析的内容

水资源开发利用现状分析是评价一个地区水资源利用的合理程度，找出所存在的问题，并有针对性地采取措施促进水资源合理利用的有效手段。水资源开发利用现状分析的主要内容如下。

4.6.2.1 供水基础设施及供水能力调查统计分析

供水基础设施及供水能力调查统计分析以现状水平年为基准年，分别调查统计研究区域地表水源、地下水源及其他水源供水工程的数量和供水能力，以反映当地供水基础设施的现状情况。在统计工作的基础上，通常还应分类分析它们的现状情况、主要作用及存在的主要问题。

4.6.2.2 供水量调查统计分析

供水量是指各种水源工程为用水户提供的包括输水损失在内的毛供水量。对跨流域、跨省区的长距离地表水调水工程，以省(自治区、直辖市)收水口作为毛供水量的计算点。

在受水区内，可按取水水源分为地表水源供水量、地下水源供水量进行统计。地表水源供水量以实测饮水量或提水量作为统计依据，无实测水量资料时可根据灌溉面积、工业产值、实际毛用水定额等资料进行估算。地下水源供水量是指水井工程的开采量，按浅层淡水、深层承压水和微咸水分别统计。供水量统计工作，是分析水资源开发利用的关键环节，也是水资源供需平衡分析计算的基础。

4.6.2.3 供水水质调查统计分析

供水水量评价计算仅仅是其中的一方面，还应该对供水的水质进行评价。原则上应依照供水水质标准进行评价，例如地表水供水水质按《地表水环境质量标准》(GB 3838—2002)进行评价，地下水水质按《地下水质量标准》(GB/T 14848—93)进行评价。

4.6.2.4 用水量调查统计及用水效率分析

用水量是指分配给用水户，包括输水损失在内的毛用水量。用水量调查统计分析可按照农业、工业、第三产业及生活与生态五大类进行统计，并把城(镇)乡分开。在用水调查统计的基础上，计算农业用水指标、工业用水指标、第三产业和生活用水、生态用水指标以及综合用水指标，以评价用水效率。

4.6.2.5 实际消耗水量计算

实际消耗水量是指毛用水量在输水、用水过程中，通过蒸散发、土壤吸收、产品带走、居民和牲畜饮用等多种途径消耗掉而不能回归到地表水体或地下水体的水量。

农业灌溉及生态耗水量包括作物蒸腾、棵间蒸散发、渠系水面蒸发和浸润损失等水量。可以通过灌区水量平衡分析方法进行推求，也可以采用耗水机制建立水量模型进行计算。工业及第三产业耗水量包括输水和生产过程中的蒸发损失量、产品带走水量、厂区生活耗水量等。可以用工业取水量减去废污水排放量来计算，也可以用万元产值耗水量来估算。生活耗水量包括城镇、农村生活用水消耗量，牲畜饮水量以及输水过程中的消耗量。可以采用引水量减去取水排放量来计算，也可以采用人均或牲畜标准头日用水量来推求。

4.6.2.6　水资源开发利用引起不良后果的调查与评价

天然状态的水资源系统是未经污染和人类破坏影响的天然系统。人类活动或多或少对水资源系统产生一定的影响，这种影响可能是负面的，也可能是正面的，影响的程度也有大有小。如果人类对水资源的开发不当或过度开发，必然导致一定的不良后果，比如废污水的排放导致水体污染；地下水过度开发导致水位下降、地面沉降、海水入侵；生产生活用水挤占生态用水导致生态破坏等。因此，在水资源开发利用现状分析过程中，要对水资源开发利用导致的不良后果进行全面的调查与分析。

4.6.2.7　水资源开发利用的综合评价

在上述调查分析的基础上，需要对区域水资源的开发利用程度作一个综合评价。具体计算指标包括地表水资源开发率、平原区浅层地下水开采率、水资源利用消耗率。其中，地表水资源开发率是指地表水源供水量占地表水资源量的百分比；平原区浅层地下水开采率是指地下水开采量占地下水资源量的百分比；水资源利用消耗率是指用水消耗量占水资源总量的百分比。

在这些指标计算的基础上，综合水资源利用现状，分析评价水资源开发利用程度，说明水资源开发利用程度是高等、中等还是低等。

4.7　水资源评价实例

本节以陕西省关中地区水资源评价作为实例。

4.7.1　区域概况与水资源利用分区

4.7.1.1　区域概况

(1)地理位置。关中地区位于陕西省中部，包括西安、宝鸡、咸阳、渭南、铜川5个行政市管辖区的全部。在东经106°18′～110°37′、北纬33°35′～35°50′，总面积55 384 km^2，其中黄河流域面积占90.5%，长江流域面积占9.5%。

(2)地质地貌。关中地区地跨两大地质构造单元，渭河平原以北地区属中朝准地台南部的陕北地块，南部山区属秦岭褶皱带。关中地势为南北高中部低，西部高东部低，可分为三种地貌类型：渭河平原区、秦岭山地区和黄土塬梁沟壑区。中部是一个地堑式构造盆地，渭河自西向东穿过盆地中部，渭河两侧是经黄土沉积和渭河干支流冲积而成的关中平原。

(3)气候特征。关中属大陆性季风气候区暖温带半湿润半干旱气候带，冬冷夏热，四季分明，雨热同季，易发生干旱。

(4)土壤植被。关中平原的农业土壤类型有𪣻土、褐土、黄绵土、黄垆土、盐碱土、风沙土，以𪣻土为主。关中属阔叶林带，主要是人工栽培零星分布的阔叶树。农作物以小麦、玉米、棉花为主，经济作物有棉花、油菜、烟叶、花生等。

(5)水文地质。关中地势平坦，堆积有巨厚的陆相堆积物，分布广，富水性好，地下水较为丰富，以第四系松散层孔隙水、裂隙水、岩溶水为主，井常组合成上部潜水与下部承压水双层含水结构。主要含水岩组有河流阶地第四系冲积物含水岩组、洪积扇第四系洪积物含水岩组、黄土台塬第四系风积物含水岩组、渭河山地及黄土台砾石灰岩含水岩组。

(6)河流水系。关中河流水系较多,流域集水面积大于100 km^2的河流有135条,其中集水面积大于5 000 km^2的河流有3条。河流分属长江和黄河两大水系。长江水系主要在本区的西南部,流域面积约占关中面积的10%,主要是嘉陵江的源头和汉江支流的发源地。黄河干流在本区东部由北向南流过,是晋陕两省界河。渭河是黄河最大的支流,横贯关中中部,在关中长502 km。其北岸支流少,但源远流长,主要有金陵河、千河、漆水河、泾河、石川河、洛河等流经黄土区,植被差,水土流失严重,河流含沙量高。南岸支流发源于秦岭,由于地形陡峻,河短流急比降陡,水量大、含沙量低,多为推移质,水力资源丰富,主要支流有石头河、黑河、涝河、沣河、灞河、零河、罗敷河等,呈平行羽状分布。关中东部黄河沿岸有居水、金水河等小河流直接注入黄河。

4.7.1.2　社会经济

关中是陕西省经济最发达的地区,是全省政治、经济、文化的中心地带,也是西北地区重要的经济区。据统计,1995年全区总人口2 047.9万人,其中城镇人口522.5万人、农业人口1 525.4万人;全区耕地面积175.8万hm^2,其中灌溉面积108.7万hm^2。1995年国民生产总值741.7亿元,占陕西省的72.5%;工业总产值881.1亿元,农业总产值256.2万元;粮食产量605.9万t,占全省的66.3%。关中地区是连接我国东西部地区和南北方的交通要道,具有得天独厚的人文与旅游资源,也是我国高等教育、科研机构和科技智力资源密集区之一。

4.7.1.3　水资源分区

关中地区水资源利用分区沿用20世纪80年代全国水资源利用统一区划的一、二、三级区的命名和编号:一级区有黄河、长江两个,编号分别为Ⅳ、Ⅴ;二级区以河段控制站和主要水系命名,反映不同河段的特点,力求保持水系的完整性和水文站的控制作用,二级区共分5个;三级区还要考虑供水系统的一致性,三级区分为15个(见表4-13)。

4.7.2　关中地区水资源基础评价

该区水资源评价主要收集各水文要素1956~1995年40年系列资料。

4.7.2.1　分区年降水量

绘制1956~1995年40年降水量等值线图,分别量算出各分区逐年降水量,然后用加权平均法计算出各分区多年平均降水量。关中地区多年平均降水总量371亿m^3(折合670 mm),年降水量在地区分布上存在着山区大于平原、西部大于东部和南部大于北部的差异。各分区降水量见表4-14。

4.7.2.2　地表水资源

用分项调查法对区内水文站实测径流进行还原计算,对地下水开发利用的耗水量进行还原计算。

计算主要河流年径流量,关中地区以渭河、泾河、北洛河为主要河流。渭河多年平均年径流量为70.24亿m^3,年径流深112.5 mm;泾河多年平均年径流量20.13亿m^3,年径流深44.3 mm;北洛河多年平均年径流量9.97亿m^3,年径流深37.1 mm。

表 4-13 关中地区水资源利用分区年径流量统计

分区	名称	计算面积	年降水量		不同频率降水量(亿 m^3)			
		(km^2)	亿 m^3	mm	20%	50%	75%	95%
Ⅳ4－4	无定河及陕北支流区	475	0.309	65.1	0.358	0.306	0.267	0.219
Ⅳ5－4	北洛河南城里以上区	502	0.287	57.2	0.364	0.273	0.214	0.152
Ⅳ5－6	泾河张家山以上区	5 652	3.434	60.8	4.43	3.23	2.48	1.69
Ⅳ5－7	渭河南林家村以上区	374	1.085	290.1	1.42	10.20	0.77	0.51
Ⅳ5－8	渭河北林家村以上区	1 330	2.238	168.3	3.02	2.03	1.44	0.91
Ⅳ5－9	渭河南林家村—咸阳间	6 480	21.255	328.0	27.39	19.96	15.36	10.43
Ⅳ5－10	渭河北林家村—咸阳间	11 392	9.055	79.5	12.32	8.15	5.71	3.53
Ⅳ5－11	渭河南咸阳—潼关间	7 802	15.274	195.8	19.68	14.35	10.94	7.49
Ⅳ5－12	渭河北咸阳—潼关间	15 675	6.065	38.7	7.81	5.72	4.40	3.05
Ⅳ5－13	潼关直接入黄河间	189	0.269	142	0.35	0.25	0.19	0.13
Ⅳ6－3	伊洛河区	252	0.679	269.4	0.94	0.59	0.41	0.241
Ⅴ3－1	嘉陵江凤县区	2 415	5.719	236.8	7.86	5.09	3.66	2.12
Ⅴ6－1	汉江武侯镇以上区	62	0.174	280.6	0.23	0.16	0.11	0.06
Ⅴ6－2	汉江武侯镇—石泉间	2 759	7.754	281.0	10.05	7.31	5.23	3.45
Ⅴ6－3	汉江石泉—白河间	25	0.100	400.0	0.123	0.092	0.075	0.05
合计		55 384	73.697	133.1	94.98	69.22	53.25	36.17

表 4-14 关中地区水资源利用分区年降水量统计

分区	名称	计算面积	年降水量		不同频率降水量(亿 m^3)			
		(km^2)	亿 m^3	mm	20%	50%	75%	95%
Ⅳ4－4	无定河及陕北支流区	475	2.80	589.5	3.36	2.74	2.30	1.76
Ⅳ5－4	北洛河南城里以上区	502	3.27	651.4	3.87	3.20	2.73	2.14
Ⅳ5－6	泾河张家山以上区	5 652	34.23	605.6	40.92	33.58	28.40	21.93
Ⅳ5－7	渭河南林家村以上区	374	2.97	795.3	3.51	2.92	2.51	1.99
Ⅳ5－8	渭河北林家村以上区	1 330	9.02	678.2	10.35	8.90	7.88	6.54
Ⅳ5－9	渭河南林家村—咸阳间	6 480	55.22	852.1	65.61	54.20	46.20	36.09
Ⅳ5－10	渭河北林家村—咸阳间	11 392	70.22	616.4	82.89	69.02	59.25	46.88
Ⅳ5－11	渭河南咸阳—潼关间	7 802	57.44	736.2	66.17	56.86	49.85	41.01
Ⅳ5－12	渭河北咸阳—潼关间	15 675	90.74	578.9	105.26	89.83	78.04	63.52
Ⅳ5－13	潼关直接入黄河间	189	1.26	666.7	1.48	1.23	1.06	0.84
Ⅳ6－3	伊洛河区	252	2.19	868.2	2.52	2.17	1.90	1.56
Ⅴ3－1	嘉陵江凤县区	2 415	17.93	742.4	20.80	17.75	15.42	12.55
Ⅴ6－1	汉江武侯镇以上区	62	0.49	790.3	0.59	0.48	0.40	0.31
Ⅴ6－2	汉江武侯镇—石泉间	2 759	23.57	854.3	28.28	23.10	19.33	14.85
Ⅴ6－3	汉江石泉—白河间	25	0.23	920.0	0.27	0.23	0.20	0.16
合计		55 384	371.58	670.9	428.06	367.86	322.53	265.31

关中地区入境客水全部由渭河、泾河、北洛河三条河流流入，三条河多年平均入境径流量为 43.425 亿 m^3，其中渭河、泾河、洛河多年平均入境径流量分别为 20.23 亿 m^3、15.77 亿 m^3、6.90 亿 m^3。出境水量则分别由渭河（含泾河）、北洛河、伊洛河、韩城、合阳及潼关直接入黄河及长江水系的嘉陵江和汉江的若干小支流流出区外，全区总计多年平均实测出境水量为 102.64 亿 m^3。过境水量指黄河干流水量。按干流龙门站 40 年同步期实测，多年平均过境水量为 285.8 亿 m^3。渭河、泾河、洛河的入境径流已成为关中灌区重要的供水水源，黄河的过境径流利用尚不充分。

全区多年平均自产地表径流量为 73.697 亿 m^3。各分区年径流量统计结果见表 4-13。

4.7.2.3　地下水资源

地下水资源评价按地貌类型将关中地区划分为山丘和平原两个一级区，一级区以下按次地貌和岩性特征，并考虑地下水资源量区域汇总的需要，在水资源利用三级区的基础上划分了 18 个地下水计算二级区。其中，山丘区 8 个、平原区 10 个。二级区以下又划分 47 个二级区，称为计算单元或计算参数分区。各区地下水资源量计算成果见表 4-15。

表 4-15　关中地区水资源利用三级分区水资源量计算成果　（单位：亿 m^3）

分区	分区地表水资源量	分区地下水资源量	本区水资源重复量	外区水资源重复量	分区水资源总量
Ⅳ4－4	0.309	0.102	0.102		0.309
Ⅳ5－4	0.287	0.110	0.110		0.287
Ⅳ5－6	3.434	1.550	1.550		3.434
Ⅳ5－7	1.085	0.317	0.317		1.085
Ⅳ5－8	2.238	0.818	0.818		2.238
Ⅳ5－9	21.255	13.953	12.955		22.253
Ⅳ5－10	9.055	10.223	6.538	2.586	10.154
Ⅳ5－11	15.274	9.606	8.841		16.039
Ⅳ5－12	6.065	11.545	3.845	2.253	11.512
Ⅳ5－13	0.269	0.172	0.151		0.290
Ⅳ6－3	0.679	0.273	0.273		0.679
Ⅴ3－1	5.719	1.597	1.597		5.719
Ⅴ6－1	0.174	0.055	0.055		0.174
Ⅴ6－2	7.754	3.066	3.066		7.754
Ⅴ6－3	0.100	0.022	0.022		0.100
合计	73.697	53.409	40.240	4.839	82.027

4.7.2.4　水资源总量

分单一山丘区，单一平原区和山丘、平原混合区三种类型计算不同地貌类型区水资源总量。单一山丘区水资源的总量为山丘区河川径流量与山丘区地下水资源量（按排泄量计算值）之和扣除山丘河川基流量。单一平原区水资源总量为平原河川径流量与平原降水入渗补给量之和扣除平原区降水形成的河川基流量。山丘、平原混合区水资源总量为河川径流总量与山丘地下水资源量、平原降水入渗补给量之和扣除山丘河川基流量和平原区降水形成的河川基流量。关中地区多年平均地表水资源量为 73.697 亿 m^3、地下水资源量为 53.409 亿 m^3，两者重复计算量为 45.079 亿 m^3，水资源总量为 82.027 亿 m^3。各分区水资源总量见表 4-15。

4.7.2.5　水资源可利用量

现状自产地表水可利用量根据现有的蓄水、引水、提水工程的供水能力（现状条件下不同频率年的地表水可供水量），扣除上下游之间的重复利用量（山区灌溉回归量和废污水再利用量）。

经计算，当 $P=50\%$（平水年）、$P=75\%$（枯水年）和 $P=95\%$（特枯年）时，关中地区现状年的地表水可利用量分别为 11.05 亿 m^3、10.57 亿 m^3 和 8.36 亿 m^3，分别占同频率河川径流量的 16.0%、19.8% 和 23.1%。

平原区地下水资源可开采量用可开采系数法计算。关中地区地下水开发利用程度较高，有较长系列的地下水动态监测资料，包括开采量、水位、水质等。根据多年浅层地下水实际开采量及水位动态的变化与总补给量三者之间的关系综合分析，结合各地区的水文地质条件，合理确定开采系数。关中平原开采系数一般为 0.6～0.95。平原区地下水可开采量为总补给量与开采系数之积，为 30.6 亿 m^3。山丘区地下水可开采量由于缺乏长期实测资料，估算为 1.31 亿 m^3，加上岩溶水可开采量 2.92 亿 m^3、傍河水可开采量 4.03 亿 m^3，全区地下水可开采量为 38.86 亿 m^3。

4.7.2.6　水质评价

关中河流大部分天然水质良好。南山支流河水矿化度为 100～500 mg/L，总硬度为 75～240 mg/L，属软水和中等硬水，水类型为 C_{II}^{Ca}，部分山区、干旱区有微咸水、高含氟水及其他有害水源。

受气候、降雨径流、土壤植被、地质地貌等自然环境制约，关中河流天然水质差异较大。渭河以南、秦岭北坡一带，多为石质山区，雨量比较充沛，地表径流大，清姜河、黑河、灞河等十几条南山支河水矿化度为 100～500 mg/L，总硬度为 75～240 mg/L，属软水和中等硬水，水质良好。渭河以北，大部分地区降水量少、产水少，千河、漆水河河水矿化度为 350 mg/L，属中等硬水；泾河、北洛河由于受黄土丘陵沟壑区易溶性含盐量大的影响，水类型变化大，含盐量大于渭河西部支流，河水矿化度为 900 mg/L，总硬度为 450 mg/L，属硬水。

4.7.3　关中地区水资源利用评价

4.7.3.1　供水工程现状

（1）供水工程。截至 1995 年底，关中地区已建成大、中、小型水库 433 座，总库容达 16.6 亿 m^3。包括石头河、冯家山、羊毛湾 3 座大型水库，总库容 6.56 亿 m^3，兴利库容 4.59 亿 m^3；19 座中型水库，总库容 6.24 亿 m^3，兴利库容 3.82 亿 m^3；105 座小（1）型水库，总库容3.34亿m^3，兴利库容2.16亿m^3；306座小(2)型水库，总库容1.42亿m^3，兴利库容0.45亿m^3；还有大小陂塘2 008座，总容积0.37亿m^3。全部蓄水工程1995年实际供水量5.83亿m^3。

关中地区现有大小引水渠道1 293处，建有引水工程2 014处，拥有666.67 hm^2以上灌区120处，有效灌溉面积99.8万km^2，兴建各类抽水工程4 933处，配套机井10.86万眼，自来水及企事业单位自备水源井0.51万眼。农村饮水工程已解决近700万人，占需解决人数的76%。

关中地区水资源开发利用基本形成了三条骨架：一是沿秦岭北麓，开发利用渭河南岸支流水资源，如石头河、零河、尤河等水库；二是沿渭河北岸阶地，包括宝鸡峡塬下灌区、泾惠渠、洛惠渠等；三是渭河北岸黄土台塬区，包括宝鸡峡塬上灌区、冯家山水库、羊毛湾水库、石堡川水库等。

(2)现状供水量。1995年各类水利工程可供水量达56.55亿m^3，实际总供水量52.06亿m^3，其中地表水20.69亿m^3，占总供水量的39.7%；地下水31.34亿m^3，占总供水量的60.2%；污水回用量0.03亿m^3，占总供水量的0.1%。关中城市供水系统已具相当规模。截至1995年底，西安、铜川、宝鸡、咸阳、渭南五城区自来水日供水能力达到203.9万m^3/d，自来水普及率达96.8%，咸阳市为全省第一座实现自来水普及率100%的城市。

4.7.3.2 用水现状

1995年关中实际用水量为52.06亿m^3，其中农业用水34.42亿m^3、工业用水10.79亿m^3、城镇生活用水2.73亿m^3、农村生活用水2.71亿m^3。按水源分，地表水为20.67亿m^3，地下水为31.34亿m^3。

4.7.3.3 水资源开发利用程度

关中地区现状年地表水实际供水量为20.67亿m^3，多年平均水资源量为73.69亿m^3，开发率为28%；地下水开采量为31.94亿m^3，资源量为53.409亿m^3，可开采量为38.68亿m^3，开采率为60%，若按可开采量计算，开采率为83%。

4.7.3.4 不同水平年水资源供需分析

在社会经济宏观预测的基础上，预测各水平年不同保证率的各分区各部门需水量；根据研究区水利建设规划所安排的供水工程建设，预测各水平年关中地区可供水量。全区供需平衡分析见表4-16。

表4-16 不同水平年供需平衡分析 (单位：亿m^3)

项目	1995年	2000年	2010年	2020年
需水量	74.275	81.888	89.349	104.317
可供水量	56.547	70.720	83.216	96.263
缺水量	17.728	11.168	6.133	8.054
缺水率(%)	24.1	14.0	6.9	7.7

4.7.3.5 关中地区水资源利用存在问题

关中地区水资源利用存在问题可归结为：水资源分布不均；水资源开发利用程度高；

用水增长快，水资源开发利用落后于社会经济发展；水资源紧缺，供水不足。

水资源分布不均包括水土资源分布不均和水资源年际、年内分布不均两方面。关中水资源开发利用程度高，1995 年地表水开发率为 28%，地下水开采率为 60%，若按可开采量计算，地下水开采率达 83%，地下水开采已接近极限。1995 年实际水资源利用量已占水资源总量的 63.0%，而 1995 年全国实际用水量占水资源总量的 18.6%，黄河流域为 53.6%，与全国和黄河流域相比，关中地区水资源利用率已达到相当高的水平。水资源开发落后于社会经济发展，供水结构不合理。关中地区经济每年以 9.5% 的速度增长。两者相比供水工程建设严重滞后于经济发展，导致供需水矛盾越来越突出，各行各业普遍缺水。20 世纪 80 年代以来，关中地区供水能力增加有限，加之工程老化失修，供水能力有所衰减，而 1986～1995 年水资源利用量从 38.2 亿 m^3 增加到 52.58 亿 m^3。1986 年地表水供水量占 58.12%，地下水供水量占 41.88%；而 1995 年地表水的供水比例下降至 39.25%，地下水供水比例上升到 60.74%。供水已由以地表水为主变成以地下水为主，相当多的地区地下水已严重超采，形成了 10 个下降漏斗区；水资源紧缺，供水不足，缺水将是长期困扰关中地区的问题。

思考题

4-1　水资源开发利用现状分析包括哪些内容？

4-2　水资源开发利用对环境有哪些影响？

4-3　简述水资源评价的基本程序。

4-4　某流域多年平均地表水资源量为 46.6 亿 m^3，75% 保证率地表水资源量为 38.6 亿 m^3，地下水资源量为 16.4 亿 m^3，可开采量为 12.5 亿 m^3，水资源总量为 57.7 亿 m^3。现状年 75% 保证率地表水资源可供水量为 16.5 亿 m^3，平原区地下水开采量为 8.2 亿 m^3，试分析该流域水资源开发利用程度和潜力。

第5章 水资源需求分析

5.1 需水的概念及分类

需水是指工农业、城镇生活及其他部门的具体用水要求。在国民经济的不同发展阶段,各部门的需水要求也不同,故需按不同阶段分别进行估算和预测。按照用户和行业特点,需水可分为生活需水、生产需水和生态需水三部分,见表5-1。

表5-1 用水户分类及其层次结构

用水户分类					备注
一级	二级	三级		四级	
河道外	生活	城市生活			包括城市居民生活用水、公共用水
		农村生活			包括农村居民生活用水、牲畜用水
	生产	农业	农田灌溉	水田	水稻等
				水浇地	小麦、玉米、棉花、蔬菜、油料等
				菜田	菜田
			林牧渔畜	灌溉林果地	果树、苗圃、经济林等
				灌溉草场	人工草场、灌溉的天然草场、饲料基地等
				牲畜	大、小牲畜
				鱼塘	鱼塘补水
		工业		高用水工业	纺织、造纸、石化、冶金、化工、食品
				一般工业	除高用水工业和火(核)电工业外的工业行业
				火(核)电工业	循环式、直流式
		建筑业			土木工业建筑业、线路管道和设备安装业、装修装饰业
		第三产业			第三产业及城市消防用水与城市特殊用水等
	生态	城镇生态环境			绿化用水、城镇河湖补水、环境卫生用水等
		农村生态环境			湖泊、沼泽、湿地补水、林草、植被建设、地下水回灌
河道内	生产	水力发电			水力发电业
		航运			内河、内湖运输业
		水产养殖			自然水体的淡水养殖业(不包括鱼塘),在河道内生态环境需水中考虑其水量要求
		其他			漂木、水上旅游观光等
	生态环境	维持河道一定功能			生态基流、输沙、水生生物等
		河口生态环境			冲淤保港、防潮压咸、河口生物

生活需水是指人类日常生活及其相关活动用水的总称，包括城市生活需水和农村生活需水。生产需水是指有经济产出的各类生产活动所需的水量，包括第一产业的农林牧渔业，第二产业的高用水工业、一般工业、火（核）电工业和建筑业，以及第三产业的商业餐饮业、其他服务业等所需的水，见表5-2。

表5-2　国民经济和生产用水行业分类

<table>
<tr><th>产业</th><th>6大类</th><th>15部门</th><th>行业名称</th></tr>
<tr><td rowspan="2">第一产业</td><td rowspan="2">农业（农林牧渔业）</td><td>种植业</td><td>种植业</td></tr>
<tr><td>林牧渔业</td><td>林业、畜牧业、渔业</td></tr>
<tr><td rowspan="11">第二产业</td><td rowspan="6">高用水工业</td><td>纺织工业</td><td>纺织业</td></tr>
<tr><td>造纸工业</td><td>造纸及纸质品业</td></tr>
<tr><td>石化工业</td><td>石油加工及炼焦业</td></tr>
<tr><td>化学工业</td><td>化学原料及化学制品制造业、医药制造业、化学纤维制造业、橡胶制造业、塑料制品业</td></tr>
<tr><td>冶金工业</td><td>黑色金属冶炼及压延加工业、有色金属冶炼及压延加工业、金属制品业</td></tr>
<tr><td>食品工业</td><td>食品加工业、食品制造业、饮料制造业</td></tr>
<tr><td rowspan="3">一般工业</td><td>采掘业</td><td>石油和天然气开采业、煤炭采选业、黑色金属矿采选业、有色金属矿采选业、非金属矿采选业、其他矿采选业、木材及竹材采运业</td></tr>
<tr><td>制造业</td><td>烟草加工业、服装及其他纤维制品制造业、皮革毛皮羽绒及其制品业、木材加工及竹藤棕草制品业、家具制造业、印刷业记录媒介的复制、文教体育用品制造业、非金属矿物制品业、普通机械制造业、专用设备制造业、交通运输设备制造业、电气机械及器材制造业、电子及通信设备制造业、仪器仪表及文化办公用机械制造业、其他制造业</td></tr>
<tr><td>其他工业</td><td>煤气的生产和供应业、自来水的生产和供应业、电气蒸汽热水生产供应业（非火（核）电部分）</td></tr>
<tr><td>火（核）电工业</td><td>火（核）电工业</td><td>电气蒸汽热水生产供应业（火（核）电部分）</td></tr>
<tr><td>建筑业</td><td>建筑业</td><td>土木工业建筑业、线路管道和设备安装业、装修装饰业</td></tr>
<tr><td rowspan="2">第三产业</td><td rowspan="2">第三产业</td><td>商业餐饮业</td><td>批发和零售贸易业、餐饮业</td></tr>
<tr><td>其他服务业</td><td>交通运输业、仓储业、邮电通信业、农林牧渔服务业、地质勘查、水利管理业、金融保险业、房地产业、社会服务业、卫生体育和社会福利业、教育文化艺术及广播电影电视业、科学研究和综合技术服务业、国家机关政党机关和社会团体、其他服务业</td></tr>
</table>

生态需水是指为了维护生态环境系统一定功能所需要保留的自然水体或需要人工补充的水量,包括河道内生态环境需水与河道外生态环境需水两方面。河道内生态环境需水是指维护河流生态系统一定形态和功能所需要保留的水(流)量,按维持河道一定功能的需水量和河口生态环境需水量分别计算。河道外生态环境需水是指保护、修复或建设给定区域的生态环境需要人为补充的水量,按城市生态环境需水、湖泊沼泽湿地生态环境补水、林草植被建设需水和地下水回灌补水分别计算。

水资源需求增长的驱动因素是人口增长和经济发展,制约需求增长的因素主要包括水资源条件、水利工程条件、水市场条件和水管理条件。当人均水资源量较低时,水资源需求管理是社会可持续发展和水资源可持续利用的必然选择。需求管理的基本政策包括四个层次:在生产力布局时对缺水地区限制大耗水产业的进一步发展,甚至进行转移;在发展过程中不断调整产业结构,形成节水型社会经济结构;调整水价体系,用经济杠杆促进节水,抑制需求;分行业推进各类节水措施,提高行业用水效率。

5.2 生活需水分析

生活需水是指城镇、农村居民维持正常生活所需的水量,即维持日常生活的家庭和个人用水,包括饮用、洗涤、清洁、冲厕、沐浴等用水。根据地域可划分为城市生活需水和农村生活需水。一个地区的生活需水量与该地区的人均收入水平、水价水平、节水器具推广和普及情况、生活用水习惯、城市规划、供水条件和现状用水水平等多方面因素有关。

生活需水由于它的增长速度快,用水度高度集中,与人们的生活息息相关,关系到千家万户,因此必须给予高度重视,尤其在我国北方水资源供需矛盾突出,更需要及时通过调查,摸清生活需水的现状和发展趋势,统筹规划,以满足人民生活需水的要求。

5.2.1 生活需水的分类

5.2.1.1 城市生活需水

城市生活需水是指家庭、机关、学校、部队、工业企业、旅馆、餐厅、浴池等的饮用、烹饪、洗涤、清洁卫生等需水,以及城市公共活动场所需水的总称。城市生活用水量是以上各方面在生活和美化环境过程中所用各种水量的总和。城市生活用水按供水对象概括为以下四类:

(1)城市居民住宅需水。是指城市居民在家中的日常生活需水,有时也称为居民生活需水、居住生活需水等。它包括冲洗卫生洁具、洗浴、洗涤、饮用、烹饪、清扫、庭院绿化、洗车以及漏失水等。

(2)公共建筑需水。是指机关单位用水和服务设施、文教设施、游乐设施需水等,如机关团体办公室、商店、饭店、服务行业、游乐场、医院、影剧院、体育设施、展览馆、博物馆、学校、幼儿园用水和景观用水总称为公共设施需水。这类用水以非生活饮用水占较大比例。

(3)城市环境卫生及绿化需水。是指城市绿化、道路冲洗、公共厕所、公园河湖补水等的需水。

(4)城市建设需水。指在城市建设过程中的施工需水和消防需水等。

5.2.1.2 农村生活需水

农村生活需水可分为日常生活需水和家畜需水。前者与城镇居民日常生活的室内用水情况基本相同。只是由于城乡生活条件、用水习惯等有差异,表现在用水量方面差别较大。虽然随着社会经济的发展,农村生活水平的提高,商店、文体活动场所等集中用水设施也在逐步增多,但用水量还相对较小。

5.2.2 城市生活需水预测

5.2.2.1 影响因素

一个城市生活用水定额、用水结构与城市的特点和性质有关,对未来生活需水量变化的预测离不开城市生活用水的历史和现状。据此应考虑以下因素的变化。

1. 人口因素

人口因素包括人口的数量、年龄、家庭结构等。一般来说,人口数量越多,对水的需求量越大,但它们之间并不是线性关系。不同年龄的人用水观念和数量不同,一般认为,老年人比青年人节水意识更强。不同家庭结构的人均用水量也有很大的差异,比如在英国,单人家庭的人均用水量是120~130 L/d,而6人家庭的人均用水量是70~80 L/d。如果人口数量增多,青年人占比例增大、单人家庭数量增加,需水量就会增加。

2. 技术因素

技术进步是增加水消费的强有力驱动因素,也是控制水消费的有效办法。技术的发展使洗衣机、热水器等各种用水设备出现,增加了水资源的需求。而随着节水技术的发展、节水设备的应用,技术对水需求的增长也有很强的抑制作用。技术进步到底是促进水需求增加还是减少,最终取决于这两个方面影响的强弱。

3. 家庭收入状况

收入水平的增加使得人们有能力消费更多的水,人们不仅消费更多作为生活必需品的水,而且消费作为生活奢侈品的水,从而导致需水量的增加;反之,收入水平的减少,将使需水量减少。在经济社会发展过程中,随着消费者收入水平的上升,人均生活用水量呈现出不断上升的趋势。

4. 生活习惯

例如,在我国人们洗头、沐浴的频率比几十年前高了很多,在当今社会,沐浴不仅仅是一种清洁方式,而且是一种减压方式,这种生活习惯的改变将增加人们对水资源的需求。

5.2.2.2 预测方法

1. 指标分析法

城市居民生活用水定额,是在现状城镇生活用水调查与用水节水水平分析的基础上,分析未来不同水平年经济社会发展和生活水平提高的程度,参考国内外同类地区或城市居民生活用水变化的趋势和增长过程,结合对生活用水习惯、收入水平、水价水平的分析,确定不同水平年的用水定额。

城市生活需水在一定范围之内,其增长速度是比较有规律的,因而可以用综合分析定额方法推求未来需水量。此方法考虑的因素是用水人口和需水定额。用水人口以计划部门预测数为准,需水定额以现状用水调查数据为基础,分析历年变化情况,考虑不同水平年城市居民生活水平的改善及提高程度,拟订其相应的用水定额。计算公式如下:

$$W_i = p_0(1+\varepsilon)^n k_i \tag{5-1}$$

式中　W_i——某一水平年城镇生活需水量;

p_0——现状人口总数;

ε——城镇人口年增长率;

k_i——某一水平年拟订的城镇生活需水综合定额;

n——预测年数。

2. 分类分析权重变化估算法

一个城市生活用水的各种用水项目之间有一定的比例,各种用水类别有相应的用水定额,通过确定各用水项的权重和用水定额来计算需水量。其计算公式为

$$W_i = \sum_{i=1}^{n} \varepsilon_i K_i M_i \tag{5-2}$$

式中　W_i——某一水平年城镇生活需水量,万 m^3;

ε_i——某一类用户在某一水平年所占的权重(%);

K_i——某一类用户在某一水平年的单位用水量,m^3/人;

M_i——某一类用户在某一水平年的用水人数。

3. 灰色预测法

历年数据分析,建立灰色模型。理论复杂,因素考虑周全时,精度高。

4. 回归分析法

将城市用水量主要影响因素,建立回归方程。

5.2.3　农村生活需水预测

农村生活需水中农村人口需水预测与城市居民生活需水预测相似,也可采用综合分析定额法计算。农村居民生活用水定额,在对过去和现在用水定额分析的基础上,考虑未来生活水平提高,相应提高不同水平年的用水定额。在预测过程中,家养牲畜用水按大小牲畜的数量与需水定额进行计算。

$$W_{居} = \sum n_i m_i \tag{5-3}$$

式中　$W_{居}$——农村居民生活用水量,万 m^3;

m_i——人均生活需水标准,m^3/人;

n_i——需水人数。

农村居民生活需水标准和各地水源条件、用水设备、生活习惯有关。南方与北方的需水标准相差较大,应进行实地调查拟定需水标准。

5.3　生产需水分析

生产行业主要包括三大类:第一产业、第二产业和第三产业。第一产业是指以利用自

然力为主,生产不必经过深度加工就可消费的产品或工业原料的部门,一般包括农业、林业、渔业、畜牧业和采集业。第二产业是指对第一产业和本产业提供的产品(原料)进行加工的产业部门,可以划分为采矿业,制造业,电力、燃气及水的生产和供应业,建筑业。第三产业是指第一产业、第二产业以外的其他行业。第三产业行业广泛,包括交通运输业、通信业、商业、餐饮业、金融保险业、行政、家庭服务等非物质生产部门。所以,生产需水分析是指第一产业、第二产业、第三产业的需水分析。

5.3.1 第一产业需水分析

第一产业需水其实指的是农业需水,农业需水包括农业、林业、牧业、渔业、农村人畜生活饮用水及不纳入城市工业产值部分的乡镇企业。农业灌溉需水是农业需水的主体,一般占农业需水量的80%以上,我国是农业大国,农业灌溉需水量约占全国总用水量的60%以上。

农业需水与城市工业用水、生活用水相比较,具有以下几个主要的特点:

(1)受水文、气象、地质、土壤、降水等自然条件的影响,用水量不同,尤其是受作物生长期的有效降水量的大小及土壤的保水性能好坏影响较大。

(2)受农作物组成、茬口安排、灌溉方式、灌溉管理等人为因素的影响,用水量不同。

(3)用水量广而大,季节性波动大,基本为一次性消耗。

(4)保证率较低,以旱作物为主的缺水地区灌溉保证率一般为50% ~75%。

上述特点使得农业需水随降水的年际变化而波动,并随作物各生长期需水量和降水量不均,呈现年内用水峰谷的变化。

5.3.1.1 农业灌溉需水分析

农业灌溉需水量是指为满足作物生长期总的需水要求,扣除天然降水供给的部分水量以外,通过各种水利设施补送给农田的水量。它的大小与灌溉面积、作物组成、有效降雨、土壤性质、田间配套、渠系渗漏、灌溉方式以及管理水平等密切相关。

现状农业灌溉需水量估算中,应按地表水、地下水划分供水水源;对区内不同类型灌溉区,调查作物组成;灌溉定额尽可能利用典型调查数据,或引用灌溉试验站实测整理的数据,或按拟定的灌溉制度,由降水蒸发资料估算。灌溉需水量可按下列顺序估算:作物净灌溉定额—作物组成—综合亩净灌溉定额—灌区水的有效利用系数(或渠系水的有效利用系数、田间水的有效利用系数)—综合亩毛灌溉定额—计算灌溉面积—灌溉需水量。

农业灌溉需水量估算的计算步骤如下。

1. 估算灌区净灌溉需水量

依据农作物的灌溉制度,调查确定各单元灌区内各种作物 i,确定各作物的灌溉面积以及净灌溉定额。农田灌溉定额一般采用亩均灌溉水量指标,包括净灌溉定额和毛灌溉定额两类。农田净灌溉定额一般按照不同的农作物种类而提出,为某种农作物单位面积灌溉需水量。根据各类农作物灌溉净定额,也可计算灌区农田综合灌溉净定额,综合灌溉净定额可根据各类农作物灌溉净定额及其复种指数加以综合确定。在综合灌溉净定额基础上,考虑灌溉用水量从水源到农作物利用整个过程中的输水损失后,计算灌区灌溉综合毛定额。

有关部门或研究单位大量的灌溉试验所取得的灌溉试验成果，可作为确定农作物净灌溉定额的基本依据。资料比较好的地区确定农作物净灌溉定额时，可采用彭曼公式计算农作物潜在蒸腾蒸发量，扣除有效降雨并考虑田间灌溉损失后的方法计算而得。农作物净灌溉定额计算公式为

$$M_i = f(ET, Pe, Ge, \Delta W) \tag{5-4}$$

对于旱田

$$M_i = ET_{ci} - Pe - Ge_i + \Delta W \tag{5-5}$$

对于水稻

$$M_i = ET_{ci} + F_d + M_0 - Pe \tag{5-6}$$

式中 M_i——第 i 种作物逐月净灌溉需水量，mm；

ET_{ci}——第 i 种作物的逐月需水量，mm；

Pe——作物生育期内逐月的有效降水量，mm；

Ge_i——第 i 种作物生育期内的逐月地下水补给量，mm；

ΔW——生育期内逐月始末土壤储水量的变化值，mm；

F_d——稻田全生育期渗漏量，mm；

M_0——插秧前的泡田定额，mm。

根据农作物复种指数，按照下列公式计算综合净灌溉定额和毛灌溉定额：

综合净灌溉定额

$$M_n = 0.667 \times \sum_{i=1}^{n} (M_i \times A_i) \tag{5-7}$$

综合毛灌溉定额

$$M_c = M_n / \eta_g = 0.667 \times \sum_{i=1}^{n} (M_i \times A_i) / \eta_g \tag{5-8}$$

式中 M_n——综合净灌溉定额，m^3/亩；

M_c——综合毛灌溉定额，m^3/亩；

M_i——第 i 种作物逐月净灌溉需水量，mm；

A_i——第 i 种作物种植比例(%)；

η_g——灌溉水综合利用系数。

2. 确定渠系水利用系数

灌溉水综合利用系数(η_g)由渠系水利用系数(η_q)和田间水利用系数(η_t)两部分构成，其计算公式为

$$\eta_g = \eta_t \times \eta_q \tag{5-9}$$

式中，渠系水利用系数分别为渠系系统各级渠道(干渠、支渠、斗渠、农渠和毛渠)水利用系数的乘积，即 $\eta_g = \eta_{干} \times \eta_{支} \times \eta_{斗} \times \eta_{农} \times \eta_{毛}$。

渠系水利用系数与渠道系统状况(衬砌情况、渠道系统形式)及渠道管理方式等因素有关。田间水的利用效率与灌溉的形式、灌溉系统的状况、灌溉技术和习惯、管理状况、地形、土壤特性等因素有关。

资料比较好的地区可采用降雨长系列计算方法计算净灌溉定额，若采用典型年方法，

则一般要求分别提出降雨频率为50%(平水年)、75%(中等干旱年)和95%(特枯水年)的净灌溉定额。

3. 计算灌区需水量

农田灌溉净需水量和毛需水量的计算公式如下:

农田灌溉净需水量

$$W_{净} = \sum_{i=1}^{n}(M_i A_i) \tag{5-10}$$

农田灌溉需水量

$$W_{毛} = W_{净}/\eta_g = \sum_{i=1}^{n}(M_i A_i)/\eta_g \tag{5-11}$$

5.3.1.2 林业、畜牧业、渔业需水分析

1. 林业需水量

林业需水主要指苗圃育苗及果树灌溉用水。根据苗圃、果树的面积和灌溉定额 $m_{净}$ 估算需水量,计算公式为

$$W_{林净} = m_{净} F \tag{5-12}$$

$$W_{林毛} = W_{林净}/\eta \tag{5-13}$$

式中 $W_{林净}$——苗圃或果树净灌溉需水量;

$W_{林毛}$——苗圃或果树毛灌溉需水量;

F——苗圃或果树灌溉面积;

η——渠系水利用系数。

2. 畜牧业需水量的估算

农村畜牧业需水主要指牲畜、家禽饮用水及清洁卫生用水。可依据典型调查实际测定的各种牲畜和家禽的头数及用水定额估算需水量,计算公式为

$$Q_m = \sum N_j q_m \tag{5-14}$$

式中 Q_m——畜牧业需水量总量;

N_j——各种牲畜、家禽数量;

q_m——某种牲畜(j)实际用水定额;

j——种数代号。

3. 渔业需水量的估算

渔业需水是指为保持池塘养鱼水面蒸发、渗漏所消耗的水量而不断进行的补充量,计算公式为

$$Q_{渔} = F_{渔}(\alpha E - X - P_s) \tag{5-15}$$

式中 $Q_{渔}$——渔业需水量;

$F_{渔}$——养殖水面面积,m^2;

E——水文气象站蒸发器(或皿)测量的水面蒸发量,mm;

X——年(或计算时段)降水量,m;

P_s——输水过程和鱼池渗漏损失量,m;

α——蒸发器(或皿)折算系数。

渔业需水量也可用鱼池补水定额与养殖水面面积的乘积进行估算。

5.3.2　第二产业(工业)需水分析

工业需水量指工矿企业在生产过程中,用于产品制造、加工、冷却、空调、净化、洗涤等方面的水量及内部职工生活需水量。

工业需水是城市需水的一个重要组成部分。在整个城市需水中,工业需水不仅所占比重较大,而且用水集中。工业生产大量用水,同时排放相当数量的工业废水,又是水体污染的主要来源。世界性的需水危机先在城市出现,而城市水资源紧张主要是工业需水问题所造成的,因此工业需水问题已引起全国的普遍重视。

工业用水调查是取得工业用水资料的重要手段,是开展节约用水工作和实施取水许可制度的基础工作。调查前要做好准备工作:组织领导,拟订调查提纲(明确调查目的、任务、内容、方法、步骤、进度与分工),制定相应的调查表格,填表说明,收集已有资料,宣传动员等。调查采取普查和典型调查相结合的方式进行。普查时按系统、行业逐个工矿企业逐项调查填表。典型调查针对用水大户或按行业选择重点厂矿进行,对工业用水中的重点问题要深入调查研究。调查方法主要是查找资料,现场察看核实,必要时对某些指标作现场检测。

5.3.2.1　工业用水分类

正确进行工业用水分类是做好工业用水调查统计的基础。

1. 按工业用水在生产中起的作用分类

(1)冷却用水,指用水带走生产设备多余的热量,以保证正常生产运行的用水量。

(2)空调用水,指用于调节室内湿度、温度、空气温度和气流速度的用水量。

(3)产品用水,或称工艺用水,包括原料用水和洗涤用水,有的成为产品的组成部分,有的只是作为介质存在于生产过程中,例如造纸、电镀、化工生产工艺等,使用后排放的多半是污染严重的工业废水。

(4)其他用水,包括冲洗场地用水、车间用水、厂区绿化用水和职工生活用水等。

2. 按行业分类

在工业系统内部,各行业间用水情况的差异很大,按行业分类,便于利用国家按行业分的历年统计资料,便于按行业归口,调查统计分析和预测。一般可分为高用水工业、一般工业和火(核)电工业三类用户分别进行预测。

高用水工业和一般工业需水可采用万元增加值用水量法进行需水预测。火(核)电工业分循环式、直流式两种冷却用水方式,采用单位装机容量(万 kW)取水量法进行需水预测,并可以采用发电量单位(亿 kWh)取水量法进行预测。

有条件地区可对工业行业进一步细分后进行需水量预测,如分为冶金、电力、机械、化工、煤炭、建材、纺织、轻工、电子、林业加工等。同时,在每一个行业中,根据需水和用水特点不同,再分为若干亚类,如化工还可以分为石油化工、一般化工和医药工业等;轻工还可以分为造纸、食品、烟酒、玻璃等;纺织还可以分为棉纺、毛纺、印染等。此外,为便于调查研究,还可以将中央、省市和区县工业企业分出单列统计。

在划分用水行业时,需要注意两点:

(1)考虑资料连续沿用。充分利用各级管理部门的调查和统计资料,并通过组织专门的调查使划分的每一个行业的需水资料有连续性,便于分析和计算。

(2)考虑行业的隶属关系。同一行业,由于隶属关系不同,规模和管理水平差异很大,需水量就不同。如生产同一种化肥的工厂,市属与区县所属化工厂的单耗水量相差很大;生产同一种铁的炼铁厂,中央直属和市属的工厂,每生产 1 t 铁的需水量也不同,因此工业行业分类既要考虑各部门生产和需水的特点,又要考虑现有工业体制的行政管理的隶属关系。

3. 按工业用水过程分类

(1)总用水量 $W_{总}$:是指工业企业在生产过程中所需要的全部水量,包括空调水、冷却水、工艺水和其他用水。在一定的设备条件下,生产工艺水平不变,其总用水量基本上是一个定值,可以通过测试和计算确定。即同一行业,只要设备条件和工艺流程不变,生产相应数量的产品所需的总用水量不变。

(2)取用水量(或称补充水量)$W_{补}$:工业企业取用不同的水源(河水、地下水、自来水或海水)的总取水量。

(3)排放水量 $W_{排}$:经工业企业使用后,向外排放的水量。

(4)耗用水量 $W_{耗}$:工业企业生产过程耗用的水量,包括生产过程中蒸发、渗漏、工艺消耗和生活消耗的水量。在设备条件和工艺流程不变的情况下,其值比较稳定。

(5)重复用水量 $W_{重复}$:在工业生产过程中,二次或二次以上的用水量,称为重复用水量。

4. 按取用水源分类

(1)河水:工业企业直接从河流、湖泊、水库中取水,或由专供河水的水厂供水。

(2)地下水:工业企业在厂区或邻近地区自备设备提取地下水,供生产和生活使用。在我国北方城市的工业用水中,自备地下水量占很大比重。

(3)自来水:由自来水厂供水。

(4)海水:沿海城市的工业用水水源。将海水直接用于冷却设备,或将海水淡化后再用。

(5)再生水:城市排放的废水经处理后再用于工业生产。

5.3.2.2　工业用水调查计算

1. 工业用水调查的目的

工业用水调查的目的是摸清基本情况、供排水情况、用水情况、节水情况,搞清它们之间的关系,为水资源的合理开发利用、养畜和保护管理决策提供科学依据。主要任务是查明用水现状、供需矛盾,为城市用水进行供需平衡分析,并为城市规划、建设、经济发展提供有关水资源的基础资料。

2. 工业用水调查的内容

(1)基本情况。对于一个城市或地区来说,应调查职工人数、工业结构、历年工业产值和主要产品产量等。

(2)供水情况。包括供水水源、水质、供水方式、现状供水能力等。

(3)排水情况。包括排水口位置、水质、水量、污水处理等。

(4)用水情况。包括用水部门、历年用水量、万元产值耗水量、历年用水定额、重复用水情况等。

(5)节水情况。包括节水措施、节水效益、节水量,以及供需矛盾和产生的主要生态环境问题等。

3. 工业用水调查的方法

(1)普查。按照工业系统或水文地质单元,对所有用水户的供、用、排及节水情况进行全面调查。调查前,先拟定调查提纲、用水普查登记表,并建立用水调查统计技术档案。

(2)典型调查。其调查内容与普查基本相同,但调查的精度较高。根据研究的需要,选择典型对象进行重点调查。对典型用户、用水大户或有污染危害的用水单位内部的各项用水设施及系统,供水、耗水、用水、排水状况与数量,节水经济效益与潜力,排水过程中产生的公害,治理情况及效果,重复利用率,循环用水量等进行详细调查,并收集工业企业用水测试结果,包括水重复利用率、排水率、耗水率等几个工业用水指标。

4. 工业需水量的计算方法

工业需水采用水量平衡法。一个用水单元(地区、工厂、用水设备)在用水过程中,水量收支应保持平衡,即任何一个用水单元的总用水量与消耗水量、排水量和重复利用量相平衡,即

$$W_{总} = W_{耗} + W_{排} + W_{重复} \tag{5-16}$$

这里的总用水量 $W_{总}$ 与通常意义的用水量不同。与通常意义的用水量相当的是工矿企业从供水水源取用的水量,又称补充水量,即 $W_{补}$,不包括重复用量。总用水量 $W_{总}$ 为取用水量 $W_{补}$ 和重复利用量 $W_{重复}$之和:

$$W_{补} = W_{总} - W_{重复} = W_{耗} + W_{排} \tag{5-17}$$

即

$$W_{重复} = W_{总} - W_{补} \tag{5-18}$$

当 $W_{重复}=0$ 时,$W_{补}=W_{总}$,即当一个用水单元中没有重复用水量时,补充用水量才等于总用水量。

$W_{耗}$ 在设备和工艺流程不变的情况下,其值较稳定,一般只占总用水量的2%~5%,只有个别企业稍高些,如饮料、酿造业等,产品带走了一部分水量。

衡量用水合理性指标如下:

(1)重复利用率 η。重复利用指标是评价工业企业引用一定水量后重复利用的程度,它反映了企业用水的合理程度与企业节约用水的情况。

重复利用率 η 指重复利用水量 $W_{重复}$ 占总用水量 $W_{总}$ 的百分比,即

$$\eta = \frac{W_{重复}}{W_{总}} \times 100\% = \left(1 - \frac{W_{补}}{W_{总}}\right) \times 100\% \tag{5-19}$$

(2)排水率 p:指某时段内,企业总排水量占总用水量的百分数,即

$$p = \frac{W_{排}}{W_{总}} \times 100\% \tag{5-20}$$

(3)耗水率 γ:指某时段内,企业总消耗水量占总用水量的百分数,即

$$\gamma = \frac{W_{耗}}{W_{总}} \times 100\% \tag{5-21}$$

(4)闭路循环条件下,$\eta+p+\gamma=100\%$,η、p、γ 三个指标不仅是考核工业用水水平年的重要指标,而且也是地区用水规划、供需平衡分析与工业用水预测的重要依据之一。

【例 5-1】 某钢厂某年引用新水 6 600 万 m^3,工业用水重复利用率 η 为 85%,排水量为 4 200 万 m^3。试求:在现有设备和工艺条件下,采用闭路循环,其水重复利用率最高可达多少?

解:$W_{补}=6\ 600$ 万 m^3,$\eta=85\%$,$W_{排}=4\ 200$ 万 m^3

$$\eta=\frac{W_{重复}}{W_{总}}\times 100\%=(1-\frac{W_{补}}{W_{总}})\times 100\%$$

$$W_{总}=W_{补}\times\frac{1}{1-\eta}=6\ 600\times\frac{1}{1-0.85}=44\ 000(\text{万 } m^3)$$

$$\text{排水率}\quad p=\frac{W_{排}}{W_{总}}\times 100\%=\frac{4\ 200}{44\ 000}\times 100\%=9.55\%$$

闭路循环条件下,$\eta+p+\gamma=100\%$

得耗水率:$\gamma=1-\eta-p=(100-85-9.55)\%=5.45\%$

设备和工艺条件不变,耗水率稳定,采用闭路循环,若使得重复利用率最高,视排水率为 0,则最高重复利用率为

$$\eta=(100-5.45)\%=94.55\%$$

5.3.2.3 工业用水量的评价指标

工业用水量的评价指标主要是工业用水定额和重复利用率。

1. 单位产品用水定额

如生产 1 t 钢、1 t 纸的用水量:m^3/t 钢、m^3/t 纸等。不同工业产品的单位产品用水定额相差很大。同一种工业产品,由于生产规模、设备条件、工艺流程、管理水平的不同,单位产品用水定额相差悬殊。

2. 工业用水重复利用率

工业用水重复利用率能科学反映工矿企业的用水水平,便于部门间、地区间的比较。据统计,我国工业用水重复利用率平均仅达 20% ~30%,工业发达,水资源紧张的城市达到 60% ~70%。与发达国家相比,差距很大。

3. 万元工业增加值用水量相对值

万元工业增加值用水量相对值指区域万元工业增加值用水量与当年全国万元工业增加值用水量(均采用当年价计算)的比值,计算公式如下:

$$W_{工相对}=\frac{W_{工区域}}{W_{工平均}}\times 100\% \tag{5-22}$$

式中 $W_{工相对}$——万元工业增加值用水量相对值;

$W_{工区域}$——区域万元工业增加值用水量;

$W_{工平均}$——当年全国万元工业增加值用水量。

4. 火电厂用水的评价指标

火电厂用水在工业用水中占很大比重,发达国家可达 60% 以上。因此,将火电厂用水与一般工业用水分开统计和评价。火电厂用水量的评价指标为单位装机容量年用水量

(m^3/kW)和单位发电量用水量。冷却方式(直流供水冷却、循环供水冷却或混合式)和单机容量大小不相同,用水量可相差10~20倍。

5.3.2.4 工业需水量的预测

未来工业企业需水量的预测,就是要估算出某一城市或地区近期和远景两个水平年需要的水量,为水资源供需平衡分析提供依据。由于涉及工业企业用水量的因素较多,要准确地估算未来工业企业用水量一般较困难,通常采用的方法为:收集历年工业用水量资料,分析工业用水现状,根据未来工业发展趋向(或规划)和用水水平的可能变化,预测工业需水量的增长。

工业需水预测是一项比较复杂的工作,涉及的因素较多。目前,一般采用的预测方法有趋势法、相关法和水平衡法。

1. *趋势法*

趋势法用历年工业用水量增长率来推算未来工业用水量。如果具有多年的工业用水量实测资料,而且历年用水量的递增呈现一定的规律,则可建立用水量发展趋势的模式,预估未来某一年份的工业用水量。计算公式为

$$W_n = W_0 (1 + \rho)^n \tag{5-23}$$

式中 W_n——预测起始年后 n 年的某一水平年的工业需水量,亿 m^3;

W_0——起始年份的工业用水量,亿 m^3;

ρ——工业用水量的平均增长率;

n——从起始年至预测某一水平年相隔的年数。

趋势法的关键是正确确定预测时段内年需水增长率。实际上一个城市、一个企业的年需水增长率与工业结构、用水管理水平、企业产值变化有很大关系。因此,可依据过去资料求得年平均增长率的提高、工业产值等作综合分析,确定一个比较合理的年需水增长率。

趋势法简单易行,但只从水资源增长趋势分析,没考虑其他众多影响因素,所以只适用于有一定工业基础、发展较为稳定的城市和地区,只用于初期的分析研究问题阶段,很少用于指导实践。短期误差有限,长期误差大。

2. *相关法*

根据历史统计资料,建立万元产值综合用水定额与工业产值的相关关系,或工业用水量年增长率与工业产值的相关关系,用于未来水平年工业用水量的预测。相关分析时,要将不同年份按某一不变价格换算为同一基础,工业用水量年增长率与工业产值年增长率之比称为工业用水弹性系数。据分析,工业用水弹性系数,一般地区为0.6~0.8,工业基础较好或节水潜力较大的地区为0.45~0.65,工业基础较弱或能源基地为0.8~1.0,工业用水量年增长率一般均低于5%~7%。

3. *水平衡计算法(重复利用率提高法)*

一般来讲,行业结构不发生根本变化,万元产值综合用水定额取决于重复利用率。目前,在评价工业用水中有两个常用指标,即重复利用率和万元产值需水量。万元产值需水量反映了工业企业总产值与需水量的关系。在已知企业或城市工业总产值后,若能确定出合理的万元产值需水量,就能预测出相应年份的工业需水总量。当一个城市或企业、工

业结构已趋向稳定不再有根本性变化时，万元产值需水量基本取决于重复利用率。随着科学的进步，重复利用率将会不断提高，而万元产值需水量将会不断下降（反比关系）。

根据水平衡方程（式(5-16)、式(5-17)）和重复利用率（式(5-19)），可得

$$1-\eta=\frac{W_{补}}{W_{总}} \tag{5-24}$$

对于同一个企业，只要设备和工艺流程不变，生产同样多的产品（产值 A 相同）总需水量 $W_{总}$ 不变，重复利用率 η 不同，则取用水量 $W_{补}$ 随 η 的提高而减少。

若某行业生产同一个产品有两种方案，已知第一种方案的重复利用率 η_1 和万元产值需水量 g_1，可以通过预测另一种方案的 η_2 来推求 g_2：

$$\frac{1-\eta_1}{1-\eta_2}=\frac{W_{1补}}{W_{2补}}=\frac{g_1A}{g_2A}=\frac{g_1}{g_2}$$

即

$$g_2=\frac{1-\eta_2}{1-\eta_1}\times g_1 \tag{5-25}$$

应用式(5-25)时应注意如下几点：

(1) η 的确定：①与国内先进水平相比较；②对本地区 η 提高的分析包括经济效益，由浅入深、由点到面。

(2) 误差分析。公式推导中假设当工业产值不变时，相应总用水量不变，即 $A_1=A_2$ 时，$W_{1总}=W_{2总}$。此假设成立的条件是生产设备不变、工艺不变且用水方式不变。

(3) 修正公式：

$$g_2=k\frac{1-\eta_2}{1-\eta_1}\times g_1 \tag{5-26}$$

式中　k——万元产值耗水量年下降率(%)，$k=(1-\alpha)^n$；

α——工业技术进步系数（各行业不同，目前取0.02～0.05）。

【例5-2】 某市化工行业2008年重复利用率为75%，万元产值需水量为320 m³/万元。规划到2018年工业总产值达到8 500万元，重复利用率高方案达到85%，低方案达到82%，试预测2018年两个方案化工行业总需水量。

解： 已知 $\eta_1=75\%$　　$g_1=320\ \text{m}^3$/万元　　$A=8\ 500$ 万元

高方案 $\eta_2=85\%$　　低方案 $\eta_3=82\%$

高方案　$\dfrac{1-\eta_1}{1-\eta_2}=\dfrac{g_1}{g_2}\Rightarrow g_2=\dfrac{1-\eta_2}{1-\eta_1}\times g_1=\dfrac{1-0.85}{1-0.75}\times 320$

$$W_2=g_2A=\frac{1-0.85}{1-0.75}\times 320\times 8\ 500=163.2(\text{万 m}^3)$$

低方案　$\dfrac{1-\eta_1}{1-\eta_3}=\dfrac{g_1}{g_3}\Rightarrow g_3=\dfrac{1-\eta_3}{1-\eta_1}\times g_1=\dfrac{1-0.82}{1-0.75}\times 320$

$$W_3=g_3A=\frac{1-0.82}{1-0.75}\times 320\times 8\ 500=195.84(\text{万 m}^3)$$

4. 分块预测法

将一个城市（或地区）的工业分成几大块，分别用不同的方法预测将来的用水量。对原有工业基础较薄弱、需大规模发展工业的城市，可将原有工业与待发展工业分块；对电

力工业等耗水量大的企业,对诸如煤炭能源工业等特殊行业,应根据其发展规模单独计算其工业用水量。

5.3.3 建筑业和第三产业需水

建筑业和第三产业需水量预测方法可参照工业需水量预测方法。建筑业需水预测以单位建筑面积用水量法为主,以建筑业万元增加值用水量法进行复核。第三产业需水可采用万元增加值用水法进行预测,也可参考城市建设部门分类口径及其预测方法进行复核,根据这些产业发展规划成果,结合用水现状分析,预测各规划水平年的净需水定额和水利用系数,进行净需水量和毛需水量的预测。

建筑业和第三产业需水量年内分配相对比较均匀,因此可仅对年内用水量变化幅度较大的地区,通过典型调查进行用水分析,计算需水月分配系数,确定用水量的年内需水过程。

5.4 生态需水分析

5.4.1 生态需水概念

生态与环境需水是指为了维持给定目标下生态与环境系统一定功能所需要保留的自然水体和需要人工补充的水量。要结合当地水资源开发利用状况、经济社会发展水平、水资源演变情势等,确定切实可行的生态与环境保护、修复和建设目标,分别进行河道外和河道内的生态与环境需水量的预测。

河道内生态与环境需水量指维持河流生态系统一定形态和一定功能所需要保留的水(流)量,按维持河道一定功能的需水量和河口生态与环境需水量分别计算,河道内生态与环境需水量要以河流水系主要控制断面为计算节点,对上、下游不同计算节点的计算值经综合分析后确定成果。河道内生态与环境需水量与河道内非消耗性生产需水量之间有重复的,计算时应予以注明。

河道外生态与环境需水指保护、修复或建设给定区域的生态与环境需要人为补充的水量,按城镇生态与环境需水、湖泊沼泽湿地生态与环境补水、林草植被建设需水和地下水回灌补水分别计算。

5.4.2 生态需水分类

生态需水是一个复杂的概念,至今国内外对其仍没有形成一个明确统一的定义,出现了诸如环境需水、生态用水、生态耗水等不完全相同,但又紧密联系的概念。它们在使用过程中常常混用或是相互替代,带来许多不便。这里综合国内有关生态需水分类的研究,以此对生态需水各相关概念的异同加以说明。

(1)按照生态环境需水量的基本特征和表现,可将其分为生态需水量和环境需水量。生态需水量的研究对象多侧重于生物群落,是为了解决生态问题,主要考虑依赖于水而生存的动物、植物、微生物所消耗的水量。环境需水量的研究对象则侧重于自然环境,是专门为解决环境问题，如治理污染、保护水环境景观等所需要的水量。总之，虽然生态需水与环境需水两者之间存在着交叉与重合的部分，但从概念上讲是两个不同的概念，应该加以区别。比如我国北方地区主要是干旱缺水导致生态环境极为脆弱，因此其需水更强调水量；而我国南方地区多为水质型缺水，因而对水质的要求更高，其需水更加强调的是环境需水。

(2)按照生态需要和实际用水，可将其分为生态需水和生态用水。生态需水是从生态系统自身需求的角度来说的，是生态系统自身固有的属性，其水量配置是合理的、可持续的。生态用水概念是我国学者汤奇成等于1989年在分析新疆塔里木盆地水资源与绿洲建设问题时首次提出来的，它强调某种生态水平下或某种生态系统平衡条件下的实际使用水量。该水量未必是合理和可持续的，是可以人为控制的过程，即生态用水量可能由于水资源的短缺小于其对应的生态需水量，也可能由于水资源丰沛或不合理利用大于生态需水量，但生态需水是生态用水的依据。

(3)按照生态系统利用水资源的方式，可将其分为生态储水和生态耗水。生态系统对获得的水资源，一部分用于消耗，另一部分则存储起来；前者称为耗水，后者称为储水。从理论上讲，需水包括储水与耗水两部分；而从水量平衡与水资源配置时间的角度来看，只要满足耗水则可满足生态系统的需求。

(4)按照人类对水源的控制能力，可将其分为可控生态需水和不可控生态需水。前者是指非地带性植被所在系统天然生态保护与人工建设消耗的径流量，后者指地带性植被所在系统天然生态保护与人工建设消耗的降水量。

(5)按照生态系统形成的原动力，可将其分为天然生态需水和人工生态需水。

(6)按照生态系统的组成，可将其分为绿色植物需水、动物需水和维持无机环境的生物地理平衡所需的水分。

(7)按照生态系统所处的空间位置，可将其分为河道内生态需水和河道外生态需水。这是目前比较通行的一种分类方法。河道内生态需水可包括河流、湖泊与河口生态需水等，河道外生态需水包括河道外湿地、陆地植被、地下水和城市生态需水等。也有学者从其他角度出发，认为河道内生态需水包括维持水生生物生存和生物多样性，以及防止河道泥沙淤积、水质污染、海水入侵、河道断流、湖泊萎缩等所需的最小河道流量。河道外生态需水主要指维持河道外植被群落稳定所需要的水量。

(8)按照地理景观的角度，可将其分为水域生态需水或陆地生态需水。其中，水域生态需水包括河流、湖泊和湿地生态需水；陆地生态需水主要指植被和城市生态需水。

5.4.3 河道内生态需水分析

5.4.3.1 湿周法

湿周即过水断面上，河槽被水流浸湿部分的周长，该法假设保护好临界区域的水生栖息地的湿周，也将对非临界区域的栖息地提供足够的保护。这是因为通常湿周是随着河流流量的增大而增加的，然而当湿周超过其临界值，河流流量再大量增加，湿周的增加量变化也很小。因此，只要保护好临界湿周，也就能基本满足非临界状态下的河流水生生物栖息地的最低要求。通常假设浅滩是最临界的栖息地类型，湿周的断面一般选在浅滩。

该计算方法的基本思想是:先通过确立河流流量与湿周的函数关系,绘制出湿周—流量曲线。有三种方法:

(1)可从多个河道断面的几何尺寸—流量关系实测数据经验推求。

(2)从单一河道断面的一组几何尺寸—流量数据中计算得出。

(3)利用曼宁公式 ,然后找曲线上的变化点,即最大曲率或斜率为1处的那个点对应的流量就是最小生态流量。

适用范围:由于该法得到的河流流量值会受到河道形状的影响,因此该法大部分应用于宽浅河道。

5.4.3.2 Tennant 法

Tennant 法又称作蒙大拿法。该法通过建立起来的流量和栖息地质量之间的经验公式,仅使用历史流量即可确定生态需水量,取年天然径流的百分比作为河流生态需水的推荐值,见表5-3。如10%的年平均流量是退化或贫瘠的栖息地条件;20%的年平均流量提供了保护水生生物栖息地的适当标准;在小河流中,30%的年平均流量接近最佳生物栖息地标准。

表5-3 Tennant 法对栖息地质量的描述

流量值及相应栖息地的定性描述	推荐的基流占平均流量百分比(%)	
	10月至次年3月	4~9月
最大流量	200	200
最佳范围	60~100	60~100
极好	40	60
非常好	30	50
好	20	40
中等	10	30
差或最差	10	10
极差	<10	<10

河道生态环境需水量计算式如下:

$$W_t = \sum_{i=1}^{12} M_i N_i \tag{5-27}$$

式中 W_t——多年平均条件下维持河道一定功能的需水量,m^3;

M_i——一年内第 i 月多年平均流量,m^3/s;

N_i——第 i 月的推荐基流百分比。

Tennant 法将一年分为2个计算时段,4~9月为多水期,10月至次年3月为少水期,不同时期流量占平均流量百分比有所不同。各流域计算时年内时段可按如下方法划分:将天然情况下多年平均月径流量按从小到大排序,前6个月为少水期,后6个月为多水期。

用 Tennant 法计算维持河道一定功能的生态与环境需水量的关键在于选取合理的流量百分比。不同的河流水系其河道内生态与环境功能不同,同一河流的不同河段也有差异,因此要根据实际情况选取合理的河流生态与环境目标来确定流量百分比。一些研究中,少水期通常选取多年平均流量的 10% ~20% 作为河道生态与环境需水量,多水期选取多年平均流量的 30% ~40%,但要根据各河流水系的实际情况而定。

特殊河流(河段),如泥沙含量较高或有国家级保护物种的河流(河段),维持河道一定功能的需水应分单项计算,并对成果进行合理性分析检查。

5.4.3.3 Texas 法

该法是在 Tennant 法的基础上进一步考虑了水文季节变化因素,通过对各月的流量频率曲线进行计算后,取 50% 保证率下的月流量的特定百分率作为最小流量。其特定百分率的设定以研究区典型植物以及鱼类的水量需求为依据。该法具有地域性,对流量变化主要受融雪影响的河流较适用。

5.4.3.4 R2Cross 法

该法由美国科罗拉多州水利局的专家开发并应用。R2Cross 法具有和湿周法相同的假设,即假设浅滩是最临界的栖息地类型,保护浅滩栖息地也将保护其他的水生栖息地,如水塘和水道。该法将平均深度、平均流速以及湿周占横断面周长的百分数作为反映生物栖息地质量的水力学指标。若能在浅滩类型的栖息地保持这三个参数在足够的水平上,将足以维持冷水鱼类与水生无脊椎动物在水塘与水道的水生生境。其中,所有河流的平均流速推荐采用 30.48 cm/s 的常数;平均深度、湿周长百分数标准分别是河流顶宽和河流总长与湿周之比的函数。所以,采用该法确定最小生态需水量具有两个标准:一是湿周率,二是保持一定比例的河流宽度、平均水深以及平均流速。该法以曼宁公式为基础,计算所需水量。使用在一个河流断面上现场收集到的数据对未观测到的水力学参数进行模拟。起初,该法的河流流量推荐值是按年控制的,后来生物学家又研究根据鱼的生物学需要和河流的季节性变化分季节制定相应的标准。采用 R2Cross 单断面法确定最小流量的标准见表 5-4。

表 5-4 采用 R2Cross 单断面法确定最小流量的标准

河流顶宽(ft)	平均水深	湿周率(%)	平均流速(m/s)
1 ~20	0.2	50	1.0
21 ~40	0.2 ~0.4	50	1.0
41 ~60	0.4 ~0.6	50 ~60	1.0
61 ~100	0.6 ~1.0	≥70	1.0

注:1 ft =0.304 8 m。

由于水深、河宽、流速等必须通过对河流的断面进行实地调查才能确定有关的参数,所以该法应用难度大,一般适用于浅滩式的河流栖息地类型。

5.4.4 河道外生态与环境需水

5.4.4.1 城镇生态与环境需水量

城镇生态与环境需水量指为保持城镇良好的生态与环境所需要的水量,主要包括城镇河湖需水量、城镇绿地生态需水量和城镇环境卫生需水量。

1. 城镇绿地生态需水量

采用定额法,即按下式计算:

$$W_G = S_G q_G \tag{5-28}$$

式中　W_G——城镇绿地生态需水量,m^3;

S_G——绿地面积,hm^2;

q_G——绿地灌溉定额,m^3/hm^2。

计算时要注意公式中单位转换系数,下同。

2. 城镇河湖需水量

按照水量平衡法或定额法计算城镇河湖需水量。

1)水量平衡法

根据水量平衡原理,城镇河湖需水量计算公式如下:

$$W_{cl} = F + fV - S(P - E)/1\,000 \tag{5-29}$$

式中　W_{cl}——城镇河湖年需水量,m^3;

F——水体渗漏量,m^3;

V——城镇河湖水体体积,m^3;

f——换水周期,次/a;

S——水面面积,m^2;

P、E——降水量、水面蒸发量,mm。

2)定额法

按照现状水面面积和现状城镇河湖需水量估算单位水面的河湖需水量,根据对不同规划水平年河湖面积的预测计算所需水量。也可以以人均水面面积的现状定额为基础,结合未来城镇人口预测,采用适当的人均水面面积(根据城镇总体规划等)进行预测。

3. 城镇环境卫生需水量

按照定额法计算:

$$W_{ch} = S_c q_c \tag{5-30}$$

式中　W_{ch}——城镇环境卫生需水量,m^3;

S_c——城市市区面积,m^2;

q_c——单位面积的环境卫生需水定额(采用历史资料和现状调查法确定),m^3/m^2。

5.4.4.2　林草植被建设需水量

林草植被建设需水量指为建设、修复和保护生态系统,对林草植被进行灌溉所需要的水量,林草植被主要包括防风固沙林草等。

林草植被生态需水量采用面积定额法计算:

$$W_p = \sum_{i=1}^{n} S_{pi} q_{pi} \tag{5-31}$$

式中　W_p——林草植被生态需水量,m^3;

S_{pi}——第 i 种植被面积,hm^2;

q_{pi}——第 i 种植被灌水定额，可参照农作物灌水定额的计算方法，无资料地区可参考条件相似地区确定，m^3/hm^2。

5.4.4.3　湖泊沼泽湿地生态与环境补水量

湖泊沼泽湿地生态与环境补水量指为维持湖泊一定的水面面积或沼泽湿地面积需要人工补充的水量。

1. 湖泊生态与环境补水量

湖泊生态与环境补水量可根据湖泊水面蒸发量、渗漏量、入湖径流量等按水量平衡法估算，计算公式如下：

$$W_L = 10 \times S(E - P) + F - R_L \tag{5-32}$$

式中　W_L——湖泊生态与环境补水量，m^3；

S——需要保持的湖泊水面面积，hm^2；

P——降水量，mm；

E——水面蒸发量，mm；

F——渗漏量，参考达西公式计算，一般情况下可忽略不计，m^3；

R_L——入湖径流量，m^3。

此外，我国部分湖泊污染严重，还要考虑换水以改善水质，这部分水量要求可另行计算。

2. 沼泽湿地生态与环境补水量

沼泽湿地生态与环境补水量可用水量平衡法进行估算，其公式为

$$W_w = 10 \times S(E_w - P) + F - R_w \tag{5-33}$$

式中　W_w——沼泽湿地生态与环境需水量，m^3；

S——需要恢复或保持的沼泽湿地面积，hm^2；

P——降水量，mm；

E_w——沼泽湿地蒸发量，mm；

F——渗漏量，m^3，对于底层为冰冻或者泥炭层的沼泽湿地，可近似认为渗漏量为0；

R_w——进入沼泽湿地的径流量，m^3。

5.4.4.4　地下水回灌补水量

地下水回灌补水量指为了防治地下水超采，需要通过工程措施对地下水超采区进行回灌所需要的水量。通常情况下，如果开采量小于补给量，地下水超采区可逐步恢复。如确需通过工程措施对地下水超采区进行回灌，可根据地下水保护规划，结合地下水超采量、地下水采补平衡目标、地下水回灌系数和地下水回灌年数，确定合理的地下水回灌量。

5.4.5　动物生态需水量

动物生态需水量指陆地动物群落的生态需水量，主要是野生动物饮水量，而蒸发量则不考虑。可参照以下方法确定动物生态需水量：

$$W_f = \sum_{i=1}^{n} M_i D_i \tag{5-34}$$

式中　W_f——陆地动物生态需水量；

n——动物种类数；

M_i——第 i 种动物的数量；

D_i——第 i 种动物的需水定额，可根据试验资料或调查经验确定。

5.5　综合需水分析计算

在生活、生产和生态（环境）三类需水预测基础上，进行河道内和河道外、城镇和农村需水预测成果的综合分析与计算，在计算过程中要注意某些需水项之间有一定的重复，应综合考虑。

5.5.1　河道外需水量

河道外需水量，要参与区域或流域水资源的供需平衡分析，应按不同频率的代表年来进行计算，如降水频率为 $P=50\%$、$P=75\%$ 和 $P=90\%$，按城镇和农村分两大供水系统（口径）进行需水量的汇总。

5.5.2　河道内需水量

河道内生产需水量要和河道内生态环境需水量综合考虑，超过河道内生态环境需水量的部分，要和河道外需水量统筹协调，参与区域或流域水资源的供需平衡分析。

为了保障预测成果的合理性，要对经济社会发展指标、用水定额以及需水量进行理性分析。主要分析内容包括各类预测指标发展变化趋势的合理性分析、区域间和各类用水间的数据协调性分析及国内外其他地区的指标对比等。

5.6　应用实例

5.6.1　实例一

渭河是黄河最大的支流，发源于甘肃省渭源县，于宝鸡凤阁岭附近流入陕西省，在潼关注入黄河。渭河干流全长 818 km，陕西省内河长 502.2 km。各断面水文站统计资料见表 5-5。渭河河流系统生态需水的估算包括稀释自净需水量、生态基流需水量、冲沙需水量以及水面蒸发补水量。由于渭河干支流暴雨多发生在汛期(6～9 月)，年来水来沙量集中在汛期。汛期 4 个月水量占全年的 60%，沙量占全年的 90% 以上，输沙水量集中在汛期，这部分水量同时具有稀释自净和维持生态基流需水量的功能，因此总生态需水量是非汛期稀释自净需水量与生态基流需水量两项中的最大值与汛期输沙需水量及水面蒸发补水量之和。渭河多年平均生态需水总量华县断面为 39.80 亿 m^3，占多年平均天然径流量的 42.3%，2000 年该断面实际生态用水量仅为 32.77 亿 m^3。其他各断面多年平均生态需水量见表 5-6。

表 5-5 渭河(陕西段)各断面水文站统计资料

断面	多年平均降水量(mm)	多年平均蒸发量(mm)	多年平均天然径流量(亿 m^3)	区间污水排放量(亿 m^3)
魏家堡	610.4	797.0	41.77	1.00
咸阳	523.5	867.9	56.85	1.52
华县	532.2	1 017.0	88.09	3.74

表 5-6 渭河(陕西段)各断面多年平均生态需水量 (单位:亿 m^3)

断面	生态需水量				
	非汛期稀释自净需水量	非汛期生态基流需水量	汛期输沙需水量	断面间补充水面蒸发需水量	生态需水总量
魏家堡	3.33	5.01	11.80	0.10	16.91
咸阳	5.06	8.22	16.68	0.42	25.32
华县	12.34	10.57	26.23	1.23	39.80

5.6.2 实例二

某项目区面积 2 万亩(1 亩 = 1/15 hm^2,后同),以种植小麦、玉米为主,复种指数 2.0,其中小麦种植比例 0.9,玉米种植比例 0.9,其他经济作物种植比例 0.2。依据当地地方标准用水定额,在 $P=75\%$ 设计水平年时,作物净灌溉定额分别为 $M_{小麦净}=130$ m^3/亩、$M_{玉米净}=95$ m^3/亩、$M_{其他净}=70$ m^3/亩。根据作物种植比例及灌溉定额,在 $P=75\%$ 设计水平年的综合净灌溉定额为 216.50 m^3/亩。现状农作物灌溉为大田漫灌,灌溉水利用系数采用 0.65。项目区在 $P=75\%$ 设计水平年时的需水量见表 5-7。

表 5-7 项目区农作物灌溉需水量计算

灌溉方式	灌溉面积(万亩)	作物名称	种植面积(万亩)	灌溉水利用系数	净灌溉定额(m^3/亩)	灌溉用水量(万 m^3)
地面管灌	2	小麦	1.8	0.65	130	360.00
		玉米	1.8	0.65	95	263.08
		其他	0.4	0.65	70	43.08
合计	2					666.16

思考题

5-1　需水的分类有哪些?

5-2　城市生活需水包括哪几类? 影响城市生活需水的因素有哪些?

5-3　生产需水中第一产业、第二产业和第三产业分别指的是什么?

5-4　简述农业灌溉需水量的计算步骤。

5-5　影响渠系水利用系数的因素有哪些?

5-6　按用水过程,可以将工业用水分为哪几类?

5-7　某地区 2015 年工业用水量 5.5 亿 m^3,据资料分析(2005 ~ 2015 年工业用水增长率为 4.5%),预测 2015 ~ 2020 年间的平均年增长率为 4%、2020 ~ 2025 年间的平均年增长率为 3.5%。用趋势法预测 2020 年和 2025 年的工业需水量。

5-8　生态需水包括哪些方面?

第6章 水资源供需分析

6.1 水资源供需分析的概念

水资源供需分析是指在一定范围内区域或流域不同时期的可供水量和需水量的供求关系分析。水资源供需分析的目的是通过测算区域或流域不同规划水平年的可供水量和用水量，揭示供需关系的主要矛盾，明确水资源综合开发利用的主要目标和方向，以实现一个地区可持续发展对淡水资源的需求。具体来讲，包括三个方面：一是通过分析可供水量和需水量，弄清楚水资源总量的供需现状和存在的问题；二是通过不同时期、不同部门的供需平衡分析，了解水资源余缺的时空分布；三是针对水资源供需矛盾，进行开源节流的总体规划，以期实现水资源的可持续发展和利用。

水资源供需分析是制订社会经济发展计划和保护生态环境必须进行的工作，也是进行水源工程和节水工程建设，加强水资源、水质和水生态系统保护的重要依据。进行水资源供需平衡分析，对水资源的开发利用获得最大的经济社会效益和环境效益，满足社会经济发展对水量日益增长的需求，同时在维护水资源的自然功能，维护和改善生态环境的前提下，合理充分地利用水资源，使得经济建设和水资源保护同步发展，具有重要意义。

6.2 水利工程可供水量计算

6.2.1 可供水量的概念

可供水量是指在不同水平年、不同保证率或不同频率情况下，考虑需水要求，供水工程设施可能提供的水量。可供水量具有如下特点与要求：

(1)可供水量是某种计算条件下的供水工程设施所能提供的水量。供水工程的可供水量不同于实际供水量和最大供水能力。工程实际供水量是指工程没有考虑需水要求而实际提供的水量，其中未必全部被用水部门利用。最大供水能力是指工程充分发挥作用时可提供的最大水量，也没有考虑需水要求，可供水量只是最大供水能力中被用户利用的那部分供水量。

(2)不同水平年反映出水资源的开发利用程度，表现在供水工程上则为供水工程的组成、工程管理水平及其状况等。在计算可供水量时，要分析现状、近期、远景发展水平的情况。

(3)不同保证率是指丰、平、枯等不同来水情况，同时间接地表示了供水工程对用户供水的保证程度。同一供水工程在不同保证率下所提供的水量是不同的。

(4)可供水量必须是通过用水工程为用户提供的。供水工程包括地表水源供水工程、地下水源供水工程和其他水源供水工程,有时也包括临时供水工程。没有通过供水工程设施直接被用户利用的水量,如农作物利用的天然降水量、农作物根系吸收的包气带土壤水分和地下水,都不能算作可供水量。

另外,可供水量与水资源可利用量是两个不同的概念。水资源可利用量是指在可预见的时期内,在统筹考虑生活、生产和生态环境用水的基础上,通过经济合理、技术可行的措施,在流域水资源总量中可以一次性利用的最大水量。所以,水利工程的可供水量总是不大于可利用量。

可供水量分为单项工程可供水量与区域可供水量。一般来说,区域内相互联系的工程之间,具有一定的补偿和调节作用,区域可供水量不是区域内各单项工程可供水量简单相加之和。区域可供水量是由新增工程与原有工程所组成的供水系统,根据规划水平年的需水要求,经过调节计算后得出的。

6.2.2　可供水量的影响因素

可供水量的大小与来水条件、用水条件、工程条件、需水特性、运用调度方式、水质条件等主要因素有关。

来水条件对于供水量有着直接影响,来水量的大小、水质的好坏对于供水量大小起着决定性作用。来水条件包括河川径流的数量、年内年际变化和地区分布特征,地下水的补给、贮存和开采条件,以及水源地的污染程度等。特别注意水质的问题,这往往是易被忽视的,即使来水量再大,水质达不到用水标准或者当地不具备净化技术能力,则可供使用的水量也很少。我国有很多地区的水资源的短缺特别是南方地区就是属于水质型缺水。

工程条件是对于供水量的大小起着后天开采利用能力和分配作用。工程条件主要指现有和新增地表水工程的调蓄能力与引水能力,以及水井工程的开采能力。工程老化、库渠淤积及大型水库调节运行方式对可供水量有较大的影响。

需水特性,包括用户的地区分布和用水组成,各类用户需水量的时间变化和保证率。此外,河道内的用水要求对可供水量也有着直接的影响。

6.2.3　单项工程可供水量计算

供水工程可以分为蓄水工程(水库、塘坝)、引水工程、提水工程和调水工程。

6.2.3.1　蓄水工程可供水量

大、中型蓄水工程可供水量计算,一般根据来水条件、工程规模和规划水平年的需水要求,直接进行调节计算。小型蓄水工程及塘坝一般采用复蓄系数法进行计算,即通过对工程情况进行分类,采用典型调查方法,分析确定不同地区各类工程的复蓄系数。一般而言,复蓄系数南方地区比北方地区大,小(2)型水库及塘坝比小(1)型水库大,平水年比枯水年大。这里复蓄系数定义为工程可供水量与调节库容之比。

1. 年调节水库可供水量

年调节水库可供水量一般采用典型代表年法计算。

【例6-1】　某水库为以灌溉为主,兼有发电功能,控制流域面积 $F=324\ km^2$,设计灌溉面积 13.9 万亩，设计灌溉保证率 $P=85\%$，典型代表年为 2015 年。不同保证率的综合亩毛灌溉定额在 $P=50\%$ 时为 490 m^3/亩、$P=75\%$ 时为 700 m^3/亩、$P=85\%$ 时为 799.7 m^3/亩、$P=90\%$ 时为 839 m^3/亩。$P=85\%$ 设计枯水典型年(2015 年)的调节计算见表 6-1。

表 6-1　某水库 $P=85\%$ 设计枯水典型年(2015 年)的调节计算

月份	净来水量 W($\times10^6$ m^3)	综合亩灌溉定额(m^3/亩)	灌溉用水量 M($\times10^6$ m^3)	$W-M$ ($\times10^6$ m^3)	水库放水量 ($\times10^6$ m^3)	月初调节库容蓄水量 ($\times10^6$ m^3)
1	1.7	3.6	0.5	1.2	5.2	7.5
2	1.7	1.4	0.2	1.5	5.2	4.0
3	4.5	0.7	0.1	4.4	5.0	0.5
4	50.3	0	0	50.3	29.3	0
5	69.2	28.0	3.9	65.3	29.3	21.0
6	37.3	111.3	15.5	21.8	29.4	60.9
7	6.4	173.8	24.2	-17.8	24.2	68.8
8	7.8	156.1	21.8	-14.0	21.8	51.0
9	6.6	230	32.0	-25.4	32.0	37.0
10	1.5	94.1	13.1	-11.6	13.1	11.6
11	13.3	0.7	0.1	13.2	5.2	0
12	4.6	0	0	4.6	5.2	8.1
合计	204.9	799.7	111.4	93.5	204.9	270.4

求：$P=85\%$ 水库的年可供水量及 $P=50\%$、$P=75\%$、$P=90\%$ 水库的年可供水量。

解：(1)根据表 6-1 提供的各月水库净来水量、由水库补充的灌溉用水量及水库放水量(调度规则)，经过水库调节计算，可求得调节库容为 93.5×10^6 m^3。

$P=85\%$ 设计枯水年水库净来水量为 204.9×10^6 m^3，年可供水量为 111.4×10^6 m^3。

(2)$P=50\%$、$P=75\%$ 均低于该水库的设计保证率 $P=85\%$，灌区 13.9 万亩灌溉需水量均比设计枯水年小。因此，无须动用全部水库调节库容(93.5×10^6 m^3)就可满足该年的灌溉用水需求。因此，$P=50\%$、$P=75\%$ 的可供水量可按"以需定供"的原则求得。

(3)$P=90\%$ 高于水库灌溉设计保证率 $P=85\%$，灌溉需水量大，来水小，调节库容 93.5×10^6 m^3 无法满足灌溉面积 13.9 万亩的灌溉需水要求。经计算，$P=90\%$ 水库保灌面积为 12.4 万亩，因此求得水库可供水量为 $12.4\times839\times10^4=104\times10^6$($m^3$)。

在各种保证率下，该水库的可供水量及复蓄指数见表 6-2。

表6-2 某水库可供水量计算成果

保证率 $P(\%)$	50	75	85	90
可供水量($\times 10^6$ m^3)	68.11	97.3	111.4	104
复蓄指数	0.99	1.41	1.62	1.51

由算例可知:①保证率低于设计保证率,其可供水量按“以需定供”的原则求得,且必定小于设计保证率年份的可供水量。由于用户需水的限制,水库供水能力未能充分发挥。②保证率高于设计保证率,水库只能保灌设计灌溉面积的一部分,其可供水量可由保灌面积与该年综合毛灌定额的乘积得出。

2. 多年调节水库可供水量

水库库容系数β大于0.3~0.5,即可能为多年调节水库。对于多年调节水库,尽可能由来水量、用水量(已知灌溉面积)的长系列资料,用时历法逐年作调节计算,可求得已知有效库容及保证率和逐年的可供水量,对应于区域典型代表年份的可供水量即为所求。也可采用上述计算原则:低于设计保证率年份的可供水量,按“以需定供”求得,高于设计保证率年份的可供水量,由计算得出的保灌面积(小于设计灌溉面积)乘以该年综合亩毛灌溉定额求得。

3. 小型蓄水工程可供水量的估算

小型水库和塘坝数量多,资料缺乏,蓄水量小,多采用简化法估算其不同保证率代表年可供水量。

1)复蓄指数法

水库、塘坝年可供水量与有效库容的比值称为复蓄指数。小型水库、塘坝库容小,可利用供水期天然来水量和有效库容多次充蓄,复蓄指数可大于1.0。对于来水量小,供水期断流的特枯年份,复蓄指数则小于1.0。

$$W_{供} = nV \tag{6-1}$$

式中 $W_{供}$——水库、塘坝年可供水量,万 m^3;

V——有效库容,万 m^3;

n——复蓄指数。

复蓄指数一般通过典型工程调查或计算,经综合分析后得出。显然,复蓄指数与来水情况(集水面积、不同保证率)、有效库容、灌溉面积等因素有关。表6-3为湖南省某地区得出的复蓄指数。

表6-3 湖南省某地区复蓄指数

保证率(%)	塘坝有效容积(万 m^3)					
	100	150	200	250	300	350
90	1.10	1.00	0.90	0.80	0.85	0.70
75	1.40	1.25	1.00	0.90	1.00	0.80

2)抗旱天数和灌溉面积估算法

根据小水库、塘坝抗旱天数和灌溉面积的调查资料,估算其可供水量:

$$W_{供} = 0.667TEA \times 10^{-4} \tag{6-2}$$

式中 $W_{供}$——水库、塘坝可供水量,万 m^3;

T——抗旱天数,d;

E——抗旱期水稻田日耗水强度,mm/d;

A——灌溉面积,亩。

据湖南、湖北、江西丘陵区的调查资料,$T = 20 \sim 30$ d,$E = 8 \sim 10$ mm/d。

6.2.3.2 引水、提水工程可供水量

引水、提水工程无径流调节能力,只能抽引部分天然流量供用户使用。引水、提水工程可供水量与引水、提水口的径流量、引提工程能力以及用户的需水量有关。引水工程的引水能力与进水口水位及引水渠道的过水能力有关,提水工程的提水能力则与设备能力、开机时间等有关。引水、提水工程可供水量可用下式计算:

$$W_{YT} = \sum_{i=1}^{I} \min(Q_i, H_i, X_i) \tag{6-3}$$

式中 Q_i——第 i 时段取水口的可引水流量;

H_i——第 i 时段工程的引提工程能力;

X_i——第 i 时段的需水量;

I——计算时段数。

为估算引水、提水工程的可供水量,应调查收集有关基本资料:引水枢纽或提水工程泵站处河道集雨面积;引水枢纽类型,有坝(透水坝或不透水坝)引水或无坝引水;不同水位可引入天然流量的比例;抽水站装机容量;设计扬程;允许抽取天然流量的比例;引水、提水工程设计保证率;设计灌溉面积、现状灌区灌溉面积、历年实灌面积等。

具体地讲,引水、提水灌溉工程可供水量可按如下步骤估算:

(1)利用引水枢纽、泵站所在河段上下游邻近水文站实测流量资料,统计历年灌溉供水关键期(在江西、湖南为7~9月)最小5 d(或旬)平均流量,排频($p = \frac{m}{n+1} \times 100\%$)后得出不同保证率的最小5 d平均流量,按照引水比例或抽取水比例,估算出不同保证率的引水、提水工程供水流量,再与灌区关键供水期万亩农田灌溉需水量定额($m^3/(s \cdot 万亩)$)对照,即可求得不同保证率时可保灌的农田面积 A(不得大于工程灌区农田面积 A')。可供水量计算公式为

$$W_P = m\overline{Q}_m / q \tag{6-4}$$

式中 W_P——某保证率下的可供水量,万 m^3;

m——某保证率下综合亩毛灌定额,m^3/亩;

$\overline{Q}_m$——某保证率下,提水工程关键供水期最小5 d平均供水流量,m^3/s;

q——某保证率下关键供水期蓄水流量定额,$m^3/(s \cdot 万亩)$。

(2)引水、提水工程的取水水源为大江、大湖,水源水量保证不成问题,则应对取水处江湖历年灌溉供水期最低5 d(或旬)平均水位排频($p = \frac{m}{n+1} \times 100\%$),求得设计保证率

的最低枯水位，对照引水枢纽尺寸或泵站水泵特性，定出设计保证率的引水、抽水流量。

需要注意的是，引水、提水工程的可供水量，不应单纯地从引水工程的引水能力或泵站容量及抽水能力来估算，而必须建立在取水水源处关键供水期枯水流量或水位的频率分析的基础上。

6.2.3.3　地下水工程可供水量

可抽取地下水用于农田、草地、林地的灌溉（井灌）用水及工业用水和生活用水。地下水工程可供水量与当地地下水开采量、机井提水能力及需水量等有关。地下水工程可供水量计算公式为

$$W_{GT} = \sum_{i=1}^{I} \min(Q_i, H_i, X_i) \tag{6-5}$$

式中　Q_i——第 i 时段机井提水量；

H_i——第 i 时段当地地下水可开采量；

X_i——第 i 时段的需水量；

I——计算时段数。

对于地下水开采利用程度较高的地区，要特别考虑补给量与开采量之间的平衡关系，对照地下水动态观测资料，估算有一定补给保证的地下水可开采量，作为该地区的地下水可供水量。对于地下水开采利用程度低的地区，只要提水设备能力允许，可按以需定供，直接以用户需水量作为地下水可供水量。

6.3　区域可供水量计算

区域可供水量由若干个单项工程、计算单元的可供水量组成。严格地讲，区域可供水量应通过建立区域可供水量预测模型进行计算。在每个计算区域内，将存在互相联系的各类水利工程组成一个系统，按一定的原则和运行方式联合调算。对于区域内不存在相互联系的工程则按单项工程方法计算。可供水量计算主要采用典型年法，来水系列资料比较完整的区域，也有的采用长系列调算法进行可供水量计算。

也可以在单项供水工程设施可供水量计算的基础上，进行区域可供水量的汇总。汇总时应注意如下几点：

（1）按区域不同保证率选定的典型代表年，取各单项工程同一年份的供水量汇总。

（2）按地表水可供水量、地下水可供水量分别汇总。

（3）避免可供水量的重复计算。在规模较大的灌溉工程供水系统（灌区）中，有大、中型工程总干渠和各级渠系，灌区内原有小水库、塘坝仍在发挥作用，为取水方便又陆续建有抽水站，在这种常见的情况下，很容易发生可供水量的重复计算问题，即同一片农田的灌溉需水量，重复多次计入了不同的单项工程可供水量之中。为避免可供水量的重复计算，汇总时可按大、中型骨干工程灌区范围划片，将各类供水工程及灌区的位置搞清楚，分析各个小型供水工程之间及与骨干枢纽工程之间的供水关系，是互补关系（各灌各的）还是重复关系，再剔除重复计算的可供水量。

（4）区域可供水量汇总成果的合理性检查。除认真审核计算可供水量所用的基本资

料，检查各环节成果、数据外，还可指出两点：

①可供水量定义为供水工程设施所提供的水量。因此，除从大江、湖泊取水的供水工程外，区域其他各类供水工程的可供水量总和 W_S，必须以其总控制集水面积 F_C 相应保证率的年水资源量为上限，即

$$W_S = \xi W_P F_C \times 10^{-4} \tag{6-6}$$

式中　W_S——除大江、湖泊为水源的供水工程外，区域其他各类供水工程，其保证率 P (%) 下年总可供水量，亿 m^3；

W_P——保证率 P 下的水资源产水模数，万 m^3/km^2；

F_C——上述各类供水工程的总控制集水面积，km^2；

ξ——水资源量利用系数，$\xi < 1.0$。

②可供水量定义有"考虑需水要求"，即没有被用户利用的水量不能计入可供水量。因此，某保证率区域可供水量中的农业灌溉可供水量不得大于该水平年相应保证率有效灌溉面积（或计算面积）的灌溉需水量，即

$$W_S \leqslant A_e M_P \times 10^{-4} \tag{6-7}$$

式中　W_S——某保证率下区域灌溉可供水量，亿 m^3；

A_e——某水平年区域有效灌溉面积（或计算面积），万亩；

M_P——某保证率下的综合亩毛灌溉定额，m^3/亩。

6.4　区域水资源供需平衡分析

水资源供需平衡分析是水资源配置工作的重要内容。它是指在一定区域、一定时段内，对某一水平年（如现状年或规划水平年）及某一保证率的各部门供水量与需水量平衡关系的分析。水资源供需平衡分析的实质是对水的供给和需求进行平衡计算，揭示现状水平年和规划水平年不同保证率时水资源供需盈亏的形势，这对水资源紧缺或出现水危机的地区具有十分重要的意义。

6.4.1　分区、水平年及代表年

6.4.1.1　分区

区域内划分为几个较小的供需平衡区域（或计算单元），分别进行水资源供需分析，是区域水资源供需分析通常采用的方法。这样才能揭示区域内各地水资源开发利用的特点和规律，真实反映供需矛盾和余缺水量的状况，有针对性地提出水资源合理开发利用的建议。

1. 分区原则

(1)按流域水系划分。同一流域可按上、中、下游或山丘区、平原区划分。大河干流区间不应以河为界分区。分区要便于清算各分区入、出境水量，便于从上游到下游顺利进行供需平衡计算。

(2)按骨干供水工程设施的供水范围分区。

(3)按自然条件和水资源开发利用特点的相似性分区,便于突出各分区的特点,提出相应的对策。

(4)照顾行政区划分,便于基本资料的统计和供需分析成果的汇总。

(5)参考水资源评价、农业区划等以往的研究工作的区划分,便于以往研究成果资料的引用和成果的对比论证。

2. 分区方法

采取逐级划区的方法,例如在"21世纪中国水供求"研究中,将松辽河、海滦河、淮河、黄河、长江、珠江、东南诸河、西南诸河、内陆河等九大流域片作为一级区。以下再划分83个流域二级区(含台湾省诸河)。在流域二级区的基础上,划分为709个小计算区。

6.4.1.2 水平年

水平年指的是水资源开发利用的水平,即供水设施建设和各类用户用水量达到的水平。一般来说,水资源供需分析应针对现状、近期、远景三种不同的水平年进行。现状水平年的供需资料来自实际调查统计,供需分析得出的供需平衡余缺水与存在的问题均为客观现实,因此现状水平年的供需分析是最重要的基础性工作。例如,"十二五"规划,规划水平年就是"十二五"末期,即2015年。一般规划有个近期和远期,现在的规划水平年近期一般可以到2020年,远期可到2030年。

现状水平年又称基准年,其供需分析是指在现状经济发展水平时,现有水利工程在不同来水情况下,根据各用水部门的需要,分析可能提供的水量以及能否满足各部门需水要求的余缺水量。基准年与实际典型年的主要差别在于来水条件不同。

6.4.1.3 代表年及其选择

水资源的补给来源为大气降水,具有年际丰枯变化和年内季节性变化,供水工程设施的供水能力和用户的需水量也因不同的年景而有变化,因此水资源供需分析要针对几种不同年景的代表进行。代表性年份有:平水代表年,相应保证率 $P=50\%$;一般枯水年(中等干旱年),相应保证率 $P=75\%$;特殊枯水年(特殊干旱年),相应保证率 $P=90\%$(也有采用 $P=95\%$)。

水资源供需分析常选用实际年份作为某一代表年的典型年,这样较便于处理各分区同一代表年的供、需水量的组合问题,也便于供需分析成果的逐年汇总。选出某一代表年的实际典型年,要求与本区域实际发生的丰枯变化情况(旱情情况)相一致。所以,代表年的选择要兼顾天然水资源量的年际变化和用户需水量的变化两个方面。一般采用区域代表站年降水量(每年河川径流量)或关键供水期降水量(或径流量)系列排频选年。为了便于供需分析成果的汇总,次级区(或计算单元)除按自身丰枯变化特点选出本区典型代表年进行供需平衡计算外,还必须对上级(面上)选定的典型代表年作供需分析,以便于面上的成果汇总。

区域水资源供需分析计算时段,应以能客观反映供需矛盾,不致掩盖供需关系在时间上的缺水矛盾为原则来选取。一般来讲,按月为时段进行供需平衡计算,已能满足要求,对于水资源供需矛盾不突出的地区,也可按年和关键供水期两个时段作供需平衡分析,以节省工作量。

6.4.2 供需分析的原则和方法

6.4.2.1 原则

(1)按照全面规划、统筹兼顾的原则,正确处理截留与开源的关系、水资源开发利用与环境保护的关系、水质与水量的关系以及各用水部门之间的关系。

(2)充分考虑各区域之间非均衡发展的特点和综合协调原则,分阶段协调水资源开发利用与社会经济发展之间的矛盾。

(3)重视生态环境和水环境的保护,促进资源、经济、环境的协调发展。

(4)水资源供需分析要根据需要与可能,使水资源开发与资金投入相协调。

6.4.2.2 方法

(1)区域水资源供需分析,一般采用分区平衡计算、分层次逐级汇总协调方法。供需平衡计算顺序为先支流后干流,先上游后下游。上游分区计算出的出境水量即为下游分区或计算单元的入境水量。

(2)计算单元供需分析,根据用户需水要求,考虑供需关系的互相影响,逐时段分析计算。计算时段一般采用月为单位。

(3)供需平衡计算时,不同计算单元的余、缺水量不得互相平衡,正负相抵;同一计算单元不同时段的余、缺水量也不得相互平衡,正负相抵。出现余水时,若蓄水水库尚未蓄满,余水可作为调蓄水量参加下一时段的供需分析,否则为下游单元的入境水量,参加下游单元的供需分析。

(4)河道外用水与河道内用水既相互联系又相互影响。一般先按河道外用水作供需平衡分析。一般先按河道外用水作供需平衡分析,得出各有关河道处的出境水量,验算是否能满足该河段河道内用水的需求,如不能满足,则要对河道外用水的供需平衡分析做必要的调整。

(5)现状水平年农业灌溉需水量计算,只考虑现状有效灌溉面积(或实灌面积)的灌溉需水量。未来水平年农业灌溉需水量计算,只考虑新建供水工程和现有工程的挖潜扩灌后的有效灌溉面积的灌溉需水量。这与电力系统电力电量平衡相似,电网内用户的用电需求方列入负荷图,才是电力电量平衡对象。如将区域内无灌溉设施农田(总耕地面积与有效灌溉面积之差)的需水量考虑在内,即就区域总耕地面积的灌溉需求而言,缺水量将远大于供需平衡计算的结果。

(6)拟定的供水要求不能满足需水要求时,要反馈分析供水增加与需水调整的可能性与合理性,进行综合分析。对于供需缺口,应提出有关的对策和措施,供进一步制定和修改国民经济发展规划参考。

(7)出境水量按下式计算:

$$W_O = W_I + W_L + W_S + W_R \tag{6-8}$$

式中 W_O——本区域供需平衡计算后的出境水量,亿 m^3;

W_I——本区域的入境水量,亿 m^3;

W_L——本区域当地径流量,亿 m^3;

W_S——本区域地表可供水量，亿 m^3；

W_R——本区域回归水量，亿 m^3。

6.4.3 供需平衡分析及供需矛盾

供需平衡分析主要从不同发展阶段和发展深度的角度进行分析，内容有：

(1)现状的供需分析。

(2)不同发展阶段(不同水平年)的供需分析。

(3)不同发展阶段的一次供需分析。

(4)不同发展阶段的二次、三次供需分析。

水资源供需分析应在多次供需反馈和协调平衡的基础上进行。一般进行二至三次平衡分析，一次平衡分析是考虑人口的自然增长、经济的发展、城市化程度和人民生活水平的提高，按供水预测的“零方案”，在现状水资源开发利用格局和发挥现有供水工程潜力情况下的水资源供需分析。若一次平衡有缺口，则在此基础上再进一步强化节水、污水治理与回用、挖潜等工程措施，以及水价合理提高、产业结构调整、合理抑制需求和改善生态环境等措施的基础上进行水资源供需二次平衡分析。若二次平衡仍有较大缺口，应进一步加大调整经济布局和产业结构及节水的力度，可跨流域调水的，考虑增加外流域调水，进行三次供需平衡分析。

6.4.3.1 现状年供需平衡分析

现状年供需平衡分析是在现状供用水的基础上，扣除现状供水中不合理开发的水量，对不同水源的供水量以及用水部门一次、二次用水分析，并按不同频率的来水和需水进行供需分析，评价现状条件下的余、缺水量，重点是分析缺水量的大小及时空、时段分布，缺水程度，缺水性质和原因等，并对缺水造成的社会经济及环境影响进行评价，进一步摸清现状水资源开发利用存在的主要问题，为规划水平年供需分析提供基础信息。

6.4.3.2 规划水平年供需平衡分析

规划水平年供需平衡分析应以现状年供需平衡分析和不同水平年供水预测、需水预测为基础，按节约用水和水资源优化配置的原则，分别对不同水平年和不同保证率相对应的水资源进行合理调配及供需水量的平衡计算。

根据具体条件和措施，拟订不同水平年的规划方案，各水平年供需分析，一般设置两个以上的方案。起始方案和推荐方案是必做的，可根据需要再设置一个或多个中间比较方案。以起始方案为基础，根据缺水情况的分析，逐步加大投入，逐次增加边际成本最小的供水与节水措施，组合成多种不同的比较方案。对各方案进行平衡分析计算，综合分析用户对水量、水质要求的满足程度及供水的保证程度，进行相应的投入效益分析，在对不同方案比选的基础上，最终选择预期的投入控制在合理可行的范围内，供需基本平衡的方案作为推荐方案。

供需水平衡分析分为平水年和中等干旱年分析，或者根据不同来水频率($P=50\%$、$P=75\%$、$P=90\%$)进行分析计算。供需平衡分析成果表头形式见表6-4。

表6-4 区(城市)水资源供需分析 (单位:亿 m^3)

水平年份	供水					需水						缺水量	缺水率(%)
	地表水	地下水	跨流域调水	其他	总供水	城市生活	农村生活	工业	农业	其他	总需水		
基准年													
规划水平年													

6.4.3.3 **供需矛盾**

根据供需分析成果,分析供需之间的关系,供需是否达到平衡,供需之间是否存在矛盾,矛盾之所在,寻求矛盾的解决方法、措施及方案,为促进社会经济的发展寻求水资源的保障体系。

6.5 区域水资源承载力分析

6.5.1 水资源承载力的概念

随着人口的增长、经济的发展,水资源短缺、水环境污染等问题日益突出,水资源问题已成为制约大多数地区可持续发展的瓶颈因素,如何将人类活动控制在水资源、水生态环境可承受范围之内就越来越受到关注,水资源承载力研究也就应运而生。国际上关于水资源承载力的专项研究较少,大多将其纳入可持续发展理论中。我国关于水资源承载力的概念最初是在20世纪80年代末被提出来的,当时只是在我国北方的部分地区进行了探索性研究。其后,随着可持续发展问题的广泛探讨和研究,水资源承载力问题的研究探索也如雨后春笋般开展起来,近年来,在部分地区也进行了初步评价应用。目前,尚未形成完全公认的理论体系,即便是关于水资源承载力的定义,国内外也没有统一的界定,一般对于水资源承载力的观点可概括为:①区域水资源承载力一定意义上等同于区域可供水量;②区域水资源承载力就是区域现状水资源负载状况;③区域水资源承载力可用可承载人口数量来刻画。用于水资源承载力的研究方法主要有情景分析法、综合评价法、多目标规划方法、多目标决策分析方法等。本质上,水资源承载力是和可持续发展相辅相成的,它强调了区域发展在水资源支持方面的极限性,是区域水资源对区域经济社会发展支撑能力的极限。

实际上,水资源承载力是一个具有自然经济、社会经济两重属性的概念,它反映了在维持生态系统完整性前提下,水资源系统对区域社会经济系统的支撑能力。水体(水环境)主要有两方面的基本功能,即水资源功能和水生态环境功能。承纳污废物和保障基本生态用水的功能称为水生态环境功能,而所能提供可用水资源的极限值为其水资源潜力,水资源潜力在保障生态功能的前提下,在实施优化配置和节约用水的条件下,对区域社会经济活动支持能力的阈值即为其水资源承载力。因而,水资源承载力是指某一时期,在现状的(或拟定的)环境状态下,以现状的或可预见的技术、经济和社会发展水平为依据,以可持续发展观为指导,以维护生态环境良性发展为前提,在水资源得到充分开发与合理利用的情况下,区域水资源对该区域人类社会经济活动支持能力的阈值(极限值)。

6.5.2 水资源承载力理论分析

6.5.2.1 水资源承载力的数学描述

由定义可知,区域水资源承载力的承载体是区域水资源,即可供区域开发利用的各种形式、各种级别的水资源,其承载对象是区域所有与水相关联的人类活动,包括生活方面、工农业生产、商业、娱乐景观等。

区域水资源承载力 WC 主要由三方面决定,即:①区域水资源赋存状况,一般指可供区域实际利用的水资源潜力 W_T^*;②区域水资源的开发利用程度;③区域用水方式和用水水平状况,反映了区域的社会经济结构和用水水平。

(1) W_T^* 可按水资源的赋存形式和级别表示成向量形式,即

$$\overrightarrow{W_T^*} = (W_{T1}^*, W_{T2}^*, \cdots, W_{Tn}^*) \tag{6-9}$$

式中:$W_{Ti}^*(i=1,2,\cdots,n)$为水资源元素,表示 T 时期区域第 i 种水资源的总量,n 为区域水资源总种类数。

(2)区域水资源开发利用程度 α_T 亦可用向量表示为

$$\vec{\alpha}_T = (\alpha_{T1}, \alpha_{T2}, \cdots, \alpha_{Tn}) \tag{6-10}$$

式中:$\alpha_{Ti}(i=1,2,\cdots,n)$称为水资源开发利用度因子,表示 T 时期区域对第 i 种水资源的最大可开发利用程度,$0 \leqslant \alpha_i \leqslant 1.0$,它受区域的社会、经济、生态环境状况及生产力、科技水平等条件制约。

(3)假设 T 时期区域的社会经济活动中与水资源相关的共有 m 个对象(方面),则可令矩阵 $WU_{n\times m}$表示单位水资源量对区域各用水对象的支持能力,即

$$WU_{n\times m} = \begin{bmatrix} Wu_{11} & Wu_{12} & \cdots & Wu_{1m} \\ Wu_{21} & Wu_{22} & \cdots & Wu_{2m} \\ \vdots & \vdots & & \vdots \\ Wu_{n1} & Wu_{n2} & \cdots & Wu_{nm} \end{bmatrix} \tag{6-11}$$

式中:$WU_{n\times m}$为 T 时期区域水资源的功效矩阵。

$Wu_{ij}(i=1,2,\cdots n;j=1,2,\cdots,m)$为水资源的功效因子,表示第 i 种水资源的单位水资源量对第 j 个用水对象的最大支持能力。如,对生活用水,即为人均生活用水定额的倒数,单位为人/m^3;对农业用水,即为单方水的粮食产量,单位为 kg/m^3;对工业用水,即为单位水资源量的工业产量(或产值),单位为相应的工业产品单位,或元/m^3,$Wu_{ij} \geqslant 0$,若某种水资源对某用水对象不能支持,则 $Wu_{ij}=0$。

从理论上讲,WU 应为单位水资源量对区域用水对象的最大支持能力,或称支持潜力。它应大于等于现状实际的单位水资源量的支持能力,它应是在充分节水基础上的支持能力。

进一步将$\overrightarrow{W_T^*}$与$\overrightarrow{\alpha_T}$合并可得到区域可利用的水资源量为

$$\overrightarrow{W\alpha} = \overrightarrow{W^*} \cdot \vec{\alpha} = (W_1 \cdot \alpha_1, W_2 \cdot \alpha_2, \cdots, W_n \cdot \alpha_n)$$
$$= (W\alpha_1, W\alpha_2, \cdots, W\alpha_n) \tag{6-12}$$

令 $\overrightarrow{A} \equiv \overrightarrow{W}\alpha \cdot WU_{n\times m} = (\sum_{i=1}^{n} W\alpha_1 \cdot Wu_{i1}, \sum_{i=1}^{n} W\alpha_2 \cdot Wu_{i2}, \cdots, \sum_{i=1}^{n} W\alpha_m \cdot Wu_{im})$

$$= (A_1, A_2, \cdots, A_m) \tag{6-13}$$

则 $A_i(i=1,2,\cdots,m)$ 表示区域水资源量全部用于第 i 对象时对该对象(方面)的最大支持能力,称为对第 i 对象的极限承载力。

实际中,区域人类生活与社会经济活动是按一定结构、一定比例进行的,不可能将所有水资源全部分配给某一个或某几个方面,而是按一定比例分配给各个用水对象。

令

$$B_{n\times m} = \begin{bmatrix} B_{11} & B_{12} & \cdots & B_{1m} \\ B_{21} & B_{22} & \cdots & B_{2m} \\ \vdots & \vdots & & \vdots \\ B_{n1} & B_{n2} & \cdots & B_{nm} \end{bmatrix} \tag{6-14}$$

称 $B_{n\times m}$ 为配水系数矩阵,矩阵元素 $B_{ij}(i=1,2,\cdots,n;j=1,2,\cdots,m)$ 为配水系数,表示第 i 种水资源中分配给第 j 个用水对象的比例,$0 \leqslant B_{ij} \leqslant 1.0$,$\sum_{j=1}^{m} B_{ij} = 1.0$,显然,若 $Wu_{ij}=0$,则 $B_{ij}=0$,则第 j 个用水对象从第 i 种水资源中分配得到的水资源量为

$$WB_{ij} = B_{ij} W\alpha_i \tag{6-15}$$

$$W\alpha_i = \sum_{j=1}^{m} WB_{ij} \tag{6-16}$$

第 j 个用水对象分配得到的水资源总量为

$$\overrightarrow{WB_j} = (WB_{1j}, WB_{2j}, \cdots, WB_{nj}) \tag{6-17}$$

则区域水资源对第 j 个用水对象的支持能力为

$$WZ_j = \overrightarrow{WB_j} \cdot \overrightarrow{WU_j} = \sum_{i=1}^{n} WB_{ij} \cdot Wu_{ij} \tag{6-18}$$

则区域水资源对所有用水对象的支持能力为

$$\overrightarrow{WZ} = (WZ_1, WZ_2, \cdots, WZ_m) \tag{6-19}$$

显然,随着配水系数 $B_{n\times m}$ 的不同,$\overrightarrow{WZ}$ 是变化的。而理论上,B_{ij} 可有无穷多种组合,所以,不同的配水方案就有不同的承载状况,则区域水资源承载力 WC 可表示为 $WC = Opt.\{\overrightarrow{WZ}\}$,指在充分节水和水资源最优(最合理)配置条件下的区域水资源承载状况。所谓最优是针对一定的目标而言的,而目标实质上是人们价值观的体现和反映,从这个意义上讲,区域水资源承载力根本上要受到人类价值观的作用与影响。

由以上可知,只要区域可供利用的水资源潜力 $\overrightarrow{W^*}$、开发利用程度 $\vec{\alpha}$ 及反映区域用水方式和用水水平的水资源功效矩阵 $WU_{n\times m}$ 已定,则区域水资源承载力 WC 客观上就是确定的。但由于人类用水是多方面的,所以水资源承载力的表现形式客观上不是一个具体的数值,而是一个数组(向量),如式(6-11)所示。随着用水对象的变化,水资源承载力的数值形式也会发生变化,但只要 $\overrightarrow{W^*}$、$\vec{\alpha}$ 与 $WU_{n\times m}$ 未变,则其实质不变。从这一点上讲,区域水资源承载力具有“流体”的特征,$\overrightarrow{W^*}$、$\vec{\alpha}$ 与 $WU_{n\times m}$ 决定了其“体积”,而用水对象状况

决定了其“形状(形式)”。

6.5.2.2 水资源承载力的特性及影响因素

1. 水资源承载力的特性

区域水资源承载力的主要特性可归纳为如下几点。

1) 动态性

水资源承载力是一个动态的概念,它与具体的历史发展阶段直接关联。这是因为承载力的主体和客体都是动态的,即水资源系统和社会经济系统都是动态的,具体体现在水资源要素本身在发生变化、人对于水资源的能动性在发生变化并且人类社会为适应区域水资源形式也在不断调整社会经济结构,从而使得区域 *WC* 呈现动态变化的特性。

2) 主观与客观两重性

区域 *WC* 是客观存在的,只要 $W\alpha$、α 与 *WU* 已定,则本质上 *WC* 是已定的。但同时,从表现形式上看,*WC* 又是基于人的主观目标的反映,是人们对区域水资源支持能力的认识及其数值表现。

3) 极限性与有限性

WC 是一个阈值的概念,反映了特定情况下区域水资源对区域人类生活与社会经济活动支持能力的极限。同时,由于受区域水资源条件、社会经济技术水平以及生态环境的约束,从而 *WC* 也是有限度的。

4) 地域差异性

不同区域,由于其水资源条件、开发利用能力与程度、用水水平与方式等各方面的情况是不同的,所以相同数量的水资源在不同区域上的水资源承载力是不同的,*WC* 呈现出地域差异性的特征。

5) 不确定性

由于水资源要素本身的不确定性以及人们认识上的模糊性与局限性,还有对 α、*WU* 及 *R* 统计分析计算方面的近似性与模糊性等方面因素的影响,区域 *WC* 具有一定程度的不确定性。

6) 表现形式上的多样性

由于被承载对象的多样性,同时在不同区域、不同时期,人类的社会经济结构与消费结构也在不断变化。所以,*WC* 的表现形式也不是单一的,不是固定不变的,而表现出多样性的特点。

7) 可增强性

区域 *WC* 是可以增强的,由于人类社会对水资源的需求在不断增加,因而人们一方面在不断拓宽水资源利用量的外延,如集蓄雨水、淡化海水、污水处理回用等;另一方面通过调整用水结构、挖掘节水潜力等来增强水资源承载力。

2. 水资源承载力的影响因素

由水资源承载力的概念可知,水资源承载力涉及社会、经济、环境、生态、水资源等各个方面。其主要影响因素可归纳为如下几点。

1) 区域水资源状况

区域水资源状况包括水资源的数量、质量、赋存形式及其组成结构。水资源的量越大、质越好、开发利用条件越优越,则其 WC 越大。

2)区域社会经济结构与水平

区域社会经济结构与水平决定了一定质与量的水资源对该区域社会经济需求的支持程度,从而影响着区域水资源承载力的大小。

3)区域社会生产力水平

不同时期、不同区域的社会生产力水平不同,尤其是水事活动方面的生产力水平,使得对区域水资源的开发利用能力与程度不同。一般来说,社会生产力水平越高,对水资源的开发利用能力越强,则区域 WC 也越大。

4)其他资源状况

水资源需要与其他资源配合来满足人类社会经济活动的需要,所以其他资源越丰富,则与水资源配合得越充分,区域水资源承载力越大。

5)社会环境

社会环境包括体制、政策、法规、教育、市场、文化、习惯、心理等因素,这些因素会对区域水资源的开发、分配、利用产生影响,进而影响到区域水资源承载力;反过来,区域水资源承载力也会对它们产生反作用,WC 与区域人类的社会经济活动是互动的。

6.5.3 水资源承载力计算方法

理论上讲,WC 的表现形式是一个数组,用以反映在水资源最优配置下区域水资源对各用水方面的支持能力,但这种表现形式并不能给人以直观的判断,而且求解也比较困难。实际上,对于一个区域而言,各方面的存在与发展的最终目的是满足人的需求,以人为核心、为主体,是以人的价值观出发来考虑问题的。人的需求是多方面的,是不可偏废的。假定人对自己的需求构成了一个向量,可表示为

$$\vec{R} = (r_1, r_2, \cdots, r_m) \tag{6-20}$$

式中:$r_i(i=1,2,\cdots,m)$为对第 i 方面的理想人均需求量;$\vec{R}$ 为人均需求量向量。

为了更直观地判断一个区域的水资源承载力,可用“水资源的承载人口数”这一综合性指标来反映 WC,这样不仅直观,而且也便于区域间水资源承载力的分析比较。按照这种思路,区域水资源承载力的求解问题就是在 WU 及 $\vec{R}$ 的基础上,考虑如何将 $W\alpha$ 予以分解(配)以达到承载人口数量最大化,这显然是一个优化问题。

经分析,可建立区域水资源承载力模型:

$$\begin{aligned} OB.\ WC &= \max\{\min\{WZ_j/r_j, j = 1,2,\cdots,m\}\} \\ &= \max\{\min\{WB_j \cdot Wu_j/r_j, j = 1,2,\cdots,m\}\} \\ &= \max\{\min\{\sum_{i=1}^{n} WB_{ij} \cdot Wu_{ij}/r_j, j = 1,2,\cdots,m\}\} \\ &= \max\{\min\{\sum_{i=1}^{n} (W\alpha_i \cdot B_{ij}) \cdot Wu_{ij}/r_j, j = 1,2,\cdots,m\}\} \end{aligned} \tag{6-21}$$

$$S.T. \quad \sum_{j=1}^{m} B_{ij} = 1 \tag{6-22}$$

$$B_{ij} \geqslant 0 \tag{6-23}$$

通过进一步分析,可得出上模型的等价模型为

$$OB.\ WC = \max\lambda \tag{6-24}$$

$$S.T. \qquad \sum_{i=1}^{n}(W\alpha_i \cdot B_{ij}) \cdot Wu_{ij}/r_j \geqslant \lambda \quad \geqslant \forall j \tag{6-25}$$

$$\sum_{j=1}^{m} B_{ij} = 1.0 \quad \forall i \tag{6-26}$$

$$0 \leqslant B_{ij} \leqslant 1.0 \quad \forall i,j \tag{6-27}$$

式中:λ 为引入变量,用以替代各方面需求的最小值。

对于某一区域的一定时期,可假定 $\vec{W}\alpha$、$WU_{n\times m}$及 $\vec{R}$ 为已知,则 WC 的求解就是一个以 B_{ij}为决策变量的线性优化问题。但不同区域、不同时期,$\vec{W}\alpha$、$WU_{n\times m}$及 $\vec{R}$ 是变动的。

$W\alpha$ 是区域水资源的天然赋存与人类开发利用程度共同作用结果的体现。区域水资源的天然赋存是不以人的意志为转移的,具有明显的随机性特征,而人类对水资源的开发利用程度在一定限度内是呈不断上升的趋势的。显然,$W\alpha$ 与 WC 呈正相关,在其他条件不变的情况下,$W\alpha$ 越大,WC 也越大。

WU 反映的是单位水资源量对区域人类活动的支持能力,它综合反映了区域该时期水资源的最高利用水平。一般来说,WU 本身随时程是在不断增大的,WU 与 WC 两者之间也为正相关关系,其他条件不变时,WU 越大,则 WC 也越大。

R 反映了人们对与水相关的各方面的人均需求量,R 可根据当地的具体情况而定。随着社会、经济的发展,人的消费水平在不断提高,因而 R 有增大的趋势。R 与 WC 呈负相关关系,当其他条件不变时,R 越大,则 WC 越小。

6.6 应用实例

6.6.1 不同发展阶段的一次供需平衡分析

6.6.1.1 项目区水资源概况

某地区 2017 年度高标准农田建设项目 1 万亩,项目区属半干旱、半湿润地区,以旱作物为主。项目区水资源构成包括地表水、浅层地下水和引黄水,项目区农业灌溉以浅层地下水为主(井灌)。

浅层地下水的主要来源为降水入渗、河流侧渗和灌溉回归。项目区浅层地下水较丰富,且水质好,适宜于农作物灌溉,是农业生产的重要水源。根据计算,项目区水资源可利用量见表 6-5。

依据地方标准用水定额,在平水年($P=50\%$)时,作物净灌溉定额分别为 $M_{小麦净}=110\ m^3/亩$、$M_{玉米净}=60\ m^3/亩$、$M_{其他净}=50\ m^3/亩$;在中等偏干旱年($P=75\%$)时,作物净灌溉定额分别为 $M_{小麦净}=130\ m^3/亩$、$M_{玉米净}=95\ m^3/亩$、$M_{其他净}=70\ m^3/亩$。

表 6-5　项目区水资源可利用量汇总　　（单位：万 m^3）

项目名称	50%设计水平年	75%设计水平年
地表水可利用水资源	7.09	2.98
地下水可利用水资源	450.01	443.87
引黄水	50.00	65.00
合计	507.10	511.85

6.6.1.2　现状可供水量

项目区现有可利用机井 91 眼，每年累计抽水灌溉时间 35 d，每天抽水时间 16 h，每小时抽水量 20 m^3，则 91 眼机井每年供水量为 $91\times35\times16\times20/10\ 000=101.92$（万 m^3）。

由于项目区现有河道拦蓄工程还不完善，地表径流利用程度有限，确定地表水可利用量约为地表水资源量的 20%，$P=50\%$ 设计水平年时，地表水资源量为 35.44 万 m^3，则地表水资源可供水量为 7.09 万 m^3。$P=75\%$ 设计水平年时，地表水资源量为 14.89 万 m^3，则地表水资源可供水量为 2.98 万 m^3。

项目区在 $P=50\%$ 设计水平年时，项目区可引用黄河水 50.00 万 m^3；$P=75\%$ 设计水平年时，项目区可引用黄河水 65.00 万 m^3。

综上所述，项目区在 $P=50\%$ 设计水平年时现有水利工程可供水量为 159.01 万 m^3；在 $P=75\%$ 设计水平年时现有水利工程可供水量为 169.90 万 m^3，见表 6-6。

表 6-6　项目区可供水量汇总　　（单位：万 m^3）

项目名称	50%设计水平年	75%设计水平年
地表水可供水量	7.09	2.98
地下水可供水量	101.92	101.92
引黄水	50.00	65.00
合计	159.01	169.90

6.6.1.3　灌溉需水量

项目区灌溉需水量计算公式如下：

$$W = M_{毛} A \tag{6-28}$$

式中　W——农业生产总需水量，m^3；

$M_{毛}$——综合亩毛灌溉定额，m^3/亩；

A——灌溉面积，亩。

其中，毛灌溉定额计算公式如下：

$$M_{毛} = M_{净} / \eta \tag{6-29}$$

式中　$M_{净}$——综合净灌溉定额，m^3/亩；

η——灌溉水利用系数。

项目区以种植小麦、玉米为主，复种指数 1.9，其中小麦种植比例 0.8，玉米种植比例

0.7,其他经济作物种植比例0.4。根据作物种植比例及灌溉定额,在 $P=50\%$ 设计水平年下的综合净灌溉定额为150.00 m^3/亩,$P=75\%$ 设计水平年下的综合净灌溉定额为198.50 m^3/亩。现状农作物灌溉为大田漫灌,灌溉水利用系数采用0.55。项目区农作物灌溉需水量详见表6-7。

表6-7 项目区农作物灌溉需水量计算

保证率	耕地面积(万亩)	综合净灌溉定额(m^3/亩)	灌溉水利用系数	灌溉需水量(万 m^3)
$P=50\%$	1	150.00	0.55	272.73
$P=75\%$	1	198.50	0.55	360.91

6.6.1.4 水量平衡分析

通过可利用水量与需水量平衡分析,以及可供水量与需水量的平衡分析,判断项目区是工程性缺水还是资源型缺水。在可供水量小于需水量的前提下,如果可利用水量小于需水量,则为资源型缺水;如果可利用水量大于需水量,那么为工程性缺水。如果可供水量大于需水量,那么供需平衡。

由表6-8和表6-9可以看出,可利用水量大于需水量,说明项目区水资源是有保障的,但是可供水量小于需水量,满足不了作物灌溉的需要,出现群众守着水用不上的问题,所以需要新打机井,增加供水量,才能达到供需平衡。

表6-8 可利用水量与需水量平衡分析 (单位:万 m^3)

保证率	可利用量	总需水量	水量平衡
$P=50\%$	507.10	272.73	234.37
$P=75\%$	511.85	360.91	150.94

表6-9 可供水量与需水量平衡分析 (单位:万 m^3)

保证率	可供水量	总需水量	水量平衡
$P=50\%$	159.01	272.73	-113.72
$P=75\%$	169.90	360.91	-191.01

6.6.2 不同发展阶段的三次供需分析

6.6.2.1 项目区概况

合肥是安徽省省会,也是皖江城市带承接产业转移示范区的核心区域,近年来随着城镇化、工业化、农业现代化的加快推进,城市空间格局不断扩展,区域用水需求增长较快。合肥市地处江淮丘陵区,地下水资源极为匮乏,其当地水资源主要为降水产生的地表径流,多年平均水资源总量为39.01亿 m^3,人均水资源量为523 m^3,仅约为国际水资源紧缺标准(1 000 m^3/人)的1/2,属资源型缺水城市。经分析,现状2010水平年(基准年)合肥市域一般年份($P=50\%$)可基本达到水资源供需平衡;遇中等干旱年份($P=75\%$)出现供需缺口,缺水量为5.77亿m^3;特殊干旱年份($P=90\%$)缺水量激增至15.48亿m^3,供需矛盾尖锐。由于需承载快速增长的区域用水,现状合肥市域当地地表水资源利用率已达60%,河道生态用水逐步被挤占,市域河流、湖泊水生态环境状况堪忧。

根据区域中长期发展战略,至2030年,合肥市将成为安徽省经济增长的核心,市域人口达到1 300万~1 500万人,以占全省约8%的国土面积,承载全省约20%的人口和30%的经济总量,担负引领全省发展的重要任务。区域发展要求和相对薄弱的水资源条件,成为合肥市可持续发展过程中的主要矛盾。

6.6.2.2 基于三次平衡理论的水资源供需平衡分析方法

为充分揭示2030水平年合肥市水资源供需态势,采用基于三次平衡理论的供需平衡分析方法,重点研究区域节流与开源的关系、当地水资源与境外调水的合理利用关系、常规水源与非常规水源的利用关系,识别各类水资源配置工程和措施对区域缺水的缓解作用与程度。

(1)以现状供水能力为基础的一次供需平衡。一次供需平衡分析是基于现状用水水平和供水能力,不考虑新增节水措施的前提下,对未来区域水资源的供需特征进行分析,其目的是找出区域水资源供需中可能发生的最大缺口,为合理配置节水、防污、挖潜及新增供水措施提供基础。一次供需平衡分析的可供水量中,包括利用现有工程调入的境外水量。

(2)以当地水资源承载能力为基础的二次供需平衡。二次供需平衡分析是在一次供需平衡分析的基础上,从需求端通过技术经济可行的各项强化节水措施,抑制不合理的用水增长;从供给端通过现有供水工程的进一步挖潜改造和优化布局,提高非常规水资源特别是再生水利用程度,使一次供需平衡中出现的缺口有所下降,区域水资源供需矛盾得到缓解,同时可适当退减部分挤占的河道生态用水。

(3)以境外调水补充当地水为基础的三次供需平衡。在水资源二次供需平衡分析的基础上,对仍然存在的供需缺口,进一步考虑加大对境外水(包括跨区域和跨流域调水)的利用,对当地水和境外水进行统一配置。在三次供需平衡中,境外调水量的确定充分考虑调出区经济发展和生态环境用水基本需求,与相关调水工程规划布局相衔接。

6.6.2.3 一次供需平衡分析

1. 需水量分析

1)生活需水量

生活需水量采用人均日用水量法进行预测。生活用水定额根据合肥市经济社会发展水平、居民生活水平,在不考虑进一步采取节水措施的情况下,分别拟定各水平年城镇综合生活和农村居民生活用水定额,结合人口预测成果进行生活需水量预测。预测2030年合肥市生活需水量为13.10亿m^3,其中城镇生活需水量为12.26亿m^3,农村生活需水量为0.84亿m^3。

2)工业需水量

一般工业需水量采用万元增加值用水量法进行预测,火电工业采用单位装机容量(万kW)用水量法进行预测。一般工业用水定额根据未来10~20年合肥市工业产业发展规划布局、工业结构调整，在基准年基础上不考虑进一步采取节水措施综合确定规划水平年工业定额。预测2030年，合肥市工业需水量为23.50亿m^3，其中一般工业需水量为22.07亿m^3，火电需水量为1.43亿m^3。

3)农业需水量

农田灌溉需水量根据农田灌溉发展面积和市域各灌区长系列调节计算不同年型的综合灌溉定额确定。林牧渔畜需水包括林果地灌溉、牲畜需水和鱼塘补水。分别依据林果地灌溉面积、牲畜头数和鱼塘补水面积及相应需水定额确定。林果地灌溉采用多年平均定额，鱼塘亩均补水定额根据鱼塘渗漏量及水面蒸发量与降水量的差值加以确定。预测2030年，合肥市多年平均、平水年($P=50\%$)、中等干旱年($P=75\%$)和特殊干旱年($P=90\%$)农业需水量分别为21.54亿m^3、19.37亿m^3、26.58亿m^3和37.72亿m^3，其中多年平均、平水年($P=50\%$)、中等干旱年($P=75\%$)和特殊干旱年($P=90\%$)农田灌溉需水量分别为20.69亿m^3、18.52亿m^3、25.73亿m^3和36.87亿m^3，多年平均林牧渔畜需水量为0.85亿m^3。

4)河道外生态需水量

规划水平年河道外生态需水量中，城镇绿化等以植被需水为主体的生态环境需水量，采用定额预测方法；湖泊、湿地、城镇河湖补水等，以规划水面面积的水面蒸发量与降水量之差为其生态环境需水量。预测2020年，合肥市河道外生态需水量为1.66亿m^3；2030年河道外生态需水量为2.01亿m^3。

预测到2030年，合肥市不同水平年的总需水量见表6-10。

表6-10 不同水平年的需水量 (单位：亿m^3)

水平年	保证率			
	多年平均	$P=50\%$	$P=75\%$	$P=90\%$
基准年	37.58	35.05	43.50	52.36
2030年	60.15	57.98	65.19	76.33

2. 可供水量分析

根据一次供需平衡分析原则，在不考虑对现有工程挖潜和新建供水工程的条件下，至2030年市域多年平均、一般年份、中等干旱年份和特殊干旱年份可供水量分别为36.22亿m^3、38.75亿m^3、38.73亿m^3和37.58亿m^3。规划水平年一次供需平衡可供水量分析成果见表6-11。需要说明的是，在一次供需平衡情景下，可供水量计算未考虑对挤占的河道内生态用水的退还。

3. 一次供需平衡分析结论

即使不考虑河道内生态用水需求，以现状供水能力去应对持续增长的用水需求，合肥市2030水平年多年平均缺水量为23.93亿m^3，中等干旱年增加到26.46亿m^3，在特殊干旱年份，用水缺口进一步增加，达到38.75亿m^3。

表 6-11　不同水平年一次供需分析成果　（单位：亿 m³）

水平年	多年平均		
	需水量	供水量	缺水量
基准年	37.58	35.82	1.76
2030 年	60.15	36.22	23.93
水平年	$P=50\%$		
	需水量	供水量	缺水量
基准年	35.05	35.05	0
2030 年	57.98	38.75	19.23
水平年	$P=75\%$		
	需水量	供水量	缺水量
基准年	43.50	37.73	5.77
2030 年	65.19	38.73	26.46
水平年	$P=90\%$		
	需水量	供水量	缺水量
基准年	52.36	36.88	15.48
2030 年	76.33	37.58	38.75

6.6.2.4　二次供需平衡分析

1. 强化节水模式下的需水量分析

强化节水模式下的需水量分析，即是在充分考虑未来一段时期合肥市居民生活水平提高、产业结构调整以及国民经济各部门节水技术推广与普及情况，按照经济合理、技术可行的原则，在现状用水水平基础上，通过强化节水，压减用水指标，分析支撑合肥市经济社会发展所必需的合理用水量。预测强化节水模式下，2030 水平年合肥市多年平均一般年份、中等干旱年份和特殊干旱年份总需水量分别为 42.82 亿 m³、40.24 亿 m³、45.18 亿 m³ 和 57.77 亿 m³。在强化节水的发展模式下，合肥市 2030 水平年多年平均需水量可较外延式发展模式减少 20% 以上，干旱年份可减少 25% ~30%。

2. 二次供需平衡可供水量

通过现有供水工程的进一步挖潜改造和优化布局，特别是对非常规水源的增加利用，在保障河道内生态用水的基础上，分析至 2030 年市域多年平均、一般年份、中等干旱年份和特殊干旱年份可供水量分别为 31.64 亿 m³、30.77 亿 m³、34.34 亿 m³ 和 36.55 亿 m³。非常规水源利用量由基准年的 0.67 亿 m³ 提高至 2.61 亿 m³，净增加 1.94 亿 m³。在二次供需平衡中，考虑到改善区域河流及湖泊水生态环境的要求，多年平均退还河道内生态用水量为 4.58 亿 m³。

3. 二次供需平衡分析结论

通过强化节水措施的实施以及对当地水源特别是非常规水源利用的挖潜，2030 水平年合肥市域多年平均缺水量降低至 11. 18 亿 m^3，缺水率由一次供需平衡的 39. 8% 降低至 26. 1%，缺水程度有所缓解，但中等干旱年份、特殊干旱年份供需仍有较大缺口，未根本解决区域的供需矛盾。二次供需平衡分析成果见表 6-12。

表 6-12　不同水平年二次供需平衡分析成果　（单位：亿 m^3）

水平年	多年平均		
	需水量	供水量	缺水量
基准年	37. 58	35. 82	1. 76
2030 年	42. 82	31. 64	11. 18
水平年	$P=50\%$		
	需水量	供水量	缺水量
基准年	35. 05	35. 05	0
2030 年	40. 24	30. 77	9. 47
水平年	$P=75\%$		
	需水量	供水量	缺水量
基准年	43. 50	37. 73	5. 77
2030 年	45. 18	34. 34	10. 84
水平年	$P=90\%$		
	需水量	供水量	缺水量
基准年	52. 36	36. 88	15. 48
2030 年	57. 77	36. 55	21. 22

通过二次供需平衡，分析得出在充分考虑节水治污和挖潜当地水源条件下，可承载人口 956. 86 万人、工业增加值 6 331. 10 亿元、农业灌溉面积 33. 65 万 hm^2，相较区域经济社会发展目标，超载人口 443. 04 万人、超载工业增加值 1 511. 90 亿元、超载农业灌溉面积 6. 25 万 hm^2，需由域外调水予以补充，以满足经济社会可持续发展和维护良性生态环境需求。

6. 6. 2. 5　三次供需平衡分析

1. 境外调水工程总体布局

二次供需平衡分析成果显示，仅依靠节水和当地水源挖潜，无法从根本上解决干旱年份合肥市缺水问题，必须依靠境外调水工程补源。根据安徽省水资源配置工程规划布局及淠史杭灌区水量分配方案，合肥市域可利用的境外调水工程包括引江济淮工程、驷马山引江工程等，依托这两项引江工程，可自长江引水入合肥市。此外，规划利用位于相邻六安市淠史杭灌区的龙河口水库向合肥市跨区域调水。

2. 新增调水工程增供水量

(1)引江工程。2030 年依托引江济淮、驷马山引江等工程建设，合肥市多年平均增加供水量6.53亿m^3，一般年份、中等干旱年份和特殊干旱年份分别增加供水量5.20亿m^3、6.73亿m^3和11.57亿m^3。为实现优水优用，保障未来城市用水需求，依托引江工程建设，利用巢湖水源及长江水源置换淠史杭灌区农业用水，释放优质水源供给城市，将农业用水转化为城市用水，2030年可增加供水量2.58亿m^3。

(2)龙河口水库供水工程。2030年龙河口水库多年平均调入合肥市的水量为1.2亿m^3，一般年份、中等干旱年份和特殊干旱年份调入合肥市的水量分别为1.4亿m^3、0.8亿m^3和0.6亿m^3。

3. 三次供需平衡可供水量

在二次供需平衡分析的基础上，通过新建境外调水工程，至2030年市域多年平均、一般年份、中等干旱年份和特殊干旱年份可供水量分别为42.21亿m^3、40.21亿m^3、44.70亿m^3和51.56亿m^3。

4. 三次供需平衡分析结论

在二次供需平衡分析的基础上，通过调水工程建设，至2030年多年平均将新增供水量10.57亿m^3，50%、75%和90%保证率新增供水量9.44亿m^3、10.37亿m^3和15.01亿m^3。预测至2030年，平水年份和中等干旱年份，合肥市可基本实现供需平衡。特殊干旱年份，缺水量也由二次供需平衡情景下的21.22亿m^3降低至6.20亿m^3，缺水率由36.7%下降至10.7%。合肥市不同水平年供需平衡成果见表6-13。

表6-13　不同水平年三次供需平衡成果　　（单位：亿m^3）

水平年	多年平均		
	需水量	供水量	缺水量
基准年	37.58	35.82	1.76
2030年	42.82	42.21	0.67
水平年	$P=50\%$		
	需水量	供水量	缺水量
基准年	35.05	35.05	0
2030年	40.24	40.21	0.03
水平年	需水量	供水量	缺水量
	$P=75\%$		
基准年	43.50	37.73	5.77
2030年	45.18	44.70	0.48
水平年	$P=90\%$		
	需水量	供水量	缺水量
基准年	52.36	36.88	15.48
2030年	57.77	51.56	6.20

思考题

6-1　简述供水量、供水能力的概念,影响供水量的因素有哪些?

6-2　简述需水量的概念,影响需水量的因素有哪些?

6-3　供水量、需水量预测应遵循的原则是什么?

6-4　什么是水资源供需平衡分析?

6-5　可供水量与水资源可利用量的区别是什么?

6-6　水资源供需平衡分析前期需要做哪些工作?

第7章 节约用水

7.1 节水概论

我国是水资源相对短缺的国家,随着人口的增加和社会经济的发展,水资源供需矛盾日益突出,尤其是我国北方地区缺水更为明显,供需矛盾制约了国民经济的发展和人民生活水平的提高,目前,我国还有一些地区人畜饮水问题仍未得到基本解决。因此,在积极开发利用水资源的同时,有计划地合理用水和节约用水,建设节水型的城镇、工业和农业,使有限的水资源发挥最大的效益,是水资源管理中的重要内容。

节约用水是我国的基本国策,这是基于我国是一个水资源相对短缺的国家而制定的。它可以促使各用水单位合理用水和高效用水。节约用水的多少,是衡量一个单位合理用水和经济效益的重要指标。

7.1.1 节水的概念

我国对“节约用水”的内涵具有多种不同的解释。具有代表性的是《城市与工业节约用水理念》对“节约用水”内涵的定义:在合理的生产力布局与生产组织前提下,为最佳实现一定的社会经济目标和社会经济的可持续发展,通过采取多种措施,对有限的水资源进行合理的分配与可持续利用(其中也包括节省用水量)。

“节约用水”的关键在于根据有关的水资源保护法律法规,通过广泛的宣传教育,提高全民的节水意识。引入多种节水技术与措施,采用有效的节水器具与设备,减低生产或生活过程中水资源的利用量,达到环境、生态、经济效益的一致与可持续发展的目标。

综合起来,节约用水可定义为:基于经济、社会、环境与技术发展水平,通过法律法规、管理、技术与教育手段,以及改善供水系统,减少需水量,提高用水效率,降低水的损失与浪费,合理增加水资源可利用量,实现水资源的有效利用,达到环境效益、生态效益、经济效益的一致与可持续发展的目标。

7.1.2 节水的意义

(1)可减少当前和未来的用水量,维持水资源的可持续利用。

(2)节约当前给水系统的运行和维护费用,减少自来水厂的建设数量或建设投资。

(3)减少污水处理厂的建设数量或延缓污水处理构筑物的扩建,使现有系统可以接纳更多用户的污水,从而减少受纳水体的污染,节约建设的资金和运行费用。

(4)增强对干旱的预防能力,短期节水可以带来立竿见影的效果,而长期节水则可大大降低水的消耗且能增长长时期的干旱防御能力。

(5)通过用水审计及其他措施,可以调整地区间的用水差异,避免产生用水不公及用水相关的社会问题,具有一定的社会意义。

(6)对野生生物、湿地和环境美化、维护河流生态平衡等方面产生环境效益。

7.1.3 节水的法律法规

自 20 世纪 60 年代后期,我国部分城市开展节水工作,建立健全的节水法律法规体系,逐步将节约用水纳入法制化轨道。

1973 年,原国家建委发布了关于加强节约城市用水的意见。

1979 年 9 月,第五届全国人民代表大会常务委员会第 11 次会议通过的《中华人民共和国环境保护法》(试行)中规定:"严格管理和节约工业用水、农业用水和生活用水,合理开采地下水,防止水源枯竭和地面沉降。"

1980 年,原国家城市建设总局发布了《城市供水工作暂行规定》,明确供水部门在节约用水中的职责。

1981 年,国务院批转了京津地区用水紧急会议纪要。

1984 年,根据全国第一次城市节水会议精神,国务院颁发了《关于大力开展城市节约用水的通知》,对城市节约用水的管理体制和职责做出具体规定。各省(直辖市、自治区)和许多城市均相继颁布了有关城市节约用水管理办法和城市地下水资源管理办法。

1988 年 7 月 1 日实施的《中华人民共和国水法》明确规定:国家实行计划用水,厉行节约用水。各级人民政府应当加强对节约用水的管理,各单位应当采用节约用水的先进技术,降低水的消耗量,提高水的重复利用率。

1988 年,经国务院批准,建设部发布《城市节约用水管理规定》。这是我国城市建设领域内的一项重要的行政法规。

1990 年 7 月的全国第二次城市节约用水会议,将节约用水作为基本国策。

1995 年,召开第三次全国城市节约用水会议。

1998 年,建设部颁布《中国城市节水 2010 年技术进步发展规划》。

2002 年,《中华人民共和国水法》明确规定:各级人民政府应当推行节水灌溉方式和节水技术,对农业蓄水、输水工程采取必要的防渗漏措施,提高农业用水效率。

2010 年,水利部颁布节水型社会建设"十二五"规划,提出节水型社会建设的目标,到 2015 年,节水型社会建设取得显著成效,水资源利用效率和效益大幅度提高,用水结构进一步优化,用水方式得到切实转变,最严格的水资源管理制度框架以及水资源合理配置、高效利用与有效保护体系基本建立。全国用水总量控制在 6 350 亿 m^3 以内,全国万元 GDP 用水量降低到 105 m^3 以下,比 2010 年下降 30%;农田灌溉水有效利用系数提高到 0.53,农业灌溉用水总量基本不增长;万元工业增加值用水量降低到 63 m^3,比 2010 年降低 30% 以上;全国设市城市供水管网平均漏损率不超过 18%。

在开展节约用水的过程中,各地采取了完善组织机构、制订节水计划、下达用水指标,重点抓工业企业节约用水等行政措施,确保水资源的合理调配和利用。把节约用水作为一项国策,把节水意识与社会经济可持续发展密切结合起来。推动水资源的市场化,大力提倡污水资源化,加大农业、工业和生活等方面的节水科技投入,积极完善节水理论,推广行之有效的节水技术与措施。

7.2　节水目标与措施

7.2.1　节水目标

在现状用水和节水水平综合评价的基础上，综合考虑水资源条件、供需发展趋势、经济社会发展水平等因素，提出不同水平年的节水目标。要充分利用已有的研究成果与资料和有关规划成果，并按照国家有关政策和规定及各地的实际制定合理的节水目标。

根据有关政策及规划，我国用水总量控制目标及主要发展目标如下。

7.2.1.1　总量控制目标

国家对用水实行总量控制和定额管理相结合的制度。不同水平年节水总体目标要按照水资源供需协调、综合平衡、保护生态、厉行节约、合理开源的原则制定。未来工业用水增长的一半靠节水解决；在全国农田灌溉用水量基本不增加的情况下，要求农业灌溉发展主要靠节水解决；要求生活用水发展控制在与经济发展水平和生活水平相适应的用水标准内。各流域、各省（自治区、直辖市）的节水力度也要与开源协调，按供需平衡要求提出总量控制目标，并进一步把控制目标分解到地区和各用水部门。

7.2.1.2　主要发展目标

要在全国建成健全的节水管理体系、法制体系和技术推广服务体系，建立起适应社会主义市场经济体制的节水运行机制和节水产业，全民节水意识普遍得到增强。节水灌溉农田工程达到《节水灌溉技术规范》（SL 207—98）要求，其他农田用水效率也有较大幅度的提高；工业主要用水行业按节水型企业进行改造，达到节水目标；全国城镇生活用水和服务业用水基本使用节水器具和设备；生态用水得到较大改善；建立用水总量控制与定额管理相结合的节水管理体制；水资源紧缺地区城市达到节水型标准，初步建成节水型社会。

农业节水近期重点对大型灌区进行以节水为中心的改造与续建配套，建设节水增效示范项目和节水增效示范县、市；中期在全国灌溉总用水量基本不增加的情况下，进一步提高灌溉水利用系数，适度新增节水灌溉面积。

工业节水的重点行业是火力发电、化工、造纸、冶金、纺织、水泥、食品等。在工业增加值继续增长情况下，通过产业结构战略调整和企业技术改造，控制用水量的增长。重点提高工业用水重复利用率，减少万元工业产值用水量。

城镇生活节水的重点是推广节水器具和减少输配水、用水环节的跑、冒、滴、漏，使城市节水水平有明显提高。

各地区可参照上述全国节水发展的总体目标，以及各部门节水发展目标和区域或地区节水发展目标，按照全国水资源综合规划的总体思路，遵循水资源高效利用的原则，在对各地的水资源、经济发展、节水措施等因素分析的基础上，结合现状节水能力，确定节约用水的基本原则，提出各类用水户不同发展时期的节水目标。

7.2.2　节水措施

在现状用水和节水水平综合评价的基础上，结合计算分区的水资源条件、供需发展趋势、经济社会发展水平等综合因素，按照因地制宜、突出重点、注重实效的原则，确定节水工作的重点以及需采取的主要节水措施。节水措施包括工程措施和技术、经济、管理等非工程措施。

7.2.2.1　农业节水措施

1. 喷灌节水技术

喷灌是把有压力的水通过装有喷头的管道喷射到空中形成水滴洒到田间的灌水方法，这种灌溉方法比传统的地面灌溉节水30%～50%，增产20%～30%，具有保土、保水、保肥、省工和提高土地利用率等优点。喷灌在使用过程中不断改进，喷灌节水设备已从固定式发展到移动式，提高了喷灌的适应性。

2. 滴灌节水技术

滴灌是利用塑料管道（滴灌管）将水通过直径约10 mm毛管上的孔口或滴头送到作物根部进行局部灌溉。滴灌几乎没有蒸发损失和深层渗漏，在各种地形和土壤条件下都可使用，最为省水。试验结果表明，滴灌比喷灌节水33.3%、节电41.3%，比畦灌节水81.6%、节电85.3%，与大水漫灌相比，一般可增产20%～30%，因此滴灌发展较快。

3. 微灌节水技术

微灌是介于喷灌、滴灌之间的一种节水灌溉技术，它比喷灌需要的水压力小，雾化程度高，喷洒均匀，需水量少。喷头也不像滴灌管那样易堵塞，但出水量较小，适用于缺水地区蔬菜、果木和其他经济作物灌溉。

4. 渗灌节水技术

渗灌是利用埋设在地下的管道，通过管道本身的透水性能或出水微孔，将水渗入土壤中，供作物根系吸收，这种灌溉技术的适用条件是地下水位较深，灌溉水质好，没有杂物，暗管的渗水压强应和土壤渗吸性相适应，压强过小则出水慢，不能满足作物需水要求；压强过大则增加深层渗漏，达不到节水的目的。常用砾石混凝土管、塑料管等作为渗水管，管壁有一定的孔隙面积，使水流通过渗入土壤。渗灌比地面灌溉省水省地，但因造价高、易堵塞和不易检修等，所以发展较慢。

5. 渠道防渗

渠道防渗不仅可以提高流速，增加流量，防止渗漏，而且可以减少渠道维修管理费用。渠道防渗方法有两种：一是通过压实改变渠床土壤渗透性能，增加土壤的密实度和不透水性；二是用防渗材料如混凝土、塑料薄膜、砌石、水泥、沥青等修筑防渗层。混凝土衬砌是较普遍采用的防渗方法，防渗防冲效果好，耐久性强，但造价高。塑料薄膜防渗效果好，造价也较低，但为防止老化和破损，需加覆盖层，在流速小的渠道中，加盖30 cm以上的保护土层；在流速大的渠道中，加混凝土保护。防渗渠道的断面有梯形、矩形和U形，其中U形混凝土槽过水流量大，占地少，抗冻效果好，所以应用较多。

6. 塑料管道节水技术

塑料管道有两种：一种是适用于地面输水的软塑管道，另一种是埋入地下的硬塑管道。地面管道输水有使用方便、铺设简单、可以随意搬动、不占耕地、用后易收藏等优点，最主要的是可避免沿途水量的蒸发渗漏和跑水。据实测，水的有效利用率为98%，比土渠输水节省30% ~36%。地下管道输水灌溉具有技术性能好、使用寿命长、节水、节地、节电、增产、增效、输水方便等优点。塑料管材的广泛应用，可以有效节约水资源，为增产增收提供了可靠的保证。

我国目前灌溉面积占总耕地面积的比例不足50%，灌溉水利用率低，不到50%，而先进国家达到70% ~80%。我国1 m^3 的水粮食生产能力只有1.2 kg左右，而先进国家为2 kg，以色列达2.32 kg。全国节水灌溉工程面积占有效灌溉面积的1/3，采用喷灌、滴灌等先进节水措施的灌溉面积仅占总灌溉面积的4.6%，而有些发达国家占灌溉面积的80%以上，美国占50%。国内防渗渠道工程仅占渠道总长的20%。由此可以看出，我国农业节水技术水平还比较低，农业节水潜力很大。

7.2.2.2 工业节水措施

工业用水需求呈增长趋势将进一步凸现水资源短缺的矛盾。目前，我国工业取水量约占总取水量的1/4，其中高用水行业取水量约占工业总取水量的60%。随着工业化、城镇化进程的加快，工业用水量还将继续增长，水资源供需矛盾将更加突出。

为加强对水资源的管理，近年来，我国颁布了《工业节水管理办法》，规范企业用水行为，将工业节水纳入了法制化管理。编制了《全国节水规划纲要》(2001 ~2010)、《中国节水技术政策大纲》、《重点工业行业取水指导指标》、《节水型企业评价导则》(GB/T 7119—2006)、《用水单位水计量器具配备和管理通则》(GB 24789—2009)、《企业水平衡测试通则》(GB/T 12452—2008)、《企业用水统计通则》(GB/T 26719—2009)等文件；颁布了火力发电、钢铁、石油、印染、造纸、啤酒、酒精、合成氨、味精九个行业的取水定额；加大了以节水为重点的结构调整和技术改造力度。根据国内各地水资源状况，按照以水定供、以供定需的原则，调整了产业结构和工业布局。缺水地区严格限制新上高取水工业项目，禁止引进高取水、高污染的工业项目，鼓励发展用水效率高的高新技术产业，围绕工业节水发展重点，在注重加快节水技术和节水设备、器具及污水处理设备的研究开发的同时，将重点节水技术研究开发项目列入了国家和地方重点创新计划和科技攻关计划，一些节水技术和新设备得到了利用。

工业节水措施主要可以分为如下三种类型。

1. 调整产业结构，改进生产工艺

加快淘汰落后高用水工艺、设备和产品。依据《重点工业行业取水指导指标》，对现有企业达不到取水指标要求的落后产品，要进一步加大淘汰力度。大力推广节水工艺技术和设备。围绕工业节水重点，组织研究开发节水工艺技术和设备，大力推广当前国家鼓励发展的节水设备(产品)，重点推广工业用水重复利用、高效冷却、热力和工艺系统节水、洗涤节水等通用节水技术和生产工艺，重点在钢铁、纺织、造纸和食品发酵等高耗水行业推进节水技术。

2. 提高工业用水重复利用率，加强非常规水资源利用

工业用水重复利用率是反映工业用水效率的重要指标。发展工业用水重复利用技术、提高工业用水重复利用率是当前工业节水的主要途径。发展重复用水系统，淘汰直流

用水系统，发展水闭路循环工艺、冷凝水回收再利用技术、节水冷却技术。工业冷却水用量占工业用水量的80%以上，取水量占工业取水量的30%～40%，发展高效节水冷却技术、提高冷却水利用效率、减少冷却水用量是工业节水的重点之一。

加强海水、矿井水、雨水、再生水、微咸水等非常规水资源的开发利用。在不影响产品质量的前提下，靠近海边的钢铁、化工、发电等工厂可用海水代替淡水冷却。海滨城市也可将海水用于清洁卫生。我国工业用水中冷却水及其他低质用水占70%以上，这部分水可以用海水、苦咸水和再生水等非传统水资源替代。积极推进矿区开展矿井水资源化利用，鼓励钢铁等企业充分利用城市再生水。支持有条件的工业园区、企业开展雨水集蓄利用。

3. 加强企业用水管理

加强企业用水管理是节水的一个重要环节。只有加强企业用水管理，才能合理使用水资源，取得增产、节水的效果。工业企业要做到用水计划到位、节水目标到位、节水措施到位、管水制度到位。积极开展创建节水型企业活动，落实各项节水措施。

企业应健全用水管理制度，健全用水管理机构，进行节水宣传教育，实行分类计量用水并定期进行企业水平衡测试，按照《节水型企业评价导则》（GB/T 7119—2006），对企业用水情况进行定期评价与改进。

7.2.2.3　城市节水措施

1. 加强城市节水管理

1）建立节水创新管理体系

各地区应建立统一的水管理机构，负责统筹管理城市（或流域）范围内的给水排水循环系统，使得城市水系统能良性循环；健全节约用水法规体系，加强法制管理；建立科学的节水管理模式，制订严格、合理的考核指标，使节水工作得以有效进行。

2）做好节水宣传教育

通过宣传教育，使全社会均有节水意识，人人参与到节水行动中，养成节约用水的好习惯。节水宣传教育首先要改变传统的用水观念，建立可持续发展的用水理念。充分认识到地球上的水资源是有限的，并非“取之不尽，用之不竭”的；水是有价值的资源，维持水的健康社会循环，才能实现水资源的可持续利用。让人们认识到节约用水是解决水资源短缺的有效途径之一，具有十分重要的意义。

3）建立多元化水价体系

水资源具有使用价值，能满足人们生产及生活的需要，通过合理开发和利用水资源，能促进社会经济发展。水资源属国家所有，绝大部分水利设施为国有资产。因此，水资源对使用者而言是一种特殊商品，应有偿使用。目前，我国的水价主要采用行业固定收费法，即相同用水对象水价固定不变，不随用水量而变化，且水价低于制水成本，背离价值。这样就会造成水资源浪费，无法实现水资源可持续利用。所以，必须进行水价改革，建立一种科学的、适应市场经济的水价管理体系，建立多元化水价体系。

（1）因地制宜，采用丰枯年际浮动水价或季节浮动价格。季节浮动水价即根据需水量调整价格，需水量大的季节水价高，需水量小的季节水价低。年际浮动水价即根据不同年的水资源实际情况调整水价，丰水年水价低，枯水年水价高。一般情况下，居民夏季用水会高于冬季15% ~20%。因此,夏季提高单位水价会促使用户节约用水,缓解用水高峰期供需矛盾。

(2)实行累进递增式水价。以核定的计划用水为基数,计划内实行基本水价,当用水量超过计划指标时,其超过部分水量实行不同等级水价,超出越多水价越高,以价格杠杆促进水资源的优化配置。这种以低价供应的定额水量,保证了用户基本用水需求,但又不会造成很重的负担;而对超量部分实行高价,能够很好地实现节水目的。

(3)不同行业采用不同的水费标准,以节约用水。对市政用水、公共建筑用水,取低费率,实行累进递增收费制;对工业企业,提高其用水的水费基准,以增加水在成本费中的构成比例,促进工业节水;对服务行业用水,取高费率,实行累进递增收费制。

(4)增加工业和生活排污费用。根据水的健康可持续循环理念,在自来水水价之中必须包括污水排放、收集和处理的费用。自来水价格应按照商品经济规律定价,即包括给水工程和相应排水工程的投资与经营成本以及企业盈利部分。这样从经济上保证了水的社会循环呈良性发展,保护天然水环境不受污染和水资源可持续利用。

2. 应用节水型器具

节水型器具设备是指与同类型器具相比具有显著节水功能的用水器具设备或其他检测控制装置。节水型器具设备具有使用方便、长时间内免除维修、较传统用水器具能明显减少用水量等特征。

节水型器具设备的种类很多,主要包括节水型阀门类,节水型淋浴器类,节水型卫生器具类,水量、水压控制类及节水装置设备类等。据统计,节水型器具设备的应用能够降低城市居民生活用水量的32%以上。

3. 推广城市管网减少漏损量技术

我国城市普遍管网漏损率较大,减少城市管网的漏损量对节水工作具有重要意义。城市管网的漏损量减少应该从以下两个方面开展工作。

1)给水管材选择

作为供水管道,应满足卫生、安全、节能、方便的要求。目前使用的给水管材主要有四大类。第一类是金属管,如钢管、球墨铸铁管、不锈钢管等。第二类是混凝土管材,如预应力钢筋混凝土管材。第三类是塑料管,如高密度聚乙烯管(HDPE)、聚丙烯管(PP)、交联聚丙烯高密度网状工程塑料(PP - R)、玻璃钢管(GPR)。第四类是金属 - 塑料复合管材,如塑复钢管、铝塑复合管、PE 衬里钢管等。据统计,金属管材中,球墨铸铁管事故率最低,其机械性能高,强度、抗腐蚀性能远高于钢管,承压大,抗压、抗冲击性能好,对较复杂的土质状况适应性较好,是理想的管材。非金属管材中,预应力钢筋混凝土管事故率较低。给水塑料管,如应用较广 HDPE 管材,PP - R 管具有优良的耐热性及较高的强度,而且制作成本较低,采用热熔连接,施工工艺简单,施工质量容易得到保证,抗震和水密性较好,不易漏水。目前市场上应用广泛。

2)加强漏损管理

加强漏损管理,即应进行管网漏损检测和管道漏损控制。目前,管道检漏主要有音听检漏法、区域装表法及区域检漏法。管道漏损的控制一般采用被动检修及压力调整法。

4. 开展建筑节水技术

建筑给水系统是将城镇给水管网或自备水源给水管网的水引入室内,将室内给水管输送至生活、生产和消防的用水设备,并能满足各用水点对水量、水质及水压的要求。

建筑节水工作涉及建筑给水排水系统的各个环节,应从建筑给水系统限制超压出流、热水系统的无效冷水量及建筑给水系统二次污染造成的水量浪费三个方面着手,实施建筑中水回用;同时,应合理配置节水器具和水表等硬件设施。只有这样才能获得良好的节水效果。

1)建筑给水超压出流的防治

当给水配件前的静水压力大于流出水头,其流量就大于额定流量。超出额定流量的那部分流量未产生正常的使用效益,是浪费的水量。由于这种水量浪费不易被人们察觉和认识,因此可称为隐形水量浪费。为减少超压出流造成的隐形水量浪费,应从给水系统的设计、安装减压装置及合理配置给水配件等多方面采取技术措施。

2)建筑热水供应节水措施

随着人民生活水平的提高和建筑功能的完善,建筑热水供应已逐渐成为建筑供水不可缺少的组成部分。据统计,在住宅和宾馆用水量中,淋浴用水量分别占30%和75%左右。而各种热水供应系统,大多存在着严重的水量浪费现象,例如一些太阳能热水器等装置开启热水后,往往要放掉不少冷水后才能正常使用。这部分流失的冷水,未产生使用效益,可称为无效冷水,也就是浪费的水量。

所以新建建筑热水系统应根据规范要求和建筑物的具体情况选用支管循环或立管循环方式;对于现有定时供应热水的无循环系统进行改造,增设热水回水管;选择性能良好的单管热水供应系统的水温控制设备,双管系统应采用带恒温装置的冷热水混合龙头。

3)建筑给水系统二次污染的控制技术

建筑给水系统二次污染是指建筑供水设施对来自城镇供水管道的水进行储存、加压和输送至用户的过程中,由于人为或自然的因素,水的物理、化学及生物学指标发生明显变化,水质不符合标准,使水失去原有使用价值的现象。

建筑给水系统二次污染不但影响供水安全,也造成了水的浪费。为了防止水质二次污染,节约用水,目前主要采取的措施有在高层建筑给水中采用变频调速泵供水,生活与消防水池分开,设置严格执行设计规范中有关防止水质污染的规定;水池、水箱定期清洗,强化二次消毒措施,推广使用优质给水管材和优质水箱材料,加强管材防腐。

4)大力发展建筑中水设施

中水设施是将居民洗脸、洗澡、洗衣服等洗涤水集中起来,经过去污、除油、过滤、消毒、灭菌处理,输入中水回用管网,以供冲厕、洗车、绿化、浇洒道路等非饮用水之用。中水系统回用1 m^3 水,等于少用1 m^3 自来水,减少向环境排放近1 m^3 污水,一举两得。所以,中水回用系统已在世界许多缺水城市广泛采用。

7.3 节水指标与潜力

7.3.1 节水指标与标准

节水标准要具有先进性、合理性、指导性，且在未来的经济发展条件下通过一定的努力可以实现。节水指标与标准是在现状用水调查和各部门与各行业用水定额、用水效率指标分析的基础上，综合考虑当地水资源条件、经济社会发展状况、管理水平、技术水平及水价影响等因素，参考国内外(水资源条件和经济发展水平相近者)先进用水水平的指标与参数，通过技术、经济比较，统筹需要与可能，因地制宜，注重实效，合理确定各地区节水目标与主要指标及其适用范围。

城镇生活节水一般是集中供水和取用，因此其节水重点是减少水在输送过程中的损失，以及在使用过程中的浪费。城镇生活节水主要体现在通过提高水价和节水器具的普及程度、减少损失、增强节水意识等，将用水量和用水定额控制在与经济社会发展水平和生活条件改善相适应的范围内，可以行政区为单位，分析各类城市及城镇要求达到的生活用水定额、城市最小可能管网漏失率等。

工业节水主要通过调整工业布局和产业结构、节水技术开发、节水工艺和设备改造以提高重复利用率，以及调整水价等，控制取用水量不合理的增长，特别要注重限制高耗水项目，淘汰高耗水工艺和设备。建筑业及商饮业、服务业节水主要是减少水的浪费和损失。工业节水指标要求按水(核)电、冶金、石化、纺织、造纸及其他一般工业划分，包括节水定额、各行业要求达到的最佳用水重复利用率等，按行政区分类分析确定节水指标。

农业节水主要通过灌区节水改造，发展节水灌溉面积，调整作物种植结构，通过减少粮食与经济作物的协调搭配，达到节水与效益双赢的目的；加强输配水调控和田间防渗工程建设，努力提高灌溉水利用系数；提倡科技种田，提升作物水分生产率。农业节水指标要求按水稻、小麦、玉米、棉花、蔬菜、油料等主要作物以及林果场、草场划分，提出包括高水平节水条件下的灌溉定额，可能达到的最高灌溉水利用系数(分井灌区、渠灌区、井渠混合灌区)，牲畜、渔业节水定额等。农业节水指标按省级行政区分不同类型区域分析确定。

建筑业及商饮业、服务业节水指标，按行政区分类分析建筑业及商饮业、服务业节水定额，确定其相应的节水指标。

7.3.2 节水潜力

由于人口的急剧增长和城市化、工业化及灌溉对水资源的需求日益增长，有限的可利用水资源量已不能满足人类的需求，水资源的供需出现矛盾，特别是当人类在花费了大量的人力、物力和财力而只能获取少量的可利用水量的时候，节水就开始变得越来越现实、迫切和有效益。但节水不同于开源，节水与不同社会发展时期的经济、技术条件以及人们的用水观念密切相关，因而节水潜力也只是一个一定时期的相对数量。目前，中国的水资源潜力主要包括农业节水和工业节水以及生活用水节水三个方面。

节水潜力是以各部门和各行业（或作物）通过综合节水措施所达到的节水指标为参照标准，分析现状用水水平与节水指标的差值，并根据现状发展的实物量指标计算可能最大的节水数量。

我国在工业、农业、城市等领域遵循“节约用水、分质供水、综合利用、开源节流”的用水节水方针。节约用水、高效用水是缓解水资源供需矛盾的根本途径。节约用水的核心是提高用水效率和效益。我国用水浪费严重，用水指标距世界先进水平还有较大差距，节水潜力还很大。

7.3.2.1　我国农业节水现状与节水潜力

农业节水是指采用节水灌溉方式和节水技术对农业蓄水、输水工程采取必要的防渗措施，对农田进行必要的整理，提高农业用水效率。

农业用水主要是指种植业灌溉、林业、牧业、渔业以及农村人畜饮水等方面的用水，其中种植业灌溉占农业用水量的 80% 以上。

我国农业灌溉方式落后，用水量大，浪费严重。据 2014 年《中国水资源公报》报道，2014 年全国总用水量 6 095 亿 m^3。其中，农业用水占 63.5%，耕地实际灌溉亩均用水量为 402 m^3，农田灌溉水有效利用系数为 0.530，而世界先进水平为 0.7 ~ 0.8。如果灌溉水利用率提高 10% ~ 15%，每年可减少灌溉用水量 600 亿 ~ 800 亿 m^3。

近年来，通过节水灌溉工程建设，我国农田灌溉水有效利用系数由“八五”末的不足 0.40 提高到 2014 年的 0.530。通过节水工程措施、管理措施以及农艺措施，全国形成了约 300 多亿 m^3 的年节水能力，有效缓解了全国水资源的供需矛盾。

输水损失是农业灌溉用水损失中的主要部分，绝大部分消耗于渠系渗漏。美国输水损失约占引水量的 22%，日本占 39%，而我国有些地区的平均输水损失高达 67%。

尽管我国农业用水所占比重近年来明显下降，但农业仍是我国的第一用水大户。全国 2/3 的灌溉面积上灌水方法十分粗放，灌溉水利用率低，浪费了大量水资源。因此，推广农业科学灌溉和节水技术是当前我国节水的潜力所在。

7.3.2.2　我国工业节水现状与节水潜力

工业用水主要包括冷却用水、热力和工艺用水、洗涤用水、锅炉用水、空调用水等。工业节水是指采用先进技术、工艺设备，降低单位产品耗水量，增加循环用水次数，提高水的重复利用率，提高工业用水效率。

工业节水是城市节水的重点，2014 年我国工业用水占总用水量的 22.2%。据《中国水资源公报》，2000 年我国万元工业增加值用水量为 288 m^3/万元，2010 年已降至 90 m^3/万元，2014 年为 59.5 m^3/万元。

从整体分析来看，万元工业增加值用水量呈下降趋势，与近年来我国大力推行节水政策、有效落实节能减排等工作有关，但与发达国家的 20 ~ 30 m^3/万元相比还有很大差距。我国浪费水的现象仍然存在，就工业产品单位耗水量而言，我国与国外先进指标差距很大。以用水量较多的冶金工业为例，国外每吨消耗水量的先进指标为 4 ~ 10 m^3，而一般国内钢铁企业要比先进的国外指标高出 2 ~ 5 倍。国外先进大电厂耗水指标每度电为 3 L，而我国大电厂耗水一般要高出 2 ~ 3 倍。我国生产 1 t 啤酒一般耗水 20 ~ 60 m^3，而国外先进水平低于 10 m^3。因此，我国的工业节水还有很大潜力。

7.3.2.3 城镇生活节水现状与节水潜力

随着社会的进步，生活用水量在逐年提高。据2007年世界银行相关数据统计，高收入国家生活用水量约占淡水消费量的15%，低收入国家生活用水量约占淡水消费量的5.3%，世界生活用水量占淡水消费量的10%，我国生活用水量占淡水消费量的6.6%。2010年我国的生活用水量已上升到12.7%。另外，2014年全国总用水量6 095亿m^3。其中，生活用水占总用水量的12.6%，城市生活节水已势在必行。

城镇生活用水包括城镇居民生活用水和市政公共用水。我国城镇供水管网中的“跑、冒、滴、漏”现象严重。其中，每年因城镇供水管网漏损的水量为最大，按照我国相关规定，管网漏损率应控制在12%左右。目前，全国有一半以上的城市供水管网漏损率高于国家标准规定值，年漏损水量达60亿m^3，而日本、美国等先进国家漏损率仅为8%～10%。

生活节水器具的使用可以节约用水。节水器具包括节水便器、节水淋浴器和节水水龙头等。与普通用水器具相比，节水便器及节水淋浴器可节水20%～35%，节水水龙头可节水10%。

据有关部门分析预测，如采取节水措施，强力推行节水卫生器具，尤其对洗车行、浴场、市政公共用水等大型场所中配合节水器具设备使用，合理利用雨水和再生水资源，同时辅以水价调控，发挥经济杠杆作用，有望在现有基础上节约城市生活用水量的1/3～1/2。

7.4 节水评价

节水水平与效果可通过节水评价来反映。节水评价主要评估工业用水、农业用水、生活用水和公共供水的水资源节约程度及效率水平，包括万元工业增加值用水量相对值、农田灌溉水有效利用系数、生活节水器具普及率、公共供水管网漏损率4项通用指标。

7.4.1 万元工业增加值用水量相对值

万元工业增加值用水量相对值指区域万元工业增加值用水量与当年全国万元工业增加值用水量（均采用当年价计算）的比值，按式（7-1）计算：

$$W_{工相对} = \frac{W_{工区域}}{W_{工平均}} \times 100\% \tag{7-1}$$

式中 $W_{工相对}$——万元工业增加值用水量相对值；

$W_{工区域}$——区域万元工业增加值用水量；

$W_{工平均}$——当年全国万元工业增加值用水量。

7.4.2 农田灌溉水有效利用系数

农田灌溉水有效利用系数指田间实际净灌溉用水总量与毛灌溉用水总量的比值，按式（7-2）计算：

$$\rho = \frac{W_{实灌}}{W_{毛灌}} \times 100\% \tag{7-2}$$

式中　ρ——农田灌溉水有效利用系数；

$W_{实灌}$——田间实际净灌溉用水总量；

$W_{毛灌}$——毛灌溉用水总量。

注：农田灌溉水有效利用系数的具体计算方法参照《全国农田灌溉水有效利用系数测算分析技术指导细则》。

7.4.3　生活节水器具普及率

生活节水器具普及率指公共设施和居民生活使用节水器具的数量比例，按式(7-3)计算：

$$R_{具} = \frac{J_{节}}{J_{总}} \times 100\% \tag{7-3}$$

式中　$R_{具}$——生活节水器具普及率；

$J_{节}$——公共设施和居民生活节水器具使用数量；

$J_{总}$——公共设施和居民生活总用水器具数量。

注：节水器具指达到《水嘴用水效率限定值及用水效率等级》(GB 25501—2010)、《坐便器用水效率限定值及用水效率等级》(GB 25502—2010)、《小便器用水效率限定值及用水效率等级》(GB 28377—2012)、《淋浴器用水效率限定值及用水效率等级》(GB 28378—2012)、《便器冲洗阀用水效率限定值及用水效率等级》(GB 28379—2012)、《蹲便器用水效率限定值及用水效率等级》(GB 30717—2014)中各种用水器具节水评价值的用水器具。

7.4.4　公共供水管网漏损率

公共供水管网漏损率指公共供水企业产水总量与收费水量之差占产水总量的比例，按式(7-4)计算：

$$R_{管} = \frac{W_{产} - W_{收}}{W_{产}} \times 100\% \tag{7-4}$$

式中　$R_{管}$——公共供水管网漏损率；

$W_{产}$——公共供水企业产水总量；

$W_{收}$——收费水量。

7.5　节水方案与投资

7.5.1　节水方案的拟订

节约用水是水资源配置过程中要考虑的重要环节。节水方案应与需水预测成果相对应，同时要为水资源配置提供多种可供选择的节水方案和有关技术经济参数，供比较分析，应在确定不同水平年节水目标、落实节水措施的基础上制订节水方案。根据估算的节水潜力以及各水平年水资源供需分析反馈的缺水状况，拟订逐步加大节水投资和力度的节水方案，明确分阶段采取的节水措施及其相应的技术、经济指标，估算各计算分区不同水平年各部门的节水量，并依据水资源需求预测的结果，确定合理抑制需求、减少需水量的新方案，供进一步进行供需分析和水资源配置选用。在水资源紧缺地区，水资源供需分析和合理配置，需要进行多次反馈的动态分析，以水资源配置最终确定的供需基本达到平衡所采用的节水方案作为推荐方案。

区域节水涉及农业、工业、生活等多个部门，节水方案实则是不同部门各种节水方案的组合结果，在需水预测分析中，考虑到地区的具体情况和不同时期经济发展的特点，针对不同时期的节水目标，采取适宜的各项工业、农业和生活等节水措施，在此情景下进行需水定额确定和需水量预测分析，因此对工业、农业、生活需水的计算实际上蕴涵了相应的节水措施，这些方案组合交叉便形成了方案集，可见节水方案的拟订是与需水预测相对应的。

通常，节水方案包括三类：第一类是基本方案，与需水预测的“基本方案”相应，是指现状节水力度水平下的方案；第二类是弱节水方案，此类方案是根据估算的节水潜力以及各水平年水资源供需分析反馈的缺水状况，在基本方案的基础上，逐步拟订加大节水投资和力度的节水方案，明确相应的节水措施及其技术经济指标，估算各计算分区不同水平年各部门的节水量，供进行供需分析和水资源配置选用，因此该方案数目可能不止一个，所以也可能是方案集；第三类是强化节水方案，强化节水方案为在经济合理、技术可行的条件下，增加节水投入力度的方案（此方案应与水资源配置的推荐方案相一致）。它是由供需分析反馈而来，与节水措施、效果、投入相联系，供合理配置选用。《全国水资源综合规划技术细则》将节水方案各项内容的相关关系及水资源配置、需水预测等的联系表述如图 7-1 所示。

7.5.2　节水投资

节水投资估算不仅包括节水工程的投资，还应包括采取非工程措施需要的投资。应按不同发展时期，估算总投资及各类措施的投资。分析其发展机制以及分期实施意见。

7.5.2.1　重点工程

农业节水工程投资依据农业相关规划，投资重点包括大中型灌区、小型灌区、井灌区节水改造，节水灌溉示范，雨水集蓄与旱作节灌示范以及养殖业节水示范等，以国家投资为主。

工业节水工程投资依据相关行业已经完成的节水改造工程单方节水投资估算，分析总投资，明确投资资金来源。投资以企业为主，地方政府给予适当补贴。

城镇生活节水工程中，管网改造工程投资依据管网改造投资标准计算，原则上以地方政府投资为主；节水器具投资可按照市场价格和每种器具的普及率提高数以及城市人口、户数等，分别按公共用水器具和家庭用水器具进行估算，其中公共用水器具投资以地方政府投资为主，居民用水器具以居民自购为主，学校、生活小区、机关、服务业投资亦以自筹为主，地方政府可进行必要的补贴，补贴比例由各级地方政府自行制定。

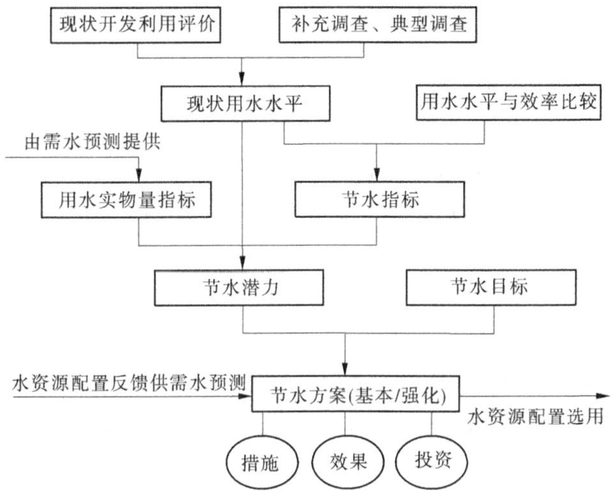

图 7-1 节约用水各项内容相互关系框图

非常规水源利用工程投资可参照近几年已建的不同水源、不同规模工程的单方节水投资进行估算,其中再生水利用工程投资不应计算污水前期处理投资,仅计算深度处理及回用管网建设投资。各级政府应设立非常规水源利用专项资金,并制定投融资激励政策,吸引外资,鼓励企业投资。

能力建设工程投资参照近几年部分已建工程分析计算,以地方政府投资为主,国家给予适当补贴。

7.5.2.2 节水示范工程

节水示范工程中农业节水工程以相关规划投资为主,要对农业节水示范工程的项目制定激励政策,并适当给予补助和奖励,切实将节水与农民的增产、增收有机结合起来,积极探索解决农业节水驱动力问题。

工业节水工程和节水型生活服务业节水示范工程地方政府应予适当补贴,对于国家级节水示范工程,国家给予适当补贴。

每一项工业和节水型生活服务业节水示范工程,应在 1 ~ 2 年时间内完成,要统筹规划工程建设时间,国家补贴按规划建设年度下发。

7.6 应用实例

根据前述内容,以深圳市为例,介绍深圳市节约用水规划实例,限于篇幅,本实例主要反映编制节约用水规划的基本思路与方法步骤,具体计算过程从略。

7.6.1 深圳市水资源开发利用现状

深圳市境内虽然河流众多,但集水面积都不大,大于 100 km^2 的河流只有深圳河、茅洲河、观澜河、龙岗河和坪山河 5 条,称为深圳五大河,均受不同程度的污染,水质劣于国家地表水 V 类标准，主要污染物是氨氮、总磷和五日生化需氧量，均已不能作为饮用水水源。

本地蓄水水源主要由中、小型水库组成，全市总库容约 5.85 亿 m^3，控制流域面积约为 558 km^2。

估算全市地下水可开采资源量为 0.65 亿 m^3/a。

深圳市城市供水水源主要依赖于境外的东深对港供水工程和东江廉福地取水水源工程。

7.6.2 供水现状

至 2005 年底，深圳市共有供水企业 26 家，已建水厂 59 座，设计生产能力 573.3 万 m^3/d，2005 年全年统计供水量为 139 487 万 m^3，其中特区 52 700 万 m^3、宝安区 49 603 万 m^3、龙岗区 37 184 万 m^3。

7.6.3 用水现状及分析

深圳市各行业用水现状比例见表 7-1。

表 7-1 分类用水比例 （%）

居民用水	工业用水	公共用水	农业用水景观	补水总用	合计
37.87	31.07	24.64	5.92	0.5	100

7.6.3.1 农业用水现状

深圳市于 2005 年底已实行城市化，但是还存在少量农业。农业以蔬菜、水果种植和水产养殖为主，农业用水用于种养业方面，其中又以蔬菜种植的用水为主。

7.6.3.2 生活用水现状及分析

1. 生活用水现状

2005 年对深圳市一些典型小区进行了调查，特区内人均居民生活用水量为 175 L/d。宝安、龙岗两区的人均居民生活用水量在 152 L/d 左右。全市人均居民生活用水量为 165 L/d。

2. 生活用水分析

深圳特区人均居民生活用水量为 175 L/d，居民生活用水定额高于全国平均及缺水地区水平，与南方发达地区及欧洲等国水平基本相当。

深圳市目前实行阶梯式的水价收费体制，水价划分的用水量标准分别为"≤22 m^3/月""23～30 m^3/月""≥31 m^3/月"。深圳市居民用水量用户比例情况见表 7-2。

表 7-2 深圳市居民用水量用户比例情况 （%）

用水标准	≤22 m^3/月	23～30 m^3/月	≥31 m^3/月
比例	75	18	7

从表7-3看到，深圳特区的综合生活用水量高于南方特大城市的平均水平。

表7-3 深圳特区人均综合生活用水量 （单位：L/d）

项目	现状		
	特区内	深圳市	南方特大城市
人均综合生活用水量	304	282	290

7.6.3.3 工业用水现状及分析

1. 工业用水现状

2003年深圳市工业取水量为4.478亿 m^3，工业总产值为5 613.59亿元（现价），万元工业产值取水量为7.98 m^3/万元。

2. 工业用水分析

目前，深圳市万元工业产值取水量仅为7.98 m^3/万元，万元工业增加值用水量为30 m^3/万元，低于全国平均及南方发达地区水平，但与全国及国际先进水平相比仍有较大差距。

7.6.4 供、需水量预测与供需平衡分析

7.6.4.1 需水量预测

需水量预测分基本方案和强化节水方案的各项需水量预测。

（1）基本方案需水量预测2008年为23.0亿 m^3，2012年为26.5亿 m^3，2020年为31.0亿 m^3。

（2）强化节水方案需水量预测2008年为20.2亿 m^3，2012年为22.4亿 m^3，2020年为25.4亿 m^3。

基本方案与强化方案各分项需水量和指标见表7-4。

7.6.4.2 供水量预测

境内水库蓄水工程在97%保证率下可供水量为1.89亿 m^3。本地河道提水工程在97%保证率下可供水量为0.63亿 m^3。地下水可供水量为0.65亿 m^3。境外调水量为15.93亿 m^3，其中东深供水工程预计2010年可达到8.73亿 m^3，东江东部水源工程供水7.20亿 m^3。

作为城市供水的可利用总水量为19.10亿 m^3。

7.6.4.3 供需水量平衡分析

（1）基本方案需水量、供水量及供需缺口：根据基本方案需水量和供水量预测分析，2008年供水缺口3.9亿 m^3，2012年供水缺口7.4亿 m^3，2020年供水缺口11.9亿 m^3。

（2）强化方案总需水量、供水量及供需缺口：总需水量包括城市供水系统需水量和农业及生态环境补水需水量，根据强化方案需水量与供水量预测分析，2008年供水缺口1.1亿 m^3，2012年供水缺口3.3亿 m^3，2020年供水缺口6.3亿 m^3。

表 7-4　基本方案和强化方案需水量预测

年份	预测方案	居民生活		工业		建筑业		第三产业			农业需水量（亿 m^3）	生态环境需水量（亿 m^3）	城市供水系统需水量（亿 m^3）	农业、生态环境补水（亿 m^3）	合计（亿 m^3）
		定额（L/d）	需水量（亿 m^3）	万元增加值定额（m^3/万元）	需水量（亿 m^3）	人均定额（m^3/人）	需水量（亿 m^3）	人均定额（m^3/人）	增加值定额（m^3/万元）	需水量（亿 m^3）					
2008	基本	195	7.2	24.0	6.6	9.5	1.0	36.8	16.1	3.8	1.0	3.4	18.6	4.5	23.1
	强化	185	6.6	20.8	5.3	8	0.8	34.3	15.9	3.3	0.8	3.5	16.0	4.3	20.3
2012	基本	210	8.3	20.1	8.0	10	1.1	41.8	12.5	4.6	1.0	3.5	22.0	4.5	26.5
	强化	195	7.2	16.6	6.0	8	0.8	39.8	10.4	4.0	0.8	3.5	18.0	4.3	22.3
2020	基本	225	9.6	14	9.7	10	1.2	50	8.0	5.8	1.0	3.7	26.3	4.7	31.0
	强化	215	8.2	12	6.9	8	0.8	48	6.0	5.0	0.8	3.7	20.9	4.5	25.4

7.6.5 指标体系及规划目标

7.6.5.1 节约用水规划目标

节约用水总体指标由10个项目组成,具体内容见表7-5。

表7-5　节约用水总体指标项目

指标标志	规划目标		
	2008年	2012年	2020年
万元国民生产总值(GNP)取水量(m^3/万元)	50	45	40
万元工业产值取水减少量(m^3/万元)	>5	>2	>1
人均日生活用水取水量(L/(人·d))	180±10	190±10	210±10
第二、三产业万元增加值取水量(m^3/万元)	<22	<20	<20
城市工业用水重复利用率(%)	>75	>75	>78
城市供水有效利用率(%)	>90	>90	>90
城市污水回用率(%)	>20	>40	>60
第二、三产业万元增加值取水量降低率(%)	>5	>8	>10
节水率(%)	>20	>30	>30
水资源利用率(%)	70±5	70±5	70±5

节约用水分体指标分工业节水指标、农业节水指标和生活节水指标,以及环境保护指标、节水管理指标和节水经济指标等6个方面,具体内容见表7-6。

表7-6　节约用水分体指标项目

指标(名称)	规划目标		
	2008年	2012年	2020年
工业节水指标:			
城市工业用水重复利用率(%)	≥75	≥75	>80
万元工业产值取水量减少量(m^3/万元)	≥5	≥2	>1
冷却水循环率(%)	≥95	≥95	>95
工艺水回用率(%)	≥50	≥60	≥70
蒸汽冷凝水回用率(%)	>50	>60	>90
工业废水排放率(%)	<25	<20	<10
农业节水指标:			
万元农业产值取水量降低率(%)	>5	>5	>10
节水灌溉率(%)	>30	>30	>40

续表 7-6

指标(名称)	规划目标		
	2008 年	2012 年	2020 年
生活节水指标:			
城市人均日生活用水取水量(L/(人·d))	180 ± 10	190 ± 10	210 ± 10
环境保护指标:			
水资源污染率(%)	<10	<10	<10
城市污水处理率(%)	>40	>60	>80
城市污水处理达标率(%)	>90	>95	>95
节水管理指标:			
节水率(%)	>20	>30	>30
漏损率(%)	<7	<5	<5
节水器具普及率(%)	>85	>95	>98
计划用水实施率(%)	>90	>95	>98
产品用水定额管理率(%)	>90	>90	>90
节水体制健全率(%)	100	100	100
节水经济指标:			
万元工业产值增加值取水量(m^3/万元)	<22	<18	<15
第二、三产业每万元增加值取水量(m^3/万元)	<18	<15	<12
城市取水相对经济年增长指数	<0.2	<0.25	<0.25
城市用水相对经济年增长指数	<0.5	<0.5	<0.5
自来水价格成本比	1.15	1.15	1.15
污水处理成本降低率(%)	>8	>8	>8

7.6.5.2　节水量

通过采取措施完成以上节水指标,预测节水量见表 7-7,预测节水量 2008 年为 2.9 亿 m^3,2012 年为 4.1 亿 m^3,2020 年为 5.6 亿 m^3。

表 7-7　预测节水量　(单位:亿 m^3)

年份	居民生活	工业	建筑业	第三产业	城市供水系统	农业	合计
2008	0.7	1.3	0.2	0.5	2.7	0.2	2.9
2012	1.1	2.0	0.3	0.6	4.0	0.2	4.2
2020	1.4	2.8	0.4	0.8	5.4	0.2	5.6

注:以上节水量不包括用于城市绿化、景观、生态补水和市政用水的非常规水资源利用量。

7.6.6 节水方案

根据估算的节水潜力以及各水平年水资源供需分析反馈的缺水状况，拟订逐步加大节水投资和力度的节水方案，明确分阶段的节水措施及其相应的技术、经济指标，估算各计算分区不同水平年各部门的节水量，并根据水资源需求预测的结果，确定合理抑制需求、减少需水量的新方案，供进一步进行供需分析和水资源配置选用。在水资源紧缺地区，水资源供需分析和合理配置，需要进行多次反馈的动态分析，以水资源配置最终确定的供需基本达到平衡所采用的节水方案作为推荐方案。其中，基本方案是现状节水力度水平下的方案。在基本方案需水预测的基础上，根据水资源配置的要求，进行节水潜力的分析。强化节水方案下提出的方案即为强化节水方案。强化节水方案为在经济合理、技术可行的条件下，增加节水投入力度的方案。

7.6.7 节水投资

7.6.7.1 节水工程内容与节水量

节水工程投资包括兴建污水再生利用、中水回用、海水利用、雨水利用工程，工业节水项目、生活节水项目等工程项目的投资和对节水管理的投资。节水工程投资计算年限为中期2012年。在规划年限内将实施的节水措施及其节水量见表7-8。

表7-8 节水措施及其节水量

节水措施	节水量(亿 m^3)		
	2008年	2012年	2020年
生活节水	0.70	1.10	1.4
其中：用水器具改造	0.20	0.10	0.1
经济管理	0.25	0.15	0.2
行政管理	0.05	0.05	0.1
非常规水资源利用	0.20	0.80	1.0
工业节水	1.30	2.0	2.8
其中：强化管理(计划、定额)	0.45	0.4	0.4
工艺设备更新改造	0.35	0.3	0.4
非常规水资源利用	0.50	1.3	2.0
其他行业节水	0.70	0.9	1.2
其中：强化管理	0.15	0.2	0.3
经济杠杆	0.25	0.3	0.2
节水器具	0.10	0.1	0.1
非常规水资源利用	0.20	0.3	0.6
合计	2.90	4.1	5.6

7.6.7.2 节水工程投资

雨水利用工程包括修建未参与城市供水的水库、新建海湾水库和横江水库、地面雨水收集、屋面雨水收集等工程，总投资为13.73亿元；污水再生利用、中水回用工程总投资6.5亿元；海水利用工程投资1.78亿元；工业节水工程投资3 500万元；农业节水工程投资2 300万元；生活节水项目投资3 000万元；供水系统节水工程投资2 000万元；节水管理投资4 500万元。节水工程总投资23.54亿元。

思考题

7-1 节水的含义和意义是什么？

7-2 不同用水部门节水指标和标准是如何确定的？

7-3 如何估算地区节水潜力？

7-4 简述节水方案拟订流程，结合所学内容，尝试说明一个节水规划应收集哪些资料，如何开展？

7-5 农业节水、工业节水、城市生活节水措施分别有哪些？

第8章 水资源保护

8.1 概 述

8.1.1 水资源保护的概念

水资源保护，从广义上应该涉及地表水和地下水水量与水质的保护与管理两个方面。也就是通过行政的、法律的、经济及技术的手段，合理开发、管理和利用水资源，保护水资源的质、量供应，防止水污染、水源枯竭、水流阻塞和水土流失，以满足社会实现经济可持续发展对淡水资源的需求。

水资源保护具有以下内涵：

(1)水资源保护是根据水资源时空分布、演化规律，调整和控制人类的各种取用水行为，使水资源系统维持一种良性循环的姿态，从而达到水资源的持续利用。

(2)水资源保护不是以恢复或保持地表水、地下水天然状态为目的的被动活动，而是一种积极的、促进水资源开发利用更合理、更科学的自觉行动。

(3)水资源保护与水资源开发利用是对立统一的，两者既相互制约，又相互促进。保护工作做得好，水资源才能持续开发利用；开发利用合理了，也就达到了保护的目的。

(4)水资源保护应贯穿在协调人水关系的各个环节中。从广义来看，准确客观地调查、评价水资源，合理地规划和管理水资源，规范各类用水行为都属于水资源保护工作的范畴；从狭义来看，水资源保护主要与实施开源节流、防治和控制水源污染、开展水生态保护等工作内容有关。它一方面涉及水资源、经济、环境三者平衡与协调发展的问题，另一方面还涉及各地区、各部门、集体和个人用水利益的分配与调整。这里面既有工程技术问题，又有经济学和社会学问题，同时还需要广大群众积极响应、共同参与，就这一点来说，水资源保护也是一项社会公益性事业。

8.1.2 水资源保护的重要性

水是人类生存和经济社会发展不可缺少的自然资源。随着经济社会的迅速发展，水资源匮乏和水污染的日益严重，所构成的水危机已成为实施可持续发展战略的制约因素。近年来，污(废)水排放量急剧增加，江、河、湖、库水质恶化的趋势没有得到有效遏制，水污染事件和省际间、地区间水污染纠纷频频发生。

水是动植物体内和人的身体中不可缺少的物质，可以说，没有水就没有生命的存在。另外，人类生活中的衣食住行都离不开水。工农业生产中也离不开水，水是工农业生产的重要原料。在农业生产中消耗的淡水量占人类消耗淡水总量的60% ~80%，工业上也要用大量的水进行生产。另外，水在内河与海洋运输上也起着重要作用。在自然界中淡水量不到水总量的1%。据21世纪城市水资源国际学术研讨会透露，联合国已经把我国列为世界上13个最缺水的国家之一，目前我国人均用水量是世界人均用水量的30%左右。人类现在用水量越来越大，且污染也越来越严重，生命需要水，地面找不到干净水，浪费水的问题突出，水污染危害巨大，这就要求我们要保护水资源。

目前，水缺乏已成了严重制约我国社会经济发展的“瓶颈”之一。而据专家预测，到2030年前后，中国用水总量将达到每年7 000亿~8 000亿m^3，而中国实际可利用的水资源量为8 000亿~9 500亿m^3，需水量已接近可利用水量的极限。由于水资源供给的稳定性和需求的不断增长，水具有了越来越重要的战略地位。国外的一些专家指出，估计到21世纪，水对人类的重要性将像20世纪石油对人类的重要性一样，成为一种决定国家富裕程度的珍贵商品。

8.1.3 水资源保护的目的与内容

城市人口的增长和工业生产的发展，给许多城市水资源和水环境保护带来很大压力。农业生产发展所需的灌溉水量增加，对农业节水和农业污染控制与治理提出了更高要求。水资源保护就是通过一系列水资源保护管理活动，保护水的质量和数量，满足水资源可持续利用的需要。它采取经济、法律、行政和科学的手段，合理地安排水资源开发利用，并对影响水资源的经济属性和生态属性的各种行为进行干预的各个方面，从水资源保护需要出发，对取水、用水、排水实施全过程管理，包括水质、水量和水环境保护三个方面。实现水资源的有序开发利用、保持水环境的良好状态是水资源保护管理的重要内容和首要任务。具体如下：

(1)改革水资源管理体制并加强其能力建设，切实落实与实施水资源的统一管理、有效合理分配。

(2)提高水污染控制和污水资源化的水平，保护与水资源有关的生态系统。

(3)强化气候变化对水资源的影响及其相关的战略性研究。

(4)研究和开发与水资源污染控制及修复有关的现代理论、技术体系。

(5)强化水环境监测，完善水资源管理体制与法律法规，加大执法力度，实现依法治水和管水。

8.2 水资源保护的方法与措施

水污染严重和水资源短缺已成为世界所面临的共同问题，为解决这一问题，必须加强水资源保护工作。水资源保护是一项十分重要、十分迫切也十分复杂的工作，需采取各种措施来实施。水资源保护的主要措施包括法律法规、管理体制、经济措施与工程措施等四方面。

8.2.1 水资源保护的法律法规

水资源保护工作必须有法律法规与之配套，才能使得保护规划得以实施，才能确保水资源的合理开发利用、国民经济的可持续发展及人民生活水平的不断提高。应加强水资源保护的法律法规建设,加快制定有关水资源的法规并依法行政,建立水资源保护法规体系和执法体系。

世界一些发达国家,如英国、美国、日本等已结合其国情建立了较为完善的水资源保护法律法规体系。自 1973 年以来,我国在水资源和水环境保护立法方面也取得了巨大的进展,一系列与水资源保护有关的法律文件的制定与实施,使我国水资源保护与管理走上了法制化的轨道。

我国水资源保护的相关法律法规制定历程如下:

1973 年 11 月 17 日,《工业“三废”排放试行标准》(GB J4—1973);

1979 年 9 月 13 日,《中华人民共和国环境保护法(试行)》(已废除,被新法替代);

1982 年 2 月 5 日,《征收排污费暂行办法》(国务院国发〔1982〕21 号);

1982 年 6 月 30 日,《水土保持工作条例》;

1983 年 7 月 21 日,《全国环境监测管理条例》;

1983 年 10 月 11 日,《环境保护标准管理办法》;

1984 年 5 月 11 日,《中华人民共和国水污染防治法》;

1984 年 12 月,《水质监测规范》(SD 127—84);

1985 年 4 月 25 日,《农田灌溉水质标准》(GB 5084—85)(已废除,被新标准替代);

1985 年 8 月 16 日,《生活饮用水卫生标准》(GB 5749—85);

1986 年 10 月 10 日,《水法词汇》;

1988 年 1 月 21 日,《中华人民共和国水法》(已废除,被新法替代);

1988 年 3 月 20 日,《水污染物排放许可证管理暂行办法》;

1988 年 4 月 5 日,《地面水环境质量标准》(GB 3838—88)(已废除,被新标准替代);

1988 年 5 月,《污水处理设施环境保护监督管理办法》;

1988 年 6 月,《河道管理条例》;

1988 年 12 月 12 日,《水利水电工程环境影响评价规范》(SDJ 302—88)(试行);

1988 年 12 月 20 日,《关于防治造纸行业水污染的规定》;

1989 年 7 月 10 日,《饮用水水源保护区污染防治管理规定》;

1989 年 7 月 12 日,《中华人民共和国水污染防治法实施细则》;

1989 年 8 月 12 日,《渔业水质标准》(GB 11607—89);

1989 年 12 月 26 日,《中华人民共和国环境保护法》;

1991 年 6 月 16 日,《景观娱乐用水水质标准》(GB 12941—91);

1991 年 6 月 24 日,《超标污水排污费征收标准》;

1991 年 6 月 29 日,《中华人民共和国水土保持法》;

1992 年 1 月 4 日,《农田灌溉水质标准》(GB 5084—92);

1993 年 12 月 10 日,《地下水质量标谁》(GB/T 14848—93);

1994 年 3 月 28 日,《地表水资源质量标准》(SL 63—94);

1996 年 10 月 31 日,《地下水监测规范》(SL/T 183—96);

1997 年 5 月 16 日,《水文调查规范》(SL 196—97);

1997 年 6 月 24 日,《江河流域规划编制规范》(SL 201—97);
1998 年 7 月 20 日,《水环境监测规范》(SL 219—98);
1999 年 4 月 29 日,《水资源评价导则》(SL/T 238—1999);
2000 年 6 月 14 日,《水文情报预报规范》(SL 250—2000);
2002 年 4 月 26 日,《地表水环境质量标准》(GB 3838—2002);
2002 年 8 月 29 日,《中华人民共和国水法》;
2003 年 8 月 27 日,《中华人民共和国行政许可法》;
2006 年 1 月 1 日,《中华人民共和国防治船舶污染内河水域环境管理规定》;
2008 年 2 月 28 日,修订《中华人民共和国水污染防治法》;
2008 年 3 月 13 日,《取水许可管理办法》;
2009 年 8 月 27 日,修正《中华人民共和国行政处罚法》;
2011 年 1 月,《中共中央国务院关于加快水利改革发展的决定》;
2011 年 6 月 30 日,《中华人民共和国行政强制法》;
2012 年 1 月,《国务院关于实行最严格水资源管理制度的意见》;
2013 年 1 月,《实行最严格水资源管理制度考核办法》;
2014 年 4 月 24 日,修订《中华人民共和国环境保护法》;
2016 年 4 月 19 日,《水权交易管理暂行办法》。

8.2.2 水资源保护的管理体制

世界很多国家都建立了符合其国情的水资源保护管理体制。

在我国,已有长江、黄河、珠江、松辽、淮河、太湖 7 大流域管理机构,作为水利部在各流域的派出机构,行使各自流域的水行政职责。

1988 年,我国颁布的《中华人民共和国水法》中规定:“国家对水资源实行统一管理与分级、分部门管理相结合的制度。”《中华人民共和国水法》实施以来,在推行水资源统一管理方面取得了较大的进步,但在水资源的流域管理上还非常鄙陋,流域性的水环境恶化事件屡屡发生,其中以淮河、辽河、海河流域性的污染,黄河的断流现象最为突出。因此,2002 年颁布的新《中华人民共和国水法》中规定:“国家对水资源实行流域管理和行政管理相结合的管理体制。”国务院水行政主管部门负责全国水资源的统一管理和监督工作。国务院水行政主管部门在国家确定的重要江河、湖泊设立的流域管理机构(简称流域管理机构),在所管辖的范围内行使法律、行政法规规定的及国务院水行政主管部门授予的水资源管理和监督职责。县级以上地方人民政府水行政主管部门按照规定的权限,负责本行政区域内水资源的统一管理和监督工作,我国的水行政管理日趋合理。

8.2.3 水资源保护的经济措施

水资源是一种公共资源,具有随机性、流动性以及不可替代性、多用途性、使用规范性等特点,实际上大多数国家规定水资源属于国家或公共所有。我国《水法》明确规定:“水资源属于国家所有,即全民所有。”2012 年,国务院关于实行最严格水资源管理制度的意见中明确提出了:

(1)严格实施取水许可。严格规范取水许可审批管理,对取用水总量已达到或超过控制指标的地区,暂停审批建设项目新增取水;对取用水总量接近控制指标的地区,限制审批建设项目新增取水。对不符合国家产业政策或列入国家产业结构调整指导目录中淘汰类的,产品不符合行业用水定额标准的,在城市公共供水管网能够满足用水需要却通过自备取水设施取用地下水的,以及地下水已严重超采的地区取用地下水的建设项目取水申请,审批机关不予批准。

(2)严格实施水资源有偿使用。合理调整水资源费征收标准,扩大征收范围,严格征收、使用和管理水资源费。各省(自治区、直辖市)要抓紧完善水资源费征收、使用和管理的规章制度,严格按照规定的征收范围、对象、标准和程序征收,确保应收尽收,任何单位和个人不得擅自减免、缓征或停征水资源费。水资源费主要用于水资源节约、保护和管理,严格依法查处挤占挪用水资源费的行为。

8.2.4 水资源保护的工程措施

水资源保护可采取的工程措施包括水利工程、农林工程、市政工程、生物工程等措施。

8.2.4.1 水利工程措施

水利工程是水资源保护的一项重要工程措施,通过水利工程的引水、调水、蓄水、排水等各种措施,可以改善或破坏水资源状况。

(1)调蓄水工程措施:通过在江河湖泊上修建一系列的水利工程(如水库和闸坝),改变天然水系的丰、枯水期水量不平衡状况,控制河川径流量,使河流在枯水期具有一定的生态用水量来稀释净化污染物质,改善水质状况。

(2)进水工程措施:从汇水区流出的水一般要经过若干沟、渠、支流而后流入湖泊、水库,在其进入湖泊、水库之前可设置渗滤沟、渗滤池、小型水库等工程措施来沉淀、过滤掉有害物质,确保水质达标后,再进入到湖泊、水库中。

(3)江河湖库的底泥疏浚工程措施:通过对江河湖库的底泥疏浚,可以将底泥中的营养元素、重金属等有害物质直接除去,这是解决河道底泥污染物释放的有效措施。

8.2.4.2 农林工程措施

(1)减少非点源污染:农业生产中施用大量的化肥(主要是氮、磷类肥料),随着地表径流、水土流失等途径进入水体,形成非点源污染。因此,在汇流区域内,应科学管理农田,控制施肥量,加强水土保持,减少化肥的流失。在有条件的地方,宜建立缓冲带,改变耕种方式,以减少肥料的施用量与流失量。

(2)植树造林,涵养水源:植树造林,绿化江河湖库周围山丘大地,以涵养水源。森林与水源之间有着十分密切的关系。它具有截留降水、植物蒸腾、增强土壤下渗、抑制林地地面蒸发、缓和地表径流状况以及增加降水等功能,表现出较强的水文效应。森林通过这些功能的综合作用,发挥其涵养水源和调节径流的效能。

(3)发展生态农业:建立养殖业、种植业、林果业相结合的生态工程,将畜禽养殖业排放的粪便有效利用于种植业和林果业,形成一个封闭系统,使得生态系统中产生的营养物质在系统中循环利用,而不排入水体,减少对水环境的污染和破坏。

8.2.4.3 市政工程措施

(1)加强污染源的综合整理:水资源保护的根本出路在于污染防御,即进行污染源控制和治理。对于工业污染源,对环境危害严重的应优先安排资金、技术力量给予治理,确保污染物的排放满足总量控制要求。此外,在水环境综合整治中,还要设置小型的垃圾回收和处理设施,降低面源污染带来的危害。在工业污染源治理的同时,还要重视对城市生活污水、粪便以及垃圾的治理,逐步兴建生活污水处理厂和城市垃圾处理站,将污染物统一集中处理。

(2)建设城市污水、雨水截流工程:目前,我国城市的下水道系统多为合流制系统(一种兼收集、输送污水和雨水于一体的下水道系统)。在晴天,它仅收集、输送污水至城市污水处理厂,经过处理后排放;在雨天,由于截流管的容量及输水能力的限制,仅有一部分雨水与污水的混合污水可送至污水处理厂处理,其余的混合污水则就近排入水体,往往造成水体的污染。为了有效控制水体污染,应对河流下水道的溢流进行严格的控制,采取改合流制为分流制(污水、雨水分别由不同下水道系统收集、输送),优化排水系统,积极利用雨水资源等措施与办法。

(3)建设城市污水处理厂并提高其处理效率:考虑城市的自然、地理、经济以及人文等实际情况、城市水污染防治的需要及经济上的可行性等方面因素的影响,对污水处理厂进行规划。

8.2.4.4 生物工程措施

生物工程措施主要考虑利用水生生物及其食物链系统达到去除水体中氮、磷和其他污染物质的目的。例如,修建人工湿地、生态塘系统等。其最大的特点是投资省、效益好,有利于建立合理的水生生态循环系统。

8.3 水功能区划

8.3.1 水功能区划的概念

随着社会经济的迅速发展,用水量和排污量都将增加,污染仍将加剧。因此,为有效解决水资源开发利用与保护的矛盾,实现水资源可持续利用,促进国民经济可持续发展,开展水功能区划是十分必要的。水功能区划是实现水资源合理开发、有效保护、综合利用和科学管理的极重要的基础性工作。水功能区划的提出,将对经济社会发展和环境建设具有重大意义。

水功能区,是指为满足水资源合理开发和有效保护的需要,根据水资源的自然条件、功能要求、开发利用现状,按照流域综合规划、水资源保护规划和经济社会发展要求,在相应水域按其主导功能划定并执行相应质量标准的特定区域。

水功能区划则是指对水功能区进行分类和划分的过程,也就是按照各类水功能区的指标和标准,将某一水域具体划分为不同类型的水功能区单元的工作。

水功能区划采用两级体系,即一级区划和二级区划。一级功能区分为4类,即保护区、保留区、开发利用区和缓冲区;二级功能区划是在一级功能区中的开发利用区进行,分为 7 类,包括饮用水源区、工业用水区、农业用水区、渔业用水区、景观娱乐用水区、过渡区和排污控制区。一级区划宏观上解决水资源开发利用与保护问题,主要协调地区间关系,并考虑发展的需求;二级区划主要协调用水部门之间的关系,见图 8-1。

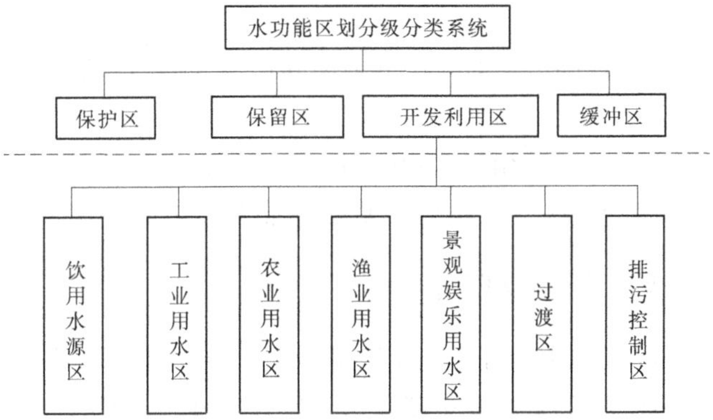

图 8-1 水功能区划分类系统图

8.3.2 水功能一级区分类及划分指标

8.3.2.1 保护区

保护区是指对水资源保护、自然生态及珍稀濒危物种的保护有重要意义的水域。该区内严格禁止进行破坏水质的开发利用活动,并不得进行二级区划。保护区的划分可分为三类:①河流源头保护区,指以保护水资源为目的,在重要河流的源头河段划出专门保护的区域;②自然保护区,指国家级和省级自然保护区的用水水域或具有典型的生态保护意义的自然环境所在水域;③调水水源保护区,指跨流域或跨省以及省内的特大型调水工程水源地及输水线路。

功能区划指标:集水面积、调水量、保护级别等。功能区水质管理标准:根据需要分别执行《地表水环境质量标准》(GB 3838—2002)Ⅰ类、Ⅱ类水质标准,或维持水质现状。

8.3.2.2 保留区

保留区是指目前开发利用程度不高,水质较好,为今后开发利用和保护水资源而预留的水域。该区内应维持现状水质不遭破坏,并按照河道管理权限,未经相应的水行政主管部门批准,不得在保留区内进行大规模的水资源开发利用活动。保留区的划分标准应满足下列条件之一:①受人类活动影响较少,水资源开发利用程度低;②目前不具备开发条件的水域;③考虑可持续发展的需要,为今后的社会经济发展预留的水资源区。

功能区划指标:产值、人口、水量等。功能区水质管理标准:按不低于现状水质类别控制。

8.3.2.3 开发利用区

开发利用区主要是指具有满足工农业生产、城镇生活、渔业和游乐设施等多种需水要求的水域。该区内的具体开发活动必须服从二级区划的功能分区要求。开发利用区的划分条件为取水口较集中、取水量大,如重要城市河段、具有一定灌溉规模和渔业用水要求的水域等。在开发利用区中必须注意节约水资源,加强对水资源质量的保护。

功能区划指标:产值、人口、水量等。功能区水质管理标准:按二级区划分类分别执行相应的水质标准。

8.3.2.4 缓冲区

缓冲区是指为协调省际间、矛盾突出的地区间用水关系,以及在保护区与开发利用区相接时,为满足保护区水质要求而划定的水域。

功能区划指标:跨界区域及相邻功能区间水质差异程度。功能区水质管理标准:按上下游水功能要求及本区内实际需要执行相关水质标准或按现状控制。

8.3.3 水功能二级区分类及划分指标

二级区划仅在一级区划中的开发利用区进行,二级功能区包括饮用水源区、工业用水区、农业用水区、渔业用水区、景观娱乐用水区、过渡区、排污控制区。

(1)饮用水源区是指满足城镇生活用水需要的水域。其划分的条件是已有的或规划的城镇生活用水取水口较集中的水域。

功能区划指标:人口、取水总量、取水口分布等。功能区水质管理标准:根据需要分别执行《地表水环境质量标准》(GB 3838—2002)Ⅱ类、Ⅲ类水质标准和《生活饮用水卫生标准》(GB 5749—2000)有关水源选择和水源卫生防护的规定。

(2)工业用水区是指满足城镇工业用水需要并达到一定规模的水域。其划分的条件是现有或规划水平年内的工矿企业生产用水的集中取水水域。

功能区划指标:工业产值、取水总量、取水口分布等。功能区水质管理标准:执行《地表水环境质量标准》(GB 3838—2002)Ⅳ类水质标准。现状水质优于Ⅳ类的,按现状水质类别控制。

(3)农业用水区是指满足农业灌溉用水需要的水域,其划分条件为已有农业灌溉用水集中取水点且达到一定规模的水域,或根据规划水平年内农业灌溉的发展,需要设置农业灌溉集中取水点且取水量大的水域。

功能区划指标:灌溉面积、取水总量、取水口分布等。功能区水质管理标准:执行《地表水环境质量标准》(GB 3838—2002)Ⅴ类水质标准。现状水质优于Ⅴ类的,按现状水质类别控制。

(4)渔业用水区是指具有鱼、虾、蟹、贝类产卵场、索饵场、越冬场及洄游通道功能的水域,养殖鱼、虾、蟹、贝、藻类等水生动植物的水域。

功能区划指标:渔业生产条件及生产状况。功能区水质管理标准:执行《渔业水质标准》(GB 11607—89)并可参照《地表水环境质量标准》(GB 3838—2002)Ⅱ类、Ⅲ类水质标准。

(5)景观娱乐用水区是指以满足景观、疗养、度假和娱乐需要为目的的江河湖库等水域。其划分条件为风景名胜区所涉及的水域,度假、娱乐、运动场所涉及的水域。

功能区划指标:景观娱乐类型及规模。功能区水质管理标准:执行《景观娱乐用水水质标准》（GB 12941—91）并可参照《地表水环境质量标准》（GB 3838—2002）Ⅳ类、Ⅴ类水质标准。

（6）过渡区是指为使水质要求有差异的相邻功能区或市级行政区边界的功能区之间顺利衔接而划定的水域。其划分条件为下游用水水质要求高于上游的或有双向水流的水域，且水质要求不同的相邻功能区之间。

功能区划指标：水质与水量。功能区水质管理标准：以满足出流断面所邻功能区水质要求选用相应控制标准。

（7）排污控制区是指接纳生活、生产污废水比较集中，且对环境无重大不利影响的水域。

功能区划指标：排污量、排污口分布。功能区水质管理标准：不执行《地表水环境质量标准》（GB 3838—2002）。

8.4　水功能区纳污能力计算

在水资源保护中，纳污能力的确定是制订污染物排放总量控制方案的前提条件。总量控制的核心问题是要弄清楚水环境质量与受纳污染物之间的对应关系，确定在一定的水体中到底允许排放多少污染物，并由此制订污染物的削减量和控制量。

8.4.1　水功能区纳污能力的概念及特征

8.4.1.1　水功能区纳污能力的概念及内涵

水功能区纳污能力，又称水功能区允许纳污总量，是指对确定的水功能区，在满足水域功能要求的前提下，按给定的水功能区水质目标值、设计水量、排污口位置及排污方式，功能区水体所能容纳的最大污染物量，以 t/a 表示。自然界的各种物理、化学、生物作用，能将一定数量的污染物迁移、扩散出水域，或者在水域内直接转化，从而使该水域的水质得到部分甚至完全恢复的能力，即水体的自净能力。但水体的这种自净能力是有限的，因此水功能区纳污能力也有一定的上限。

与纳污能力意义相近的是另一个词汇——水环境容量。水环境容量是在水环境功能不受到破坏的前提下，水体所允许的污染物负荷量上限。水功能区纳污能力与水环境容量的重要区别为：水功能区纳污能力要考虑排污口和排放方式，水环境容量一般只考虑水体本身特性而不考虑排污口情况。通常将给定水域范围、水质标准、设计条件下的水域最大允许纳污量近似看作水环境容量来处理。一般而言，我国环境保护流域多采用水环境容量，水利领域则习惯采用水功能区纳污能力。在实际工作中，水功能区纳污能力就是用于计算在特定排污口位置下的水环境容量，此时水环境容量与水功能区纳污能力所表达的概念一致。

当然，纳污能力的核定，既不是完全限制排污，维持水体的原始状态，也不是随意给定水质目标，完全服务于经济发展需要，而是要协调好环境保护和经济发展两者之间的关系，最终达到维护生态环境健康与促进经济社会发展双赢的目的。因此，在计算纳污能力时，要坚持效益最大化的原则，充分考虑地区间的自然条件和经济社会条件差异，发挥纳污能力的经济、社会效益，使得能最大程度地利用纳污能力，最终实现以最低的社会成本促进经济发展的目的。

8.4.1.2 水功能区纳污能力的影响因素

影响水功能区纳污能力大小的因素有很多，主要有水体特征、水体功能定位、污染物特性、污染物排放方式等。

(1)水体特征。水体特征包括水体的几何参数(形状、大小)、水文参数(流量、流速、水温等)、地球化学背景参数(pH、硬度、污染物的背景值)、物理自净能力(挥发、稀释、扩散、沉降和吸附等)、化学自净能力(水解、氧化、光化学等)、生物降解能力(氧化还原、水解、光合作用等)。

(2)水体功能定位。水体的纳污能力是相对于水体满足一定的用途和功能而言的。水体的用途不同，允许在水体中存在的污染物数量是不同的。水质要求高的水域，纳污能力小；水质要求低的水域，纳污能力大。

(3)污染物特性。污染物本身所具有的物化特性和在水体中的含量不同，水体对污染物的自净作用就不同。不同污染物对水生生物的毒性作用及对人体健康的影响不同，允许存在于水体中的污染物数量也不同。

(4)污染物排放方式。水功能区纳污能力还与污染物的排放位置和排放方式有关。一般来说，在其他条件相同的情况下，集中排放的比分散排放的纳污能力小，瞬时排放的比连续排放的纳污能力小，在岸边排放的比在河中心排放的纳污能力小。因此，限定排污方式也是合理计算纳污能力的一个重要影响因素。

8.4.1.3 水功能区纳污能力的基本特征

(1)资源性。水功能区纳污能力是一种自然资源，其价值体现在对排入污染物的缓冲作用，即容纳一定数量的污染物也能满足人类生产、生活和生态系统的需要；但水域纳污能力是有限的，一旦污染负荷超过其纳污能力，恢复将十分缓慢与艰难。

(2)区域性。由于受到区域地理、水文、气象等因素影响，不同水域对污染物的物理、化学和生物净化能力存在明显的差异，从而导致纳污能力具有明显的地域特征。

(3)系统性。河流、湖泊等水域一般处在大的流域系统中，水域与陆域、上游与下游、左岸与右岸构成不同尺度的空间生态系统。因此，在确定局部水域纳污能力时，必须从流域的角度出发，合理协调流域内各水功能区的纳污能力。

8.4.2 水功能区纳污能力计算方法

8.4.2.1 水质数学模型的选择

下面根据《全国水资源综合规划技术细则》，介绍几种用于计算水功能区纳污能力的水质数学模型。

(1)一般河流水功能区纳污能力计算的一维模型：

一维对流推移方程为

$$\bar{u}\frac{\partial C}{\partial x} = -kC \tag{8-1}$$

解得

$$C(x) = C_0\exp(-k\frac{x}{\bar{u}}) \tag{8-2}$$

式中　$C(x)$——控制断面污染物浓度，mg/L；

C_0——起始断面污染物浓度，mg/L；

k——污染物综合自净系数，1/s，k 值一般以 1/d 表示，计算时应换算成 1/s；

x——排污口下游断面距控制断面的纵向距离，m；

$\bar{u}$——设计流量下岸边污染带的平均流速，m/s。

(2)感潮河段纳污能力计算的一维迁移方程：

基本方程为

$$\frac{\partial C}{\partial t} + u_x\frac{\partial C}{\partial x} = \frac{\partial}{\partial x}\left(E_x\frac{\partial C}{\partial x}\right) - K_p C \tag{8-3}$$

将水力参数取潮汐半周期的平均值，变为稳定情况来求解，即认为排污口是定常量排放，且 $\frac{\partial C}{\partial t}=0$，方程的解为

涨潮时
$$C(x) = \frac{C_0'}{M}\exp\left(\frac{u}{2E_x}(1+M)x\right) \tag{8-4}$$

落潮时
$$C(x) = \frac{C_0'}{M}\exp\left(\frac{u}{2E_x}(1-M)x\right) \tag{8-5}$$

其中 $C_0' = \frac{[m]}{Q_h + Q_r}$，当 $Q_h \ll Q_r$ 时 $C_0' = \frac{[m]}{Q_r}$

$$M = \sqrt{1 + 4K_p E_x/u^2} \tag{8-6}$$

式中　E_x——纵向离散系数，m^2/s。

此外，各地也可根据当地河流特性和污染特征，选用其他符合当地实际的水质数学模型。

(3)均匀混合的湖(库)纳污能力计算的均匀混合模型：

$$C(t) = \frac{m + m_0}{K_h V} + (C_0 - \frac{m + m_0}{K_h V})\exp(-K_h t) \tag{8-7}$$

$$K_h = \frac{Q}{V} + K \tag{8-8}$$

平衡时

$$C(t) = \frac{m + m_0}{K_h V} \tag{8-9}$$

式中　$C(t)$——计算时段污染物浓度，mg/L；

m——污染物入湖(库)速率，g/s；

m_0——污染物湖(库)现有污染物排放速率，g/s，$m_0 = C_0 Q$；

K_h——中间变量，1/s；

V——湖(库)容积，m^3；

Q——入湖(库)流量,m^3/s;

K——污染物综合衰减系数,1/s;

C_0——湖(库)现状浓度;

t——计算时段,s。

(4)非均匀混合湖(库)纳污能力计算的非均匀混合模型:

$$\begin{aligned} C_r &= C_0 + C_p \exp(-\frac{K_p \Phi H r^2}{2Q_p}) \\ &= C_0 + \frac{m}{Q_p}\exp(-\frac{K_p \Phi H r^2}{2Q_p}) \end{aligned} \tag{8-10}$$

式中　C_r——距排污口 r 处的污染物浓度,mg/L;

C_p——污染物排放浓度,mg/L;

Q_p——污水排放流量,m^3/s;

Φ——扩散角,由排放口附近地形决定,排污口在开阔的岸边垂直排放时,$\Phi=\pi$,排污口在湖(库)中排放时,$\Phi=2\pi$;

H——扩散区湖(库)平均水深,m;

r——距排污口距离,m。

(5)具有富营养化趋势的湖(库)纳污能力计算模型:

可采用狄龙模型:

$$[P] = \frac{I_p(1-R_p)}{rV} = \frac{L_p(1-R_p)}{rh} \tag{8-11}$$

$$R_p = 1 - \frac{\sum q_a [P]_a}{\sum q_i [P]_i} \tag{8-12}$$

式中　$[P]$——湖(库)中氮、磷的平均浓度,mg/m^3;

I_p——年入湖(库)的氮、磷量,mg/a;

L_p——年入湖(库)的氮、磷单位面积负荷,$mg/(m^2 \cdot a)$;

V——湖(库)容积,m^3;

h——平均水深,m;

$r = Q/V$,1/a;

Q——湖(库)年出流水量,m^3/a;

R_p——氮、磷在湖(库)中的滞留系数;

q_a、q_i——年出流和入流的流量,m^3/a;

$[P]_a$、$[P]_i$——年出流和入流的氮、磷平均浓度,mg/m^3。

湖(库)中氮、磷最大允许负荷量:

$$[m] = L_s A \tag{8-13}$$

$$L_s = \frac{[P]_s h Q}{(1-R_p)v} \tag{8-14}$$

式中 $[m]$——氮、磷最大允许负荷量,mg/a;

L_s——单位湖(库)水面积氮、磷最大允许负荷量,mg/(m^2·a);

A——湖(库)水面积,m^2;

$[P]_s$——湖(库)中磷、氮的年平均控制浓度,mg/m^3。

有富营养化趋势湖(库)的计算,也可根据情况选择其他适用的数学模型。

8.4.2.2 综合衰减系数的计算方法

1. 分析借用法

对于以前在环评、环保规划、环保科研等工作中可供利用的有关资料,经过分析检验后采用。

无资料时,可借用水力特性、污染状况及地理、气象条件相似的邻近河流的资料。

2. 实测法

选取一个河道顺直、水流稳定、中间无支流汇入、无排污口的河段,分别在河段上游(A点)和下游(B点)布设采样点,监测污染物浓度值,并同时测验水文参数以确定断面平均流速。综合衰减系数K按式(8-15)计算:

$$K = \frac{\bar{v}}{X}\ln\frac{C_A}{C_B} \tag{8-15}$$

式中 $\bar{v}$——断面平均流速;

X——上、下断面之间距离;

C_A——上断面污染物浓度;

C_B——下断面污染物浓度。

对于湖库,选取一个排污口,在距排污口一定距离处分别布设2个采样点(近距离处:A点,远距离处:B点),监测污染物浓度值,并同时监测污水排放流量。布设采样点时应注意:采样点附近只能有一个排污口,且附近无河流汇入,近距离采样点不宜离排污口过近,以免所采水样不具备代表性;远距离采样点也不宜离排污口过远,以免超出排污口影响区。

综合衰减系数K用实测数据进行估值:

$$K = \frac{2Q_p}{\Phi H(r_B^2 - r_A^2)}\ln\frac{C_A}{C_B} \tag{8-16}$$

式中 r_A、r_B——近、远两测点距排放点的距离,m。

用实测法测定综合衰减系数简单易行,但误差较大,建议监测多组数据取其平均值。

3. 经验公式法

可以根据各种经验公式推求综合衰减系数。

此外,各地还可根据本地实际情况采用其他方法拟定综合衰减系数。

8.4.3 水功能区纳污能力设计条件

8.4.3.1 水功能区纳污能力计算的设计条件

水功能区纳污能力以计算断面的设计流量(水量)表示。现状条件下,一般采用最近

10 年最枯月平均流量(水量)或 90% 保证率最枯月平均流量(水量)作为设计流量(水量)。集中式饮用水水源区,采用 95% 保证率最枯月平均流量(水量)作为其设计流量(水量)。对于北方地区(松花江、辽河、海河、黄河、淮河和西北内陆地区),可根据实际情况适当调整设计保证率,也可选取平偏枯典型年的枯水期流量作为设计流量。另外,还要计算 90% 保证率最丰月平均流量(水量)作为丰水期设计流量。

8.4.3.2 设计流量的计算

有水文长系列资料时,现状设计流量的确定,选用设计保证率的最枯月平均流量,北方地区增加最丰月平均流量,采用频率计算法计算。无水文长系列资料时,可采用近 10 年系列资料中出现最小的最枯月平均流量作为设计流量。对于丰水期设计流量,可采用近 10 年最小的最丰月平均流量。无水文资料时,可采用内插法、水量平衡法、类比法等推求设计流量。规划条件下的设计流量应在现状确定的设计流量的基础上,根据水资源配置部分的成果以及对流域与区域水资源开发利用的总体安排合理确定。

8.4.3.3 断面设计流速确定

有资料时,可直接用公式计算

$$v = \frac{Q}{A} \tag{8-17}$$

式中 v——设计流速;

Q——设计流量;

A——过水断面面积。

无资料时,可采用经验公式计算断面流速,也可通过实测确定。对实测流速要注意转换为设计条件下的流速。

8.4.3.4 岸边设计流量及流速

河面较宽的主要江河,污染物从岸边排放后不可能达到全断面混合,如果以全断面流量计算河段纳污能力,则与实际情况不相符合。因此,对于这些江河,应计算岸边纳污能力。在这种情况下,根据岸边污染区域(带)需计算岸边设计流量及岸边平均流速。

计算时,要根据河段实际情况和岸边污染带宽度,确定岸边水面宽度,以便求得岸边设计流量及其流速。

8.4.3.5 湖(库)的设计水量

一般采用近 10 年最低月平均水位或 90% 保证率最枯月平均水位相应的蓄水量。北方地区增加近 10 年最高月平均水位的最低水位或 90% 保证率最高月平均水位相应的蓄水量。

根据湖(库)水位资料,求出设计枯水位,它所对应的湖泊(水库)蓄水量即为湖(库)设计水量。对水库而言,也可用死库容和水库正常水位的库容蓄水量作为设计水量。

8.5 污染物总量控制方案编制

在纳污能力计算的基础上,将水功能区的污染物入河量分配到相应陆域各污染源,是污染物排放总量控制的重要环节,也是总量控制中的关键技术问题。只有了解和掌握各水功能区污染物的控制量和削减量,才能达到有效控制水环境污染的目的。因此,制订污染物排放总量控制方案是实施总量控制的前提,对于改善和提高水环境质量具有重大的意义。

8.5.1　污染物入河量确定

8.5.1.1　污染源调查

污染源调查的目的是弄清水域中污染物的种类、数量、排放方式、排放途径以及污染源的类型和位置,在此基础上进一步判断出主要的污染物和主要的污染源,污染源调查不仅是为污染综合防治提供依据,也是环境影响评价的基础工作。

根据污染源分类的不同和调查目的的不同,污染源调查可以分为工业污染源调查、城市生活污染源调查和农业污染源调查。工业污染源调查的主要内容有企业环境状况、企业基本情况(包括生产布局、工艺流程、水源情况等)、污染物排放及治理、污染危害调查、生产发展情况调查等;生活污染源调查的主要内容有居民人口、城市居民用水和排水调查,主要污染物 pH、COD、BOD_5、总氮、氨氮、总磷、阴离子表面活性剂、悬浮物和动植物等;农业污染源调查的主要内容包括农药、化肥使用情况的调查,水土流失情况、农业废弃物、生活废水产生量调查等。

污染源调查分为普查和详查两个阶段。采用的基本方法是社会调查,包括印发各种调查表,召开各种类型座谈会收集意见和数据,询问、查看、测算。首先从有关部门查清区域或流域内的工矿、交通运输等企、事业单位名单,采用发放调查表的方法对各单位的规模、性质和排污情况作概略调查。对于农业污染源和生活污染源也可到主管部门收集农业、渔业和禽畜饲养业的基础资料、人口统计资料、供排水和生活垃圾排放等方面资料,通过分析和推算得出本区域和流域内污染物排放的基本情况。在普查基础上筛选出重点污染源,再进行详查。详查是针对污染物排放种类多(特别是含危险性污染物)、排放量大、影响范围广、危害程度大的重点污染源。一般来说,重点污染源排放的主要污染量占调查区域或流域内总排放量的 60% 以上。

8.5.1.2　陆域污染物排放量的估算

通过污染源调查,收集有关入河排污口设置、市政排水管网布置、企业和单位自行设置排污口现状及规划等资料,尽可能搞清相应的陆域范围,特别是其中对水功能区水质影响大的污染源,同时进行必要的实地勘察分析,提出水功能区对应的陆域范围,并以此作为陆域污染物排放总量控制的基础。确定陆域污染物排放量的方法主要有统计报表法、现场调查法、排污系数法。

1. 统计报表法

统计报表法是指排污单位按照统一的表格形式所规定的填报内容和指标要求等,经实际统计后向上级提交报表的方法。按照汇总后的统计报表,可以根据行业、部门、区域、污染物的类型分别开列清单,得到按不同分类要求统计的污染物排污量。这种方法适用于普查。

2. 现场调查法

现场调查法是通过对某个污染源进行现场测定，得到污染物的排放浓度和流量，然后计算出排放量。如对于某工厂和车间的废水排放系统中某一排污口，可选定合适的采样测点和采样测流频率，实测废水的流量、污染物浓度等，进而计算得出有害物质的排放量。

3. 排污系数法

排污系数法也称经验估算法，它是根据生产过程中单位产品的经验排污系数和产品产量计算污染物排放量，计算公式为

$$Q = KWT \tag{8-18}$$

式中 Q——污染物排放量；

K——单位产品的经验排放系数；

W——某种产品的单位时间产量；

T——时间。

各种污染物的排放系数 K 与原材料、生产工艺、生产设备及操作水平有关。各地区、各单位由于生产技术水平的不同，污染物排放系数与实际排放系数可能有很大差别，因此若选用有关文献给出的排污系数，应根据实际情况给予修正。

8.5.1.3 污染物入河量的估算

污染物入河量，指由入河排污口进入水功能区的污废水量和污染物量。由于污染水自陆域上的污染源排放后，在输送过程中总是存在着各种损失（如渗漏、蒸发或污染物降解等）。因此，进入水体的污废水总是必然小于污染源排放的污废水和污染物总量。进入河流的污染物量占污染物排放总量的比例通常用污染物入河系数来表示，其计算公式如下：

$$k_r = \frac{W_{河}}{W_{排}} \tag{8-19}$$

式中 k_r——入河系数；

$W_{河}$——污染物入河量；

$W_{排}$——陆域各污染源的污染物排放量。

一般情况下，污染物进入水域的数量受众多因素影响，情况复杂且区域差异很大，因此可采用典型调查法来推求各污染源的入河系数。典型调查法的原理是，首先选取设置独立入河通道或入河排污口的污染源，分别在污染源排放口和入河排污口检测污染物排放量和入河量，可求得污染物的入河系数；再选取各类典型水域和河段，检测其所对应的陆域范围内所有污染源的污染物排放量和水域内所有排污口的污染物入河量，可求得典型水域所对应的陆域范围的污染物入河系数。因排水区域环境状况的不同和污水性质的差异，污染物入河系数变化较大，一般为 0.5 ~0.9。

对有水质、水量资料的入河排污口，根据污废水排放量和水质监测资料，按下式估算主要污染物入河量：

$$W_{河} = Q_{河}C_{河} \tag{8-20}$$

式中 $W_{河}$——污染物入河量；

$Q_{河}$——污废水入河量；

$C_{河}$——污染物的入河浓度。

对于有污染源排污资料而无入河排污口资料的排污口，其污染物入河量可先用典型调查法计算出入河系数，再通过下式计算污染物入河量：

$$W_{河} = k_r W_{排} \tag{8-21}$$

8.5.2 污染物控制量与削减量的确定

根据污染物排放总量控制原则，污染物入河量应该与相应水功能区的纳污能力相适应。如果超出纳污能力就必须采取措施，如降低排放浓度、削减排放总量、增加污水处理设施等，否则水体功能就会被破坏。也就是说，必须对进入水功能区的污染物入河量和陆域污染源排放量进行控制和削减。下面分别介绍有关污染物控制量和削减量的确定方法。

8.5.2.1 污染物入河控制量

污染物入河控制量是根据水功能区的纳污能力和污染物入河量，并综合考虑水功能区的水质状况、当地科技水平和经济社会发展速度等因素，来确定污染物进入水功能区的最大数量。污染物入河控制量是进行水功能区水资源保护和管理的依据。不同的水功能区入河控制量可采用下面的方法来确定：当污染物入河量大于纳污能力时，以纳污能力作为污染物控制量；当污染物入河量小于纳污能力时，以现状条件下污染物入河量作为入河控制量。

8.5.2.2 污染物入河削减量

将水功能区的污染物入河量与其入河控制量相比较，如果污染物入河量超过污染物入河控制量，其差值即为该水功能区的污染物入河削减量。

水功能区的污染物入河控制量和削减量是水行政主管部门进行水资源管理和发现污染物排放总量超标或水域水质不满足要求时，向有关政府和环境保护主管部门报告，并提出排污控制意见的依据，也是制订水污染防治规划方案的基础。

8.5.2.3 污染物排放控制量

为保证水功能区的水质符合水域功能要求，根据陆域污染源污染物排放量和入河量之间的关系表达式（式(8-19)），由水功能区污染物入河控制量所推出的水功能区相应陆域污染源的污染物最大排放数量，称为污染物排放控制量。

8.5.2.4 污染物排放削减量

水功能区相应陆域的污染物排放量与排放控制量之差，即为该水功能区陆域污染物排放削减量。陆域污染物排放削减量是制订污染源控制规划的基础。

8.5.3 水功能区纳污能力的分配

纳污能力的分配，是根据排污地点、数量和方式，结合污染源排污量削减的优先顺序和技术、经济的可行性等因素，对可控制水域分配纳污能力。根据纳污能力，确定控制水域对应的陆域范围内各污染源的排污控制量或削减量，是实现水资源保护目标的重要环节，也是我国实施污染物排放总量控制的技术关键所在。

对某一水域来说，污染物排放削减量的分配有两种方法：一是将水域的纳污能力作为总量控制目标，分配到各水功能区或污染控制单元，然后根据相应陆域污染源排放量的计算结果，分别求出各个污染源的削减量；二是根据该水域的纳污能力和总的污染物入河量，计算出水域总的污染物排放削减量，直接将其作为污染物排放削减指标，分配到各个污染源。在具体操作时，可根据实际情况来选取相应的分配方法。

8.5.3.1 纳污能力分配原则

1. 公平性原则

纳污能力分配关系到各排污单位的切身利益，因此分配应体现公平性原则。由于纳污能力的自然属性，所以每个人都有同等利用其价值的权利，要对同类型的排污者一视同仁，同时要公平、合理地分担责任。

2. 效率原则

在基本含义上，公平和效率并不是互相矛盾的，但在实际操作中，追求效率的手段与追求公平的手段往往是相抵触的。公平性原则是纳污能力分配顺利实施的基础，而在公平的基础上还要追求经济效益，要以较低的社会成本达到保护环境、促进经济发展的目的。追求效率体现在对各区域的纳污能力分配上，在保证公平的前提下，使得区域内总的污染物允许排放量最大。

3. 纳污能力充分利用的原则

纳污能力的价值体现在水体通过对污染物的稀释扩散，既容纳了一定污染物，又不影响水体的其他使用功能。想要完全彻底地治理污染，实现污染零排放，既不经济，又不现实，应该充分利用纳污能力，发挥其最大的使用价值。

4. 体现水功能区差异的原则

在纳污能力的分配问题中，应该考虑不同水功能区中不同行业的自身特点，按照不同的水功能区进行划分。由于各种行业间污染物产生数量、技术水平或污染物处理边际费用的差异，处理相同数量污染物所需费用也相差很大或生产单位产品排放的污染物数量相差甚远。因此，在各个水功能区间分配污染物允许排放量时应该兼顾这种功能划分的差别，适当进行调整，以较小的成本实现功能达标。

8.5.3.2 常用的分配方法介绍

目前，在排污总量控制中，污染物排放量的分配主要基于以下三种分配方法。

1. 等比例分配法

等比例分配法是在承认各污染源排放现状的基础上，将受总量控制的允许排放总量等比例地分配到各水功能区或污染控制单元所对应的污染源中，各污染源等比例分担排放责任。这是一种在承认现状基础上比较简单易行的分配方法。

2. 按贡献率削减分配法

贡献率削减分配法是按照各污染源对总量控制区域内环境质量的影响程度大小，按污染物贡献率大小来削减污染负荷。该法在一定程度上体现了每个污染源在平等共享纳污能力的基础上,也平等承担超过其允许负荷量责任的公平性。

3. 费用最小分配法

费用最小分配法是以治理费用作为目标函数,以环境目标作为约束条件,使系统的污染治理投资费用总和最小,求得各污染源的允许排放负荷。其分配采用的方法是优化方法,通过优化方法求得的结果能反映系统整体的经济效益、社会效益和环境效益。

8.6　应用实例

本节以珠海市为例,介绍水资源保护理论方法在《珠海市水资源综合规划》成果中的应用情况。

8.6.1　水功能区划

根据《广东省水资源保护规划》(2001年)成果,珠海市现有水功能区划无保护区、保留区和缓冲区等一级水功能区,均为开发利用区。珠海市地表水功能区现状基本与当地的经济社会发展对水资源的需求相适应。但珠海除本市水资源需求外,还担负着向澳门的供水任务,生活饮用水功能区划分和保护对澳门特别行政区社会经济发展具有重要战略意义。因此,珠海市境内地表水体功能必须以饮用水源功能为主导。

为保障水资源的合理开发和可持续利用,保护水资源,科学管理水资源,以水资源的可持续利用促进珠海市经济社会的可持续发展,考虑珠海市现状与未来的社会经济发展和生态环境保护对水功能的需求,对《广东省水资源保护规划》(2001年)中珠海市域内的水功能区划成果进行复核补充与调整,进一步完善和规范水功能区划,以满足水资源管理的要求。依据水功能区划复核、补充与调整原则,采用上述水功能区划方法,对珠海市166.42 km的主要河流进行水功能区复核、补充与调整。本次规划将珠海市主要河流共划分成14个一级区,其中开发利用区11个、河口缓冲区3个。在11个一级开发利用区中共划分出11个二级区,其中以饮用水为主导功能的水功能区9个,如磨刀门水道、鸡啼门水道、虎跳门水道、黄杨河等;以农业用水为主导功能的水功能区1个(黄镜门水道);以景观用水为主导功能的水功能区1个(前山河)。同时,对珠海市内的26个主要水库进行了功能区划,除白藤湖和西湖为景观用水区外,其他水库均为饮用水源区,详见表8-1～表8-3。

由于水质污染严重,本次区划将前山河的功能调整为景观工业用水。根据黄镜门水道灌区水利骨干工程建设,增加了黄镜门水道农业工业用水区。由于河口为咸淡混合区,具有与河流不同的水环境生态条件,为使上游河流开发利用区与下游河口水体功能相接,本规划在《广东省水资源保护规划》(2001年)原有水功能区划的基础上增加了磨刀门水道河口缓冲区、鸡啼门水道河口缓冲区、虎跳门水道河口缓冲区。

表 8-1 珠海市河流水功能区一级区划

序号	水功能一级区名称	所在		河流	范围		长度（km）	水质现状	水质目标
		水资源四级区	行政区		起始范围	终止范围			
1	磨刀门水道开发利用区	西北江三角洲珠海	斗门	磨刀门水道	六乡竹洲头	石栏洲	42	Ⅱ~Ⅲ	按二级区划
2	螺洲溪开发利用区		斗门	螺洲溪	竹洲头	粉洲沙仔尾	11.53	Ⅲ	
3	荷麻溪开发利用区		斗门	荷麻溪	莲溪围	横坑东口	6.78	Ⅱ~Ⅲ	
4	赤粉水道开发利用区		斗门	赤粉水道	横坑东口	粉洲沙仔尾	6.25	Ⅲ	
5	黄杨河开发利用区		斗门	黄杨河	粉洲沙仔尾	尖峰山鬼仔角	13.69	Ⅲ	
6	鸡啼门水道开发利用区		斗门、金湾	鸡啼门水道	尖峰山鬼仔角	红旗小木乃	24	Ⅲ~Ⅳ	
7	涝涝溪开发利用区		斗门	涝涝溪	上横镇三沙岛	横坑西口	7.55	Ⅲ	
8	横坑水道开发利用区		斗门	横坑水道	横坑西口	横坑东口	3.23	Ⅳ	
9	虎跳门水道开发利用区		斗门	虎跳门水道	横坑西口	小濠涌北围	18.44	Ⅲ	
10	前山河开发利用区		香洲	前山河	中山珠海交界处	湾仔	8	Ⅳ	
11	黄镜门水道开发利用区		斗门	黄镜门水道	六乡虾山水闸	黄镜门水闸	14.05	Ⅳ	
12	磨刀门水道河口缓冲区		斗门	磨刀门水道	石栏洲	河口延伸区外围界线	37	Ⅲ	Ⅲ
13	鸡啼门水道河口缓冲区		斗门、金湾	鸡啼门水道	红旗小木乃	河口延伸区外围界线	32	Ⅲ~Ⅳ	Ⅲ
14	虎跳门水道河口缓冲区		斗门	虎跳门水道	小濠涌北围	河口延伸区外围界线	49	Ⅲ	Ⅲ

表 8-2　珠海市河流水功能区二级区划

序号	水功能二级区名称	所在水功能一级区	河流	范围		长度(km)	功能排序	水质现状	水质目标	备注
				起点	终点					
1	磨刀门水道珠海饮用渔业用水区	磨刀门水道开发利用区	磨刀门水道	六乡竹洲头	石栏洲	42	饮用、渔业	Ⅱ	Ⅱ	
2	螺洲溪斗门饮用渔业用水区	螺洲溪开发利用区	螺洲溪	竹洲头	粉洲沙仔尾	11.53	饮用、渔业	Ⅲ	Ⅲ	
3	荷麻溪斗门饮用渔业用水区	荷麻溪开发利用区	荷麻溪	莲溪围	横坑东口	6.78	饮用、渔业	Ⅱ ~ Ⅲ	Ⅲ	
4	赤粉水道斗门饮用水源区	赤粉水道开发利用区	赤粉水道	横坑东口	粉洲沙仔尾	6.25	饮用、渔业	Ⅲ	Ⅲ	
5	黄杨河斗门饮用渔业用水区	黄杨河开发利用区	黄杨河	粉洲沙仔尾	尖峰山鬼仔角	13.69	饮用、渔业	Ⅲ	Ⅲ	
6	鸡啼门水道珠海饮用渔业用水区	鸡啼门水道开发利用区	鸡啼门水道	尖峰山鬼仔角	红旗小木乃	24	饮用、渔业	Ⅲ ~ Ⅳ	Ⅲ	
7	涝涝溪斗门饮用渔业用水区	涝涝溪开发利用区	涝涝溪	上横镇三沙岛	横坑西口	7.55	饮用、渔业	Ⅲ	Ⅲ	
8	横坑水道斗门饮用水源区	横坑水道开发利用区	横坑水道	横坑西口	横坑东口	3.23	饮用、渔业	Ⅲ	Ⅲ	
9	虎跳门水道珠海饮用渔业用水区	虎跳门水道开发利用区	虎跳门水道	横坑西口	小濠涌北围	18.44	饮用、渔业	Ⅲ	Ⅲ	
10	前山河珠海景观工业用水区	前山河开发利用区	前山河	中山珠海交界处	湾仔	8	景观、工业	Ⅳ	Ⅳ	中山珠海跨界河流
11	黄镜门水道斗门农业工业用水区	黄镜门水道开发利用区	黄镜门水道	六乡虾山水闸	黄镜门水闸	14.05	农业、工业	Ⅳ	Ⅲ	

表 8-3　珠海市湖库水功能区区划

序号	一级区划名称	二级区划名称	范围		功能排序	现状水质	保护目标
			位置	面积（km^2）			
1	大镜山水库开发利用区	大镜山水库饮用水源区	香洲	5.95	饮用	Ⅱ	Ⅱ
2	凤凰山水库开发利用区	凤凰山水库饮用水源区	香洲	9.28	饮用	Ⅱ	Ⅱ
3	梅溪水库开发利用区	梅溪水库饮用水源区	香洲	1.74	饮用	Ⅱ	Ⅱ
4	竹仙洞水库开发利用区	竹仙洞水库饮用水源区	香洲	2.81	饮用	Ⅱ	Ⅱ
5	银坑水库开发利用区	银坑水库饮用水源区	香洲	2.1	饮用	Ⅱ	Ⅱ
6	蛇地坑水库开发利用区	蛇地坑水库饮用水源区	香洲	2.31	饮用	Ⅱ	Ⅱ
7	南屏水库开发利用区	南屏水库饮用水源区	香洲	2.36	饮用	Ⅱ	Ⅱ
8	吉大水库开发利用区	吉大水库饮用水源区	香洲	1.45	饮用	Ⅱ	Ⅱ
9	青年水库开发利用区	青年水库饮用水源区	香洲	3.57	饮用	Ⅱ	Ⅱ
10	正坑水库开发利用区	正坑水库饮用水源区	香洲		饮用	Ⅱ	Ⅱ
11	东澳水库开发利用区	东澳水库饮用水源区	香洲		饮用	Ⅱ	Ⅱ
12	万山水库开发利用区	万山水库饮用水源区	香洲		饮用	Ⅱ	Ⅱ
13	十一湾水库开发利用区	十一湾水库饮用水源区	香洲		饮用	Ⅱ	Ⅱ
14	乾务水库开发利用区	乾务水库饮用用水区	斗门	10.5	饮用、农业	Ⅱ	Ⅱ
15	龙井水库开发利用区	龙井水库饮用水源区	斗门		饮用	Ⅱ	Ⅱ
16	王保水库开发利用区	王保水库饮用水源区	斗门		饮用	Ⅱ	Ⅱ
17	南山水库开发利用区	南山水库饮用工业用水区	斗门		饮用、工业	Ⅱ	Ⅱ
18	茶冷迳水库开发利用区	茶冷迳水库饮用工业用水区	斗门		饮用、工业	Ⅱ	Ⅱ
19	大枝园水库开发利用区	大枝园水库饮用工业用水区	斗门		饮用、工业	Ⅱ	Ⅱ
20	北坑水库开发利用区	北坑水库饮用工业用水区	斗门		饮用、工业	Ⅱ	Ⅱ
21	白藤湖开发利用区	白藤湖景观用水区	金湾		旅游景观	Ⅲ	Ⅲ
22	木头冲水库开发利用区	木头冲水库饮用水源区	金湾		饮用	Ⅱ	Ⅱ
23	黄绿背水库开发利用区	黄绿背水库饮用工业用水区	金湾		饮用、工业	Ⅱ	Ⅱ
24	白水寨水库开发利用区	白水寨水库饮用工业用水区	金湾		饮用、工业	Ⅱ	Ⅱ
25	先峰岭水库开发利用区	先峰岭水库饮用工业用水区	金湾		饮用、工业	Ⅱ	Ⅱ
26	西湖水库开发利用区	西湖水库景观用水区	金湾		景观	Ⅲ	Ⅲ

8.6.2　水域纳污能力

珠海市位于西北江三角洲河网区下游，其河流纵横交错，受径流和潮流共同作用。由于感潮河段的水文参数随着潮涨潮落瞬息万变，为了反映最不利的水文条件，采用低潮位所对应的水体积计算开发利用区的水环境容量。除白藤湖、西湖水库为景观用水区外，其他中、小型水库的水大都具有饮用功能，原则上不允许排污，纳污能力应为零。

在设计水文条件下，珠海市河流 COD 和氨氮的纳污能力分别为 27 633.6 t/a、690.7 t/a，各水功能区纳污能力见表 8-4。纳污能力最大的是鸡啼门水道珠海饮用渔业用水区，COD 和氨氮的纳污能力分别 13 931.3 t/a、328.9 t/a，各占全市总纳污能力的 50.4%、47.6%；其次是虎跳门水道珠海饮用渔业用水区，COD 和氨氮的纳污能力分别占全市总纳污能力的 23.9%、17.8%；横坑水道斗门饮用水源区 COD 和氨氮的纳污能力最小，分别为 150.0 t/a、4.9 t/a，仅占全市总纳污能力的 0.5%、0.7%。

表 8-4　珠海市河流水功能区纳污能力

水资源四级区	水功能区		COD				氨氮			
	一级	二级	水质目标(mg/L)	设计水量(m^3/s)	衰减系数(1/d)	纳污能力(t/a)	水质目标(mg/L)	设计水量(m^3/s)	衰减系数(1/d)	纳污能力(t/a)
西北江三角洲珠海	磨刀门水道开发利用区	磨刀门水道珠海饮用渔业用水区	15	530.0	0.2	533.8	0.5	530.0	0.1	59.3
	螺洲溪开发利用区	螺洲溪斗门饮用渔业用水区	20	163.0	0.17	52.8	1	163.0	0.09	7.9
	荷麻溪开发利用区	荷麻溪斗门饮用渔业用水区	20	223.0	0.2	524.8	1	223.0	0.1	14.4
	赤粉水道开发利用区	赤粉水道斗门饮用水源区	20	136.0	0.2	379.0	1	136.0	0.1	11.0
	黄杨河开发利用区	黄杨河斗门饮用渔业用水区	20	284.2	0.2	60.5	1	284.2	0.1	10.4
	鸡啼门水道开发利用区	鸡啼门水道珠海饮用渔业用水区	20	284.2	0.2	13 931.3	1	284.2	0.1	328.9
	涝涝溪开发利用区	涝涝溪斗门饮用渔业用水区	20	169.0	0.19	269.9	1	169	0.1	8.4
	横坑水道开发利用区	横坑水道斗门饮用水源区	20	27.7	0.2	150.0	1	27.7	0.1	4.9
	虎跳门水道开发利用区	虎跳门水道珠海饮用渔业用水区	20	180.1	0.2	6 617.6	1	180.1	0.08	122.7

续表 8-4

水资源四级区	水功能区		COD				氨氮			
	一级	二级	水质目标(mg/L)	设计水量(m^3/s)	衰减系数(1/d)	纳污能力(t/a)	水质目标(mg/L)	设计水量(m^3/s)	衰减系数(1/d)	纳污能力(t/a)
西北江三角洲珠海	前山河开发利用区	前山河珠海景观工业用水区	30	4.2	0.2	3 355.8	1.5	4.2	0.1	78.8
	黄镜门水道开发利用区	黄镜门水道斗门农业工业用水区	30	4.0	0.2	1 758.1	1.5	4.0	0.1	44
	合计		—	—	—	27 633.6	—	—	—	690.7

由于珠海市境内河流多数在斗门区，且河流的水量比较大，斗门区河流 COD 和氨氮的纳污能力最大，分别为 15 919.0 t/a、414.6 t/a，各占全市总纳污能力的 57.6%、60.0%；金湾区次之，COD 和氨氮的纳污能力分别为 8 358.8 t/a、197.3 t/a；香洲区 COD 和氨氮的纳污能力最小，分别为 3 355.8 t/a、78.8 t/a，仅占全市总纳污能力的 12.1%、11.4%。

2006 年正式启用自磨刀门水道竹银断面取水的平岗泵站调水 100 万 m^3/d(11.57 m^3/s)到香洲区，该调水流量仅相当于 2000 年磨刀门水道设计流量 530 m^3/s 的 2.20%，对磨刀门水道水环境容量影响不大，其他水系无调水情况，故认为本市各水系 2000 年与各规划水平年的纳污能力相同。

8.6.3 污染物控制量与削减量

结合工业和生活、第三产业和建筑业净需水量预测成果(详见珠海市经济社会指标及水资源需求预测专题)，预测基本需水方案下规划水平年珠海市点污染源废污水排放量和主要污染物 COD、氨氮的排放量，详见表 8-5。

表 8-5 珠海市点污染源排放情况预测

行政区	水平年	废污水排放量(万 t)			COD 排放量(t)			氨氮排放量(t)		
		生活	工业	合计	生活	工业	合计	生活	工业	合计
香洲	2010	8 081.9	216.0	8 297.9	19 218.7	166.8	19 385.5	1 842.7	7.3	1 850.0
	2020	10 283.5	265.2	10 548.7	24 454.3	204.8	24 659.1	2 344.6	8.9	2 353.5
	2030	10 703.4	271.7	10 975.1	25 452.6	209.8	25 662.4	2 440.4	9.2	2 449.6
金湾	2010	3 585.8	233.9	3 819.7	8 527.1	180.7	8 707.8	817.6	7.9	825.5
	2020	7 375.9	503.6	7 879.5	17 540.0	388.9	17 928.9	1 681.7	17.0	1 698.7
	2030	8 716.6	645.8	9 362.4	20 728.1	498.7	21 226.8	1 987.4	21.8	2 009.2

续表 8-5

行政区	水平年	废污水排放量(万 t)			COD 排放量(t)			氨氮排放量(t)		
		生活	工业	合计	生活	工业	合计	生活	工业	合计
斗门	2010	3 035.1	181.2	3 216.3	7 217.6	139.9	7 357.5	692.0	6.1	698.1
	2020	5 507.7	404.6	5 912.3	13 097.2	312.5	13 409.7	1 255.7	13.7	1 269.4
	2030	6 332.5	511.0	6 843.5	15 058.7	394.6	15 453.3	1 443.8	17.2	1 461.0
全市	2010	14 702.8	631.1	15 333.9	34 963.4	487.4	35 450.8	3 352.3	21.3	3 373.6
	2020	23 167.1	1 173.4	24 340.5	55 091.5	906.2	55 997.7	5 282.0	39.6	5 321.6
	2030	25 752.5	1 428.5	27 181.0	61 239.4	1 103.1	62 342.5	5 871.6	48.2	5 919.8

2010 年,全市废污水排放量为 15 333.9 万 t、COD 排放量为 35 450.6 t、氨氮排放量为 3 373.5 t,其中生活废污水排放量占 95.9%,工业废污水排放量占 4.1%;生活 COD 排放量占 98.6%,工业 COD 排放量占 1.4%;生活氨氮排放量占 99.4%,工业氨氮排放量占 0.6%。2020 年,全市废污水排放量为 24 340.5 万 t、COD 排放量为 55 997.6 t、氨氮排放量为 5 321.7 t,其中生活废污水排放量占 95.2%,工业废污水排放量占 4.8%;生活 COD 排放量占 98.4%,工业 COD 排放量占 1.6%;生活氨氮排放量占 99.3%,工业氨氮排放量占 0.7%。2030 年,全市废污水排放量为 27 180.9 万 t、COD 排放量为 62 342.4 t、氨氮排放量为 5 919.8 t,其中生活废污水排放量占 94.7%,工业废污水排放量占 5.3%;生活 COD 排放量占 98.2%,工业 COD 排放量占 1.8%;生活氨氮排放量占 99.2%,工业氨氮排放量占 0.8%。

从以上预测结果可知,未来各水平年珠海市工业废污水排放量远小于城镇生活废污水排放量;工业污染源 COD、氨氮的排放量也均远小于生活污染源 COD、氨氮的排放量。对行政区来说,各规划水平年按照点源废污水和污染物排放量大小排序均为香洲区 > 金湾区 > 斗门区。

各规划水平年污染物排放量预测值乘以相应的入河系数即为规划水平年污染物入河量。珠海市工业污染源现状入河系数为 0.78、城镇生活污染源入河系数为 0.92。随着城市化水平的提高、产业布局的调整和市政污水收集管网的建设,点源污染物入河系数将会有所提高。根据管网的漏损情况、污水处理厂的布局,同时参考《广东省地表水环境容量核定》成果,2010 年、2020 年、2030 年点源污染物入河系数分别取为 0.80、0.85、0.90。

根据水功能区的纳污能力和污染物入河量,综合考虑功能区的水质状况、当地技术经济条件和经济社会发展,确定污染物进入水功能区的最大数量,称为污染物入河控制量。到 2010 年,珠海市所有水功能区水质 100% 达标。因此,规划水平年水功能区的纳污能力即为该水功能区污染物入河控制量。规划水平年功能区相应陆域的污染物排放控制量等于该功能区入河控制量除以规划条件下的入河系数。水功能区入河控制量与排放控制量见表 8-6。

表 8-6　珠海市水功能区入河控制量与排放控制量　（单位：t/a）

水资源四级区	一级水功能区名称	二级水功能区名称	行政区	水平年	COD		氨氮	
					入河控制量	排放控制量	入河控制量	排放控制量
西北江三角洲珠海	前山河开发利用区	前山河珠海景观工业用水区	香洲	2000	3 355.8	4 007.1	78.8	90.1
				2010	3 355.8	4 194.8	78.8	98.5
				2020	3 355.8	3 948.0	78.8	92.7
				2030	3 355.8	3 728.7	78.8	87.6
	鸡啼门水道开发利用区	鸡啼门水道珠海饮用渔业用水区	金湾	2000	8 358.8	10 200.8	197.3	223.1
				2010	8 358.8	10 448.5	197.3	246.7
				2020	8 358.8	9 833.9	197.3	232.2
				2030	8 358.8	9 287.5	197.3	219.3
	鸡啼门水道开发利用区	鸡啼门水道珠海饮用渔业用水区	斗门	2000	5 572.5	7 015.2	131.6	159.5
				2010	5 572.5	6 965.7	131.6	164.5
				2020	5 572.5	6 555.9	131.6	154.8
				2030	5 572.5	6 191.7	131.6	146.2
	荷麻溪开发利用区	荷麻溪斗门饮用渔业用水区	斗门	2000	524.8	571.8	14.4	15.7
				2010	524.8	656.0	14.4	18.0
				2020	524.8	617.4	14.4	16.9
				2030	524.8	583.1	14.4	16.0
	虎跳门水道开发利用区	虎跳门水道珠海饮用渔业用水区	斗门	2000	6 617.6	7 358.1	122.7	133.4
				2010	6 617.6	8 272.0	122.7	153.4
				2020	6 617.6	7 785.4	122.7	144.4
				2030	6 617.6	7 352.9	122.7	136.3
	黄镜门水道开发利用区	黄镜门水道斗门工业农业用水区	斗门	2000	1 758.1	2 223.4	44.0	50.8
				2010	1 758.1	2 197.6	44.0	55.0
				2020	1 758.1	2 068.4	44.0	51.8
				2030	1 758.1	1 953.4	44.0	48.9
	黄杨河开发利用区	黄杨河斗门饮用渔业用水区	斗门	2000	60.5	72.3	10.4	11.6
				2010	60.5	75.6	10.4	13.0
				2020	60.5	71.2	10.4	12.2
				2030	60.5	67.2	10.4	11.6

续表 8-6

水资源四级区	一级水功能区名称	二级水功能区名称	行政区	水平年	COD		氨氮	
					入河控制量	排放控制量	入河控制量	排放控制量
西北江三角洲珠海	螺洲溪开发利用区	螺洲溪斗门饮用渔业用水区	斗门	2000	52.8	57.4	7.9	9.8
				2010	52.8	66.0	7.9	9.9
				2020	52.8	62.1	7.9	9.3
				2030	52.8	58.7	7.9	8.8
	合计			2000	26 300.9	31 506.1	607.1	694.0
				2010	26 300.9	32 876.2	607.1	759.0
				2020	26 300.9	30 942.3	607.1	714.3
				2030	26 300.9	29 223.2	607.1	674.7

规划水平年水功能区相应陆域的污染物预测排放量与排放控制量之差,即为该功能区陆域污染物排放削减量。规划水平年珠海市 COD、氨氮削减量见表 8-7。2000 年全市 COD、氨氮排放削减量分别为 20 009.7 t、1 151.5 t。为实现所有水功能区水质达标,2010 年、2020 年、2030 年全市 COD 陆域排放量分别需要削减 6 835.4 t、11 387.7 t、13 629.9 t;2010 年全市氨氮排放量需要削减 1 108.6 t,2020 年、2030 年分别需要削减 1 818.2 t、2 033.0 t。

2000 年全市 COD 排放削减率为 55.6%、氨氮排放削减率为 72.4%,2010 年、2020 年、2030 年 COD 排放削减率分别为 44.2%、48.7%、53.0%,氨氮排放削减率分别为 75.6%、82.2%、83.7%。由表 8-7 可知,香洲区 COD、氨氮的排放削减率最大,2000 年 COD、氨氮的排放削减率分别为 69.3%、88.4%;其次为斗门区,2000 年 COD、氨氮的排放削减率分别为 55.8%、67.5%。总地来说,各水平年全市氨氮排放削减率高于 COD 排放削减率。

8.6.4 水资源保护措施

在污染物排放总量控制方案编制的基础上,进一步推出相应的水资源保护措施。总体来看,珠海市水资源保护措施可分为工程措施和非工程措施两类。工程措施包括推行清洁生产工艺、加大工业废水处理与达标排放、提高水功能区纳污能力和水体自净能力(主要包括水利工程调度、引水减污、疏浚清淤等工程措施)、水质监测网络布设等;非工程措施主要表现在管理方面,包括调整工业布局和产业结构、关停污染严重企业、环境监察与环境执法、建立地表水水质保护机构和应对突发事件机制等。

表 8-7 规划水平年珠海市 COD 和氨氮削减情况

行政区	水平年	COD						氨氮					
		排放量（t）	排放控制量（t）	排放削减量（t）	排放削减率（%）	新增排放量（t）	新增削减量（t）	排放量（t）	排放控制量（t）	排放削减量（t）	排放削减率（%）	新增排放量（t）	新增削减量（t）
香洲	2000	13 052.7	4 007.1	9 045.5	69.3	—	—	776.5	90.1	686.4	88.4	—	—
	2010	8 765.1	4 194.8	4 570.4	52.1	0	0	834.3	98.5	735.8	88.2	57.8	49.4
	2020	11 147.8	3 948.0	7 199.8	64.6	2 382.6	2 629.4	1 061.4	92.7	968.7	91.3	227.1	232.8
	2030	11 600.5	3 728.7	7 871.9	67.9	452.8	672.1	1 104.6	87.6	1 017.0	92.1	43.2	48.4
金湾	2000	3 284.8	10 200.8	0	0	—	—	126.1	223.1	0	0	—	—
	2010	72.3	10 448.5	0	0	0	0	3.2	246.7	0	0	-122.9	0
	2020	155.6	9 833.9	0	0	83.3	0	6.8	232.2	0	0	3.6	0
	2030	199.5	9 287.5	0	0	43.9	0	8.7	219.3	0	0	1.9	0
斗门	2000	19 664.2	17 298.3	10 964.2	55.8	—	—	688.6	380.8	465.1	67.5	—	—
	2010	6 621.7	18 232.9	2 265.0	34.2	0	0	628.3	413.7	372.8	59.3	0	0
	2020	12 068.7	17 160.4	4 187.9	34.7	5 447.0	1 922.9	1 142.5	389.4	849.6	74.4	514.1	476.7
	2030	13 907.9	16 207.0	5 758.0	41.4	1 839.2	1 570.1	1 314.9	367.7	1 015.9	77.3	172.5	166.4
合计	2000	36 001.7	31 506.2	20 009.7	55.6	—	—	1 591.2	694.0	1 151.5	72.4	—	—
	2010	15 459.1	32 876.2	6 835.4	44.2	0	0	1 465.8	758.9	1 108.6	75.6	0	0
	2020	23 372.1	30 942.3	11 387.7	48.7	7 912.9	4 552.3	2 210.7	714.3	1 818.3	82.2	744.8	709.5
	2030	25 707.9	29 223.2	13 629.9	53.0	2 335.9	2 242.2	2 428.2	674.6	2 032.9	83.7	217.6	214.8

思考题

8-1 说明最严格水资源管理制度对我国水资源保护工作的指导意义。

8-2 水资源保护的措施有哪些？

8-3 为何要对水体进行水功能区划分？

8-4 简述一级和二级水功能区的划分依据。

8-5 介绍水功能区纳污能力与水环境容量的区别和联系。

8-6 影响水功能区纳污能力大小的因素有哪些？

8-7 如何科学、合理地分配水功能区纳污能力？

8-8 选择某一个小流域，搜索相关资料，完成一个水资源保护的工作任务，并撰写水资源保护报告。

第9章 水资源优化配置

9.1 概 述

9.1.1 水资源优化配置的概念

水资源优化配置是指依据可持续发展的需要，通过工程措施与非工程措施，调节水资源的天然时空分布，利用系统方法、决策理论和计算机技术，统一调配当地可供利用的各种水资源，使水资源综合效益最大。水资源优化配置涉及资源、环境、经济和社会等各个方面。水资源优化配置就是要对洪涝灾害、干旱缺水与水环境恶化等问题进行统筹规划、综合治理。要兴利与除害结合，防洪抗旱并举，开源节流并重，妥善处理上下游、左右岸、干支流、城市与乡村、流域与区域、开发与保护、建设与管理、近期与远期等各方面的关系。其目的是缓解水资源短缺与水功能矛盾的用水局面，提高水的区域、部门与行业的优化分配效率，以及提高水的部门和内部水资源使用效率，从而实现有限水资源的合理利用。

水资源优化配置的基本功能主要从水的需求和供给两个方面来体现：在需求方面，通过调整产业结构，建设节水型社会并调整生产力布局以适应较为不利的水资源条件；在供给方面，协调各项竞争性用水，并通过工程措施改变水资源的天然时空分布来适应生产力布局。二者相辅相成，以促进区域可持续发展。

9.1.2 水资源优化配置的目标

一个区域的水资源是有限的，当这种有限性的区域水资源成为稀缺资源时，各种用户的水需求之间就具有了竞争性，就会面临如何把有限的水资源分配给各用户的问题。水资源供需分析是进行不同水平年水资源在各用户间分配的方法之一，它主要根据用户重要性的不同，从尽量满足供给与需求之间的平衡角度出发，进行水资源在各用户之间的分配。很显然，它没有直接考虑水资源分配的效益问题。水资源优化配置就是从效益最大化角度出发进行水资源分配的方法。

水资源优化配置要实现的效益最大化，是从社会、经济、生态三个方面来衡量的，是综合效益的最大化。从社会方面来说，要实现社会和谐，保障人民安居乐业，促使社会不断进步；从经济方面来说，要实现区域经济持续发展，不断提高人民群众的生活水平；从生态方面来说，要实现生态系统的良性循环，保障良好的人居生存环境；总体上达到既能促进社会经济不断发展，又能维护良好生态环境的目标。

水资源优化配置要合理解决各用户之间的竞争性用水问题。按照用水类型的划分及用水后果的影响程度，可把水资源优化配置分成不同层次。

在可持续发展层次，保持人与自然的和谐关系。人类为了发展社会经济，必须利用一部分水资源；而为了人类自身的存在，又必须维护适宜的生存环境。因此，必须研究如何与自然环境合理地分享水资源。兼顾当前与长远，在社会经济发展与生态环境保护两大类目标间进行权衡，进行社会经济用水与生态环境用水的合理分配，力争使长期发展的社会净福利达到最大。

在社会经济发展层次，兼顾社会公平与经济效益。人类为了发展经济，必须利用水资源；而经济发展，又必须有和谐的社会环境。因此，进行水资源配置时必须统筹考虑公平与效益问题。兼顾局部与全局，在社会公平与经济效益两类目标间进行权衡，进行区域水资源在各类用户之间的合理分配，保障社会和谐与经济快速发展。

在水资源开发利用层次，对水资源需求侧与供给侧同时调控。调动各种手段，力求使需要与可能之间实现动态平衡。寻求技术可行、经济合理、环境无害的水资源开发利用、保护与管理模式。在需水方面，通过调整产业结构和生产力布局，积极发展高效节水产业，抑制需水增长势头，以适应较为不利的水资源条件；在供水方面，则是加强管理，并通过工程措施改变水资源天然时空分布与生产力布局不相适应的被动局面，统筹安排降水、当地地表水、当地地下水、中水、外调水的联合利用，增加水资源可供水量，协调各用水部门竞争性用水。在不同水平年条件下，给出用水需求和用水次序安排，给出可供水量和供水次序安排以及水资源开发利用方案的整体安排。

9.1.3 水资源优化配置的原则

根据水资源优化配置的含义，水资源优化配置应遵循公平性、高效性、可持续性的原则。

9.1.3.1 公平性原则

公平性原则，主要是指在发达地区和落后地区之间进行水资源分配时要把握公平、公正的原则，考虑不同区域间和社会各阶层间的各方利益进行水资源的科学分配，实现不同区域（上下游、左右岸）之间的协调发展，以及资源利用效益在同一区域内社会各阶层中公平分配。

9.1.3.2 高效性原则

高效性原则，主要是指水资源的高效利用，取得环境、经济和社会协调发展的最佳综合效益。效益是基于水资源作为社会经济行为中的商品属性确定的。对水资源的分配，应以其利用的经济效益作为区域经济发展的重要指标，而其对社会生态环境的保护作用（或效益）作为整个社会健康发展的重要指标，使水资源利用达到物尽其用的目的。这种高效性不是单纯追求经济意义上的效益，而是同时追求经济、环境和社会协调发展的综合利用效益。这需要在水资源配置问题中设置相应的经济目标、环境目标和社会发展目标，并考察目标之间的竞争性和协调发展程度，满足真正意义上的高效性原则。

9.1.3.3 可持续性原则

可持续性原则，就是坚持水资源可持续利用的原则。水资源是一种再生资源，具有时空分布不均和对人类利害并存的特点。对它的开发利用要有一定限度，必须保持在它的承载能力之内，以维持自然生态系统的更新能力和可持续利用。流域是由水循环系统、社会经济系统和生态环境系统组成的具有整体功能的复合系统，流域水循环是生态环境最为活跃的控制性因素，并构成流域经济社会发展的资源基础。以流域为基本单元的水资源优化配置，要从系统的角度，注重除害与兴利、水量与水质、开源与节流、工程措施与非工程措施的结合，统筹解决水资源短缺与水环境污染对社会经济可持续发展的制约。水资源的优化配置必须与流域或区域社会经济发展状况和自然条件相适应，因地制宜，按地区发展计划，有条件地分阶段配置水资源，以利于环境、经济、社会的协调持续发展。

9.1.4　水资源优化配置的手段

一般来说，水资源优化配置的方式主要有工程手段、科技手段、行政手段和经济手段等。

9.1.4.1　工程手段

通过采取工程措施对水资源进行调蓄、输送和分配，达到合理配置的目的。时间调配工程包括水库、湖泊、塘坝、地下水等蓄水工程，用于调整水资源的时程分布；空间调配工程包括河道、渠道、运河、管道、泵站等输水、引水、提水、扬水和调水工程，用于改变水资源的地域分布；质量调配工程包括自来水厂、污水处理厂、海水淡化等水处理工程，用于调整水资源的质量。调配的方式主要有地表水、地下水联合运用，跨流域调水与当地水联合调度，蓄、引、提水多水源统筹安排，污水资源化、雨水利用、海水利用等多种水源相结合等。

9.1.4.2　科技手段

建立水资源实时监控系统，准确及时地掌握各水源单元和用水单元的水信息。科学分析用水需求，加强需水管理。采用优化技术进行分析计算，提高水资源规划与调度的现代化水平。

9.1.4.3　行政手段

利用法律约束机制和行政管理职能，直接通过行政措施进行水资源配置，调配生活用水、生产用水和生态用水，调节地区、部门等各用水单位的用水关系，实现水资源的统一管理。水资源统一管理主要体现在两个方面：一是流域的统一管理；二是区域的，主要是城市水务的统一管理。

9.1.4.4　经济手段

按照市场经济要求，建立合理的水使用权分配和转让的管理模式，建立合理的水价形成机制，以及以保障市场运作为目的的、以法律为基础的水管理机制。利用经济手段进行调节，利用市场加以配置，使水的利用方向从低效益的经济领域向高效益的经济领域转变，水的利用模式从粗放型向集约型转变，提高水的利用效率。

9.2　面向可持续发展的水资源优化配置

在水资源紧缺地区，经济结构布局的不合理以及社会经济发展规模的增大和速度的加快，国民经济生产用水挤占生态用水的现象普遍较严重。在这些地区，社会经济发展已危害了生态环境系统，而且生态环境系统的恶化已反过来对社会经济发展产生了巨大消极作用。如海河流域，随着工农业及城市的快速发展，流域用水量急剧增加，为满足工农业生产和城镇供水需求,流域下游生态环境逐步恶化。有河皆干,河床沙化,不仅使河流生态系统遭到毁灭性破坏,也使得内河航运停滞,入海水量减少,河口生态恶化,使流域生态系统由开放型逐渐向封闭型和内陆型方向转化,河流生物物种转向低级化;地下水超采,可开采的含水层逐渐疏干,不仅使得大量人口的生活供水面临枯竭的危险,而且由此产生的地面下沉、地质灾害和海水入侵均已危及生产建设和社会经济的可持续发展。

作为宏观经济核算重要工具的投入产出表只是反映了传统经济运输和均衡状况,投入产出表中所选择的各种变量经过市场而最终达到一种平衡,这种平衡只是传统经济学范畴的市场交易平衡,忽视了资源自身价值和生态环境的保护。因此,传统的基于宏观经济的水资源优化配置与环境产业的内涵及可持续性发展观念不相吻合,环保并未作为一种产业考虑到投入产出的流通平衡中,水环境的改善和治理投资也未进入投入产出表中进行分析,必然会造成环境污染或生态遭受潜在的破坏。面向可持续发展的水资源优化配置是基于宏观经济的水资源配置的进一步升华,遵循人口、资源、环境和经济协调发展的战略原则,在保护生态环境(包括水环境)的同时,促进经济增长和社会繁荣。

9.2.1 生态用水调控

区域内的用水包括社会经济用水和生态用水,这两种用水之间为竞争关系。因此,必须合理配置生态用水和社会经济用水,以便使水的总效益最大。

资本是在一个时间点上存在的物资或信息的存量。每一种资本存量形式或自主地或与其他资本存量的服务一起产生一种服务流,这种服务流可用于转化物质或物质的空间配置以增进人类的福利,从而产生价值。生态系统具有多种功能,为人类提供各种服务。生态系统服务和人工资本及人力资本结合在一起产生人类的福利,从而产生价值。显然,构成价值的这三个要素的其中之一趋向于零时,其产生的价值也趋向于最小。当生态用水趋向于零时,生态系统由于缺水而崩溃,生态系统服务趋向于零。因此,由生态系统服务、人工资本及人力资本共同构成的价值趋向于最小,即水的总价值也趋向于最小。当生态用水趋向于最大,即趋向于水资源总水量时,社会经济用水趋向于零。在现状经济技术条件下,社会经济用水趋向于零,意味着人工资本无法运转,人力资本趋于消亡,因此尽管生态系统提供了很好的服务流,但是由生态系统服务、人工资本及人力资本共同构成的价值仍趋向于最小,即水的总价值也趋向于最小。当生态用水为某一中间值时,由于生态系统和社会经济系统均获得了适量的水,从而使水的总价值达到最大。

面向可持续发展的水资源优化配置,就是要对社会经济用水和生态用水进行权衡。必须深刻认识以下两个问题:

(1)立足于对人类与自然的辩证关系的认识,要充分肯定社会经济和生态环境均是水资源的承载对象,人类既不能也无权剥夺自然生态系统演化发展的需水权利;水资源的环境功能既是水资源本身的属性,也是人类社会赖以生存的客观条件之一。

(2)从人类生存和发展的自身目的思考,生态环境用水与社会经济用水在功能目标上实际并无冲突,而具有相辅相成、互相增益的关系。如生态环境建设中的水土保持工程,不仅能削减洪峰增加枯水流量、调节河川径流量、控制土壤侵蚀,而且还具有增加区域蓄水能力、提高水资源的有效利用程度;植被建设工程也具有涵养水源、调节河川径流以及保护和改善水质等作用。由此可见,生态环境用水通过对水资源保护和利用的作用,能进一步改善社会经济用水条件和提高区域水资源利用率。

流域生态用水调控应在维护流域水循环的基础上,结合流域生态环境保护和建设目标,对社会经济用水和生态用水的关系加以全面衡量后进行。

9.2.2 水资源优化配置的多目标决策模型

面向可持续发展的水资源优化配置,从社会、经济、生态环境三类目标出发,寻求水资源的合理分配方案,目前还没有成熟的通用模型。下面以多目标决策理论应用为例进行分析。

9.2.2.1 决策变量

决策变量可分为三类:

(1)反映需水结构调控方案的变量。如各区域各部门的发展规模、节约用水方案、生态需水调控方案等,隐含在模型的需水变量中起作用。

(2)反映供水结构调控方案的变量。如水利工程的布局、规模及建设次序等,隐含在模型中的水利工程运行约束域中起作用。

(3)反映在运行管理策略方案的变量。如水量宏观调配、工程运行策略的变量,由不同水源向不同用户的供水量反映。

9.2.2.2 目标函数

考虑三个方面的目标函数:考虑公平性,各分区各部门缺水量最小;考虑高效性,区域供水净效益最大;考虑可持续发展,区域COD排放量之和最小。

(1)社会目标,使区域内各用户缺水量最小。

$$\min f_1 = \sum_{j=1}^{J}\sum_{k=1}^{K}\sum_{t=1}^{T} a_{jk}\left(\frac{D_{jkt} - \sum_{i=1}^{I} Q_{ijkt}}{D_{jkt}}\right)^2 \tag{9-1}$$

式中 D_{jkt}——规划水平年第j分区第k用水部门第t时段的需水量;

Q_{ijkt}——规划水平年第i供水水源给第j分区第k用水部门第t时段的供水量。

(2)经济目标,使区域经济效益最大。

$$\max f_2 = \sum_{j=1}^{J}\sum_{k=1}^{K}\sum_{t=1}^{T}\left(\sum_{i=1}^{I} b_{jk}Q_{ijkt} - \sum_{i=1}^{I} C_{ijk}Q_{ijkt}\right) \tag{9-2}$$

式中 b_{jk}——第j分区第k用水部门的供水效益,元/m^3;

C_{ijk}——第i个水源对第j分区第k用水部门的供水费用,元/m^3。

(3)环境目标,使区域内各分区COD排放量之和最小。

$$\min f_3 = \sum_{j=1}^{J}\sum_{k=1}^{K}\sum_{t=1}^{T} 0.001 d_{jk}p_{jk}\sum_{i=1}^{I} Q_{ijkt} \tag{9-3}$$

式中 d_{jk}——第j分区第k用户单位废水排放量中COD的含量,mg/L;

p_{jk}——第j分区第k用水部门污水排放系数。

9.2.2.3 约束条件

(1)可供水量约束,水源供给各分区各用水部门的供水量不应多于其可供水量。

$$\sum_{j=1}^{J}\sum_{k=1}^{K} Q_{ijkt} \leqslant W_{it} \quad (i = 1,2,\cdots,I;t = 1,2,\cdots,T) \tag{9-4}$$

式中 $\sum_{j=1}^{J}\sum_{k=1}^{K} Q_{ijkt}$——第 i 供水水源对第 j 分区第 k 用水部门第 t 时段的供水量;

W_{it}——规划水平年内第 i 个供水水源第 t 时段的可供水量,是考虑河道内生态环境最小需水量要求及相关因素后的数值。

(2)需水量约束,水源供给各分区各用水部门的供水量不应多于其需水量。

$$\sum_{i=1}^{I} Q_{ijkt} \leqslant D_{jkt} \quad (j = 1,2,\cdots,J;k = 1,2,\cdots,K;t = 1,2,\cdots,T) \tag{9-5}$$

式中 $\sum_{i=1}^{I} Q_{ijkt}$—— 第 i 供水水源对第 j 分区第 k 用水部门第 t 时段的供水量。

(3)供水能力约束,各分区的输水河道及泵站等都有各自的供水能力,因此供水水源对各分区各用水部门的供水量不应大于其最大输水能力。

$$\sum_{k=1}^{K} Q_{ijkt} \leqslant Q_{\max ij} \quad (i = 1,2,\cdots,I;j = 1,2,\cdots,J;t = 1,2,\cdots,T) \tag{9-6}$$

式中 $Q_{\max ij}$——第 i 供水水源对第 j 分区的输水工程过水能力。

(4)工程运行可行域约束,对于特定水源,其供水应在调节计算的约束域内进行。

$$Q_{\max ij} \in S_i \quad (i = 1,2,\cdots,I;j = 1,2,\cdots,J) \tag{9-7}$$

式中 S_i——第 i 供水水源调节计算时的约束域,如水库运行的水位限制条件等。

(5)变量非负约束,可供水量非负限制。

$$Q_{\max ij} \geqslant 0 \quad (i = 1,2,\cdots,I;j = 1,2,\cdots,J) \tag{9-8}$$

需要说明的是,上述模型只是一个原则性的描述模型,在实际问题研究中,要根据具体情况进行详细描述,并结合数学模型的特点,选择适宜的优化方法或模拟方法进行求解。

9.3 水资源优化配置模型

9.3.1 水资源优化配置一般模型

9.3.1.1 模型结构

水资源优化配置就是运用系统工程理论,将区域(或流域)水资源在各子区、各用水部门间进行最优化分配。通常要建立一个有目标函数、约束条件的优化模型来实现,其一般形式如下:

$$Z = \max[F(X)]$$
$$G(X) \leqslant 0$$
$$X \geqslant 0$$

式中 X——决策向量;

$F(X)$——综合效益函数;

$G(X)$——约束条件集。

水资源优化配置模型建立的具体步骤如下。

1. 子区域划分及水源、用户组成

首先,需要划分子区,确定水源途径、用水部门。设研究区划分 K 个子区,$k=1,2,\cdots,K$;k 子区有 $I(k)$ 个独立水源、$J(k)$ 个用水部门。研究区内有 M 个公共水源,$c=1,2,\cdots,M$。公共水源 c 分配到 k 子区的水量用 D_c^k 表示。其水量和其他独立水源一样,需要在各用水户之间进行分配。因此,对于 k 子区而言,是 $I(k)+M$ 个水源、$J(k)$ 个用水户的水资源优化配置问题。

2. 模型目标函数

由于水资源优化配置要考虑社会效益、经济效益、环境效益,因此可以把目标函数分成三个目标,再集成总的综合效益。这就是多目标优化模型。

目标1:社会效益。由于社会效益不易度量,可以用区域总缺水量最小来间接反映。因为区域缺水量大小或缺水程度直接影响到社会发展和安定,是社会效益的一个侧面反映,即

$$f_1(X) = -\min\left\{\sum_{k=1}^{K}\sum_{j=1}^{J(k)}\left[D_j^k - \left(\sum_{i=1}^{I(k)}x_{ij}^k + \sum_{c=1}^{M}x_{cj}^k\right)\right]\right\} \tag{9-9}$$

式中 D_j^k——k 子区第 j 用水部门需水量,万 m^3;

x_{ij}^k、x_{cj}^k——独立水源 i、公共水源 c 向 k 子区 j 用户的供水量,万 m^3。

目标2:经济效益。可以用供水带来的直接经济效益来表示,即

$$f_2(X) = \max\left\{\sum_{k=1}^{K}\sum_{j=1}^{J(k)}\left[\sum_{i=1}^{I(k)}(b_{ij}^k - c_{ij}^k)x_{ij}^k a_{ij}^k + \sum_{c=1}^{M}(b_{cj}^k - c_{cj}^k)x_{ij}^k a_{cj}^k\right]\right\} \tag{9-10}$$

式中 b_{ij}^k、b_{cj}^k——独立水源 i、公共水源 c 向 k 子区 j 用水部门的单位供水量效益系数,元/m^3;

c_{ij}^k、c_{cj}^k——独立水源 i、公共水源 c 向 k 子区 j 用户的单位供水量费用系数,元/m^3;

a_{ij}^k、a_{cj}^k——独立水源 i、公共水源 c 向 k 子区 j 用户供水效益修正系数,与供水次序、用户类型及子区影响程度有关。

目标3:环境效益。与水资源利用直接有关的环境问题,可以用废污水排放量最小来衡量。一般可以选择重要污染物的最小排放量来表示,即

$$f_3(X) = -\min\left[\sum_{k=1}^{K}\sum_{j=1}^{J(k)}0.01d_j^k p_j^k\left(\sum_{i=1}^{I(k)}x_{ij}^k + \sum_{c=1}^{M}x_{cj}^k\right)\right] \tag{9-11}$$

式中 d_j^k——k 子区 j 用户单位废污水排放量中重要污染物的含量,一般用化学需氧量 COD、生化需氧量 BOD 等水质指标来表示,mg/L;

p_j^k——k 子区 j 用户污水排放系数。

3. 模型约束条件

一方面,可以从水资源配置的各个环节分别进行分析;另一方面,可以从社会、经济、水资源、生态环境协调方面进行分析。

(1)供水系统的供水能力约束:

公共水源

$$\left.\begin{aligned}\sum_{j=1}^{J(k)} x_{cj}^{k} \leqslant W(c,k)\\ \sum_{k=1}^{K} W(c,k) \leqslant W_{c}\end{aligned}\right\} \tag{9-12}$$

独立水源

$$\sum_{j=1}^{J(k)} x_{ij}^{k} \leqslant W_{i}^{k} \tag{9-13}$$

式中　W_c、W_i^k——公共水源 c 和 k 子区独立水源 i 的可供水量上限；

$W(c,k)$——公共水源 c 分配给 k 子区的水量；

其他符号意义同前。

(2)输水系统的输水能力约束：

公共水源

$$x_{cj}^{k} \leqslant Q_{c} \tag{9-14}$$

独立水源

$$x_{ij}^{k} \leqslant Q_{i}^{k} \tag{9-15}$$

式中　Q_c、Q_i^k—— 公共水源 c、k 子区 i 水源的最大输水能力。

(3)用水系统的供需变化约束：

$$L(k,j) \leqslant \sum_{i=1}^{I(k)} x_{ij}^{k} + \sum_{c=1}^{M} x_{cj}^{k} \leqslant H(k,j) \tag{9-16}$$

式中　$L(k,j)$、$H(k,j)$——k 子区 j 用户需水量变化的下限和上限。

(4)排水系统的水质约束：

达标排放

$$c_{kj}^{r} \leqslant c_{0}^{r} \tag{9-17}$$

总量控制

$$\sum_{k=1}^{K} \sum_{j=1}^{J(k)} 0.01 d_{j}^{k} p_{j}^{k} \left(\sum_{i=1}^{I(k)} x_{ij}^{k} + \sum_{c=1}^{M} x_{cj}^{k}\right) \leqslant W_{0} \tag{9-18}$$

式中　c_{kj}^r——k 子区 j 用户排放污染物 r 浓度；

c_0^r——污染物 r 达标排放规定的浓度；

W_0——允许的污染物排放总量；

其他符号意义同前。

(5)经济社会系统结构关系约束：如果要定量研究未来变化了的社会，就需要建立经济社会系统模型，也需要把该模型作为一个约束条件，嵌入到优化模型中。把经济社会系统模型统称为 SubMod(SESD)，即有约束条件：

$$\text{SubMod}(\text{SESD}) \tag{9-19}$$

(6)生态环境系统结构关系约束：由于水资源与经济社会系统相互作用的结果是通过生态环境系统反映出来的，因此生态环境质量的优劣将是制约经济社会发展的重要因素之一。把生态环境系统模型统称为 SubMod(Q,C,E)，该模型也可作为生态环境方面的一个约束条件，即

$$\text{SubMod}(Q,C,E) \tag{9-20}$$

(7)非负约束：

$$x_{ij}^{k}、x_{cj}^{k} \geqslant 0 \tag{9-21}$$

(8)其他约束条件:针对具体情况,可能还需要增加一些其他约束条件。例如,投资约束、风险约束、湖泊最低水位约束、地下水位最低约束等。

9.3.1.2 模型求解

上述目标函数和约束条件组合在一起就构成了水资源优化配置模型。该模型是一个十分复杂的多目标、多水源、多用户的优化模型。求解该模型可以采用大系统理论方法,也可以采用遗传算法,以及计算机模拟技术等。

如果构建的水资源优化配置模型结构相对简单,且目标函数属性也相对固定,也可采用一些简单的数学方法将多目标问题单目标化,如权重法和约束法。

权重法是将各目标函数赋予权重,然后对各权重函数进行求和达到极值,不断改变权重的摄动权重法;数值解法的程序一般是将权重从0到1离散,然后对权重组合,再分别优化各目标函数值。

约束法是选择一个目标作为基本目标,其余的目标转换为不等式约束;或对各个目标一次选择为基本目标,并相应地不断变动约束值的摄动约束法。

实际上,水资源优化配置就是针对水资源系统,利用优化技术方法,依据一定的模板(单一目标或多目标),在水资源系统的综合约束条件下,使水资源配置达到目标最优的过程。可见,水资源优化配置的发展是与优化技术相联系的,也就是说,水资源优化配置仅仅是优化技术在水资源配置中的一种应用。当然,这种应用具有重要的现实意义,对水资源合理利用有重要的指导作用。特别是在目前情况下,人类面临着前所未有的水资源问题、环境问题以及经济社会发展问题,要实现经济社会发展、水资源利用、生态环境保护的协调发展和综合目标最大,显然需要优化技术来参与,即应用优化技术来协调水资源系统各要素之间的关系,实现社会效益、经济效益、生态环境效益的综合目标最大,保证经济社会可持续发展。

9.3.2 基于可持续发展量化方法建立的水资源优化配置模型

基于可持续发展量化方法建立的水资源优化配置模型,实际上与上述优化模型相似,区别仅仅是用到可持续发展量化方法来建立模型。本节仅简要介绍基于"发展综合指标测度(DD)"的水资源优化配置模型。

9.3.2.1 可持续发展量化

关于可持续发展量化方法的论述已有很多文献,下文只简要介绍基于"发展综合指标测度(DD)"的量化方法。

该方法的基本思路是:把可持续发展划分为三个准则:可承载、有效益、可持续。用模糊数学中隶属度来定量描述可承载准则、有效益准则、可持续准则,应用多准则集成方法来定量判定可持续发展综合水平。

1. 可承载程度的定量描述

因为可承载在实际度量界定上存在模糊性,所以可以用模糊数学中隶属度进行描述。假如反映可承载力的因子有多个,对于T时刻某单个指标$Y_i(T)$描述的可承载隶属度为$\mu_{LI}[Y_i(T)]$,则由多个指标集成反映的整个系统的可承载隶属度描述如下:

$$LI(T) = \prod_{i=1}^{n_1} \mu_{LI}{}^{a_i}[Y_i(T)] \tag{9-22}$$

式中 $LI(T)$—— 系统在 T 时段可承载隶属度；

n_1 ——指标个数；

a_i—— 第 i 个指标的指数权重，可根据因子的重要程度给 a_i 赋值。

2. 有效益的定量描述

取经济学指标（如国民生产总值、工农业总产值、人均国民生产总值等）SP，设初始年 SP 值为基准值 SP_0，为了使数据无量纲化，可以将指标进行初始化，即令 $x = SP(T)/SP_0$。用下面的隶属函数（也可根据具体情况另选）来量化表示经济增长指标：

$$EG(T) = \mu = \frac{x-a}{x+a} \tag{9-23}$$

式中 a——待定系数。

这一隶属函数仅仅是一种描述公式。

3. 可持续发展综合水平表达

可持续发展不仅要求经济增长，而且讲究发展质量。因此，应该把它们综合起来表征系统发展的状态。前面介绍的可承载隶属度 $LI(T)$ 是对人类生存质量的一种定量描述，$EG(T)$ 是对经济增长的一种定量描述。可以通过下式来表征系统的综合发展状态，即得到发展综合指标测度 $DD(T)$：

$$DD(T) = EG(T)^{\beta_1} LI(T)^{\beta_2} \tag{9-24}$$

式中 β_1、β_2——经济增长 $EG(T)$、可承载 $LI(T)$ 的指数权重，可根据其重要程度赋值。

$DD(T)$ 是系统在 T 时段的发展综合指标测度，$DD(T) \in [0,1]$。对于同一系统、同一时段，$DD(T)$ 值越大，发展程度越高，效益越大。可持续发展要求的是在可预测的全时段（设共 N 个时段）内总效益最大。为了消除时段个数不同带来的差异（且具有可比性），常采用效益的平均值来衡量，令 $BTI = \sum_{T=1}^{N} DD(T)/N$，称 BTI 为目标函数值。

4. 可持续的定量描述

可持续准则要求发展是持续提高的，因此对于发展综合指标测度 $DD(T)$，可持续性可定义为 $DD(T) \geqslant DD(T-1)$，令 $x = DD(T)/DD(T-1)$（如果 $T=1$，约定 $x=1$）。按照可持续定义，给出 T 时段相对 $T-1$ 时段发展持续提高的隶属函数（也可据具体情况另选），见下式：

$$\mu su[DD(T)] = \begin{cases} 1 & x \geqslant 1 \\ x & x < 1 \end{cases} \tag{9-25}$$

$\mu su[DD(T)]$ 作为整个系统在 T 时段相对 $T-1$ 时段发展是否持续提高的一种度量，但它还不能判别全时段发展是否是良性的、是否满足可持续发展定义的要求。为此，还要对发展态势进行判别。定义全时段发展相对可持续性的隶属度（简称态势隶属度）为

$$SDDT = \left[\prod_{T=1}^{N} \mu su[DD(T)]\right]^{\frac{N_0}{N}} \tag{9-26}$$

式中 N——整个时段个数（如 N 年）；

N_0——选定的常数(如5,10,…,N)。

9.3.2.2 目标函数

可持续发展要求发展给人类带来尽可能大的综合效益，可以用目标函数值 BTI 达最大来衡量，即在某一特定时段 T，在满足一定条件下，使其总效益达到最大(目标函数值 BTI 最大)。

$$\max(BTI) = \max\left[\sum_{T-1}^{N} DD(T)/N\right] \tag{9-27}$$

式中 $DD(T)$——时段 T 的发展指标综合测度。

9.3.2.3 约束条件

除具有"基于系统理论建立的模型"中列出的所有约束条件外，依据可持续发展的准则，还可以写出以下约束条件：

(1)可承载。欲保证整个系统可持续发展，必然要求系统可承载程度在某时段后达到某一最低水平(设为 LI_0)，即

$$LI(T) \geq LI_0, T \geq T_0 \tag{9-28}$$

(2)可持续。欲保证整个系统可持续发展，必然要求系统发展是"可持续的"，即要求态势隶属度超过某一最低水平(设 $SDDT_0$)，即

$$SDDT \geq SDDT_0 \tag{9-29}$$

式中 $SDDT$——发展相对可持续性隶属度。

9.3.3 基于人水和谐量化方法建立的水资源优化配置模型

同样的思路，还有其他方法建立的水资源优化配置模型。本节简要介绍基于人水和谐量化方法的水资源优化配置模型。

假如研究区有 K 个子区。以人水和谐为目标，要求"人水和谐度"$HWHD$ 值达最大，即在某一特定时段，在满足一定条件下，使其总人水和谐度达到最大(目标函数值 $HWHD$ 最大)。目标函数如下：

$$\max(HWHD) = \max\left[\sum_{k=1}^{K} a_k \cdot HWHD_k(T)\right] \tag{9-30}$$

式中 a_k——第 k 子区的权重，$a_1 + a_2 + \cdots + a_K = 1$；

$HWHD_k(T)$——某一子区 k 在 T 时段的人水和谐度。

(1)健康准则约束。要求水资源系统特别是河流系统，生态功能没有受到损坏，具有较强的自我修复和更新能力，以及一定的抗干扰能力。在定量上，要求健康度达到某一最低水平(设为 HED_0)，即

$$HED(T) \geq HED_0 \tag{9-31}$$

式中 $HED(T)$——系统在 T 时段的健康度。

(2)发展准则约束。要求高效利用享有的资源，支撑社会发展的规模、经济发展的程度。在定量上，要求发展度达到某一最低水平(设为 DED_0)，即

$$DED(T) \geq DED_0 \tag{9-32}$$

式中 $DED(T)$——系统在 T 时段的发展度。

(3)协调准则约束。要求水系统必须为人类及经济社会的发展提供必要支撑和安全保障,人类在发展中不断为河流的健康提供保障,并不断采取主动改善的措施。在定量上,要求协调度达到某一最低水平(设为 HAD_0),即

$$HAD(T) \geqslant HAD_0 \tag{9-33}$$

式中　$HAD(T)$——系统在 T 时段的协调度。

9.4　应用实例

本节采用我国学者华土乾所编著的《水资源系统分析指南》一书中对北京官厅水库优化调度的例子进行说明。

官厅水库是北京市永定河引水供水系统的主要水源,主要供给北京市西郊和部分城区的生活用水及工农业用水,并承担下游的防洪任务。水库正常蓄水位 Z_{NC} 为 479 m,正常蓄水库容 V_{NC} 为 9.08 亿 m³,防洪限制水位 Z_{FC} 为 476 m,防洪限制库容 V_{FC} 为 3.36 亿 m³,死水位 Z_{DC} 为 471.47 m。自投入运行以来,水库只能起到年调节的作用。因此,如何通过合理的调度,以丰补枯,提高水库的供水量以及生活用水、工业用水的保证率等是官厅水库优化调度主要解决的任务。

9.4.1　数学模型的建立

水库优化调度采用随机动态优化模型,入库径流过程按独立随机序列描述。

9.4.2　目标函数

采用两种目标函数进行描述:一是满足一定保证率约束使供水量最大;二是供水的净效益最大。

(1)满足一定保证率约束使供水量最大:

$$f(S_t,U_t)=\begin{cases} U_t & (W_X)_{\max} > U_t \geqslant (W_X)_{\min} \\ U_t + C_A[U_t-(W_X)_{\min}] & (W_X)_{\min} > U_t \geqslant (WD)_{\min} \\ U_t + C_I[U_t-(WD)_{\min}] - C_A[(W_X)_{\min}-(WD)_{\min}] & (WD)_{\min} > U_t \\ (W_X)_{\max} + C_E[U_t-(W_X)_{\max}] & (WD)_{\max} \geqslant U_t > (W_X)_{\max} \end{cases}$$

式中　S_t——时段初库水位或相应库容;

U_t——水库在 t 时段的供水量;

C_A——农业供水遭到破坏时的罚函数;

C_I——生活和工业供水遭到破坏时的罚函数;

C_E——发电专用水量的折算函数,取值为 0.3;

$(W_X)_{\max}$、$(W_X)_{\min}$——工农业和生活需水量的最大值和最小值;

$(WD)_{\min}$——生活需水量和工业需水量之和,即水库供水下限;

$(WD)_{\max}$——过水能力为 100 m³/s 时,相应时段的泄水量,也是水库供水上限。

(2)按照供水净效益最大为目标函数:

$$f(S_t, U_t) = (nb)_R U_{Rt} + (nb)_I U_{It} + (nb)_A U_{At} + (nb)_E U_{Et}$$

式中　U_{Rt}、U_{It}、U_{At}、U_{Et}——第 t 时段供给生活、工业、农业、发电专用的水量。

9.4.3　约束条件

库水位约束：$V_{DC} \leqslant S_t \leqslant S_{\max,t}$，$S_{\max,t}$ 在不同时段分别为 V_{NV} 或 V_{FC}。

供水约束：水库各时段的供水量不小于该时段的生活需水量和工业需水量，不大于生活、工业、农业及发电专用的最大需水量。

$$[(WD)_{\max} \geqslant U_t \geqslant (WD)_{\min}^{x}]$$

渠道输水能力约束：

$$(W_X)_{\max} \leqslant 45\ \mathrm{m^3/s}$$

9.4.4　状态变量和决策变量

（1）状态变量：S_t 为时段初的库水位或相应库容，将蓄水库容离散化，从死水位算起，每隔 0.5 m 取一个，共选取 16 个状态。

（2）决策变量：d_t 为 t 时段的水库供水量（U_t），允许决策域为

$$[(WD)_{\min,t} \leqslant U_t \leqslant (W_X)_{\max,t}]$$

9.4.5　状态转移方程

水库蓄水状态转移方程即水量平衡方程，即

$$S_{t+1} = S_t + W_{It} - U_t - Y_t - L_t$$

式中　W_{It}——t 时段的入库水量；

Y_t——t 时段的水库弃水量；

L_t——t 时段的水库损失水量。

9.4.6　动态规划递推方程

按照以下递推方程推求水库最优放水策略：

$$F_t(S_t, U_t) = \max[f_t(S_t, U_t) + F_{t+1}(S_{t+1})]$$

9.4.7　数学模型的求解

9.4.7.1　数据输入

入库径流，包括各时段的不同径流代表值及相应的概率；各种约束，包括各时段蓄水库容的上下限等。

9.4.7.2　递推计算

采用逆时序递推计算，即从 N 时段开始递推到第一个时段，开始取库水位　蓄水量关系曲线作为初始递推线。递推计算收敛后，即可得出各时段的最优调度线，其总体即为最优调度策略。以净效益为目标的优化调度略。

9.4.8　模型检验

由于罚函数是任意假定的，因此需要进行检验，以验证得到的调度策略是否合理。检

验的方法就是进行模拟计算，即以实测入库水量系列或人工生成系列，按优化调度图进行时历操作计算，可以得到历年逐时段水库对各用户的供水量，统计供水量不足的时段，就可得到各用户的供水保证率。

思考题

9-1　什么是水资源优化配置?

9-2　水资源优化配置的基本原则是什么?

9-3　查阅一篇应用优化模型解决实际问题的论文，熟悉优化模型建立过程和计算方法。

第10章 水资源综合规划

10.1 水资源综合规划的概念

水资源综合规划是根据经济社会可持续发展的需要和水资源开发利用现状，按照统筹兼顾、标本兼治、综合利用、讲究效益、兴利除害相结合的原则，协调生活用水、生产用水、生态用水，发挥水资源的多种功能，综合考虑社会、经济、环境等多方面的要求，从全局、整体、多方面角度提出流域或区域开发、利用、节约、保护水资源和防治水害的方针、目标和任务，选定开发、利用、节约、保护水资源和防治水害的总体方案及主要工程布局与实施步骤。

综合规划的制订要综合考虑并正确处理协调好几个关系：①水利建设与国土整治的关系；②整体利益与局部利益的关系；③上下游、左右岸的关系；④城乡间、地区间、部门间、行业间的用水关系；⑤近期与远景的关系。

与综合规划相对应的专业规划，是指在一定的流域或区域内，就水资源的某一方面任务而进行的单项规划，如防洪、治涝、灌溉、航运、供水、水力发电、竹木流放、渔业水资源保护、水土保持、防沙治沙、节约用水等。因此，专业规划应当在流域或区域的综合规划指导下编制，并且服从流域或区域的综合规划。

10.2 水资源综合规划的目标与任务

10.2.1 水资源综合规划的目标

在开展水资源规划工作之前，要确立规划的目标和方向，这是下一步制订具体方案或措施的依据。规划目标往往要根据研究区域的具体情况和发展需要来制订，如对于西北干旱地区，水资源规划的目标多是进行生态环境修复和建设；在西南湿润地区，水资源规划的目标多是进行水能的开发和利用；而在华北平原广大地区，则多是进行水污染治理和水资源保护。

水资源综合规划的总体目标：查清水资源的现状，提出水资源合理开发、高效利用、优化配置、全面节约、有效保护、综合治理、调蓄涵养、科学管理的布局和方案，促进和保障经济社会可持续发展，实现水资源可持续利用、人与自然和谐相处。

10.2.2 水资源综合规划的任务

水资源综合规划包括以下具体任务。

10.2.2.1 水资源调查评价

1. 水资源系列延长与评价

按照统一的水资源分区，收集有关水文、泥沙、气象、水质、生态与环境等方面的基础资料；延长水文系列并进行系列代表性与合理性分析；在分析研究地表水与地下水相互转换关系，研究气候和人类活动对水资源影响的基础上，对现状条件下水资源的数量与质量作出评价，包括水资源的数量及其时空分布规律、河湖天然水化学状况及水域现状水质状况等。

2. 水资源可利用量估算

在考虑生态环境用水的基础上，确定流域水资源开发利用程度控制指标，估算现状条件下的水资源可利用量及分布状况。

3. 水资源演变情势分析

分析对水资源的形成和转化起主要作用的因素的未来变化趋势，对未来水资源量和可利用量的可能变化作出趋势分析与预测。

10.2.2.2 水资源开发利用现状评价

1. 水资源开发利用现状调查分析

水资源开发利用现状调查分析主要包括：各分区水资源的供、用、排、耗的调查分析与评价；各分区水水源与结构及其变化趋势；生活用水、生产用水、生态用水的结构及变化趋势；各类水水量与水质的变化情况；与水资源开发利用相关的社会经济发展状况及其演变趋势，以及对水资源利用的影响等。

2. 现状水污染及供水水质评价

现状水污染及供水水质评价主要包括：调查分析现状废污水及污染物排放状况和入河排污量与污染负荷，对各分区（按水功能分区）主要河段和供水水源地的现状水质状况进行调查分析与评价，对各类供水的水质状况进行分析与评价。

3. 现状水资源供需平衡分析

现状水资源供需平衡分析包括不同水源的供水量以及用水部门一次用水与二次用水。在此基础上评价现状条件下相应的余、缺水量，重点分析缺水量、缺水时空分布、缺水程度、缺水性质和缺水原因等，并对缺水造成的经济社会及环境影响进行分析与评价。

4. 水资源开发利用现状综合评价

水资源开发利用现状综合评价包括对现状条件下水资源的开发利用程度、开发类型与利用模式、用水水平、用水效率、水质及生态环境现状、水资源开发利用中存在的问题等进行综合评价，综合分析水资源开发利用与经济社会可持续发展之间的协调程度。

10.2.2.3 水资源需求分析预测

1. 经济社会发展对需水要求分析

根据各分区不同水平年国民经济发展目标、社会发展水平、城市化进程、生产力布局状况、各地水资源条件以及经济社会发展和生态环境保护对水资源的总体要求，分析研究各水平年经济社会发展指标及其对水资源的需求。

2. 生活与生产需水预测

对各水平年需水量预测要充分考虑产业合理布局与经济结构调整、水价调整、人口控制、城市化发展以及技术进步等因素对需水变化的影响，并提出各种有效抑制需求的措施。

3. 生态与环境需水预测

生态与环境需水预测指为改善生态与环境或维持生态与环境质量不致于下降所需要的水量。常规情况可包括：河道内汛期冲沙水量、枯水期河道最低需水量、河道外生态与环境需水量、维持一定水面面积的河湖洼淀及湿地补水量、维持和恢复地下水相对平衡的补充水量，以及生态与环境改善需要的河湖及绿地用水、旅游区景观用水等。

10.2.2.4 节约用水规划

节约用水规划的主要内容为：在水资源开发利用情况调查评价的基础上，根据经济、技术发展水平，对提高水资源利用效率的可能进行分析，估算现状生活和生产用水水平在不同发展阶段的节水潜力。进行节水投入产出分析和经济、技术比较，分析水价对需求的抑制作用，分类提出合理的定额指标体系和用水水平控制指标。

制订以提高水资源利用效率为核心的节水规划，即分别确定农业、工业和城市的节水目标，制订实现节水目标的工程、行政、法律和经济等各类措施，并分析研究实现节水目标对水资源及其开发利用可能造成的影响。

10.2.2.5 水资源保护与污水处理再利用规划

按照可持续发展的原则，对江河湖库的水域实行"功能分区、纳污能力核定、入河总量控制"，切实保护和改善水环境。根据水资源利用和保护的要求进行水域功能区划，确定分区水质目标；根据江河湖库水域特点核定纳污能力；制订排污总量控制目标与对策，编制流域和区域水资源保护规划。

制订污水处理再利用规划。在分析水污染现状和未来利用的基础上，估算污水处理再利用的潜力，建立污水处理与再利用量和投入需求的关系；对污水处理再利用的技术与方式进行研究，加强促进污水处理再利用的机制建设，制订合理措施与规划。

10.2.2.6 水资源开发利用潜力分析与供水分析

1. 现状供水工程潜力分析

进一步挖掘已建水源工程的供水潜力，包括地表水和地下水，当地水资源和跨地区、跨流域调水工程。通过除险加固、优化调度、配套挖潜等措施增加供水潜力。

2. 规划供水量计算

在节水和污水处理再利用的基础上，考虑经济结构调整，根据各地水资源开发利用模式和水资源开发利用的潜力，预测不同开发利用模式与方案情况下的可供水量。

3. 其他水源开发潜力分析

其他水源包括海水利用、雨水及洪水利用、微咸水利用等。在摸清现状用水条件、水源分布及其特点、用户使用可行性的基础上，通过经济、技术比较，估算其潜力，确定利用措施与使用用途。

10.2.2.7 水资源合理配置

水资源合理配置是指在流域或特定的范围内，遵循高效、公平和可持续利用的原则，对各种可利用水源，通过工程措施与非工程措施，在时间与空间尺度上，对不同区域向不同用水部门进行的需求控制、增加供给和保障生态环境安全活动的集合，主要包括以下内容。

1. 各水平年供需平衡分析

根据规划水平年的经济社会发展目标要求和水资源条件，拟订把握未来发展情势和水资源开发利用方向的可能方案及其组合，进行水资源的动态供需平衡分析，并对未来发展的需水控制方案、综合供水方案和生态环境保护方案进行多方案的分析比较。供需平衡分析原则上采用长系列调节计算的方法进行，并考虑水资源的重复利用。分析供水系统对满足生活、生产和生态需求量的程度，重点分析不同方案下的缺水量、缺水时空分布、缺水程度、缺水性质、缺水原因以及缺水影响等。

2. 确订水资源配置方案

根据不同水平年水资源供需平衡分析成果，在水资源开发利用综合潜力分析的基础上，研究水资源优化配置总体目标和水资源合理配置方案，并通过不同配置方案的经济、技术和生态环境综合分析的比较，确定水资源配置方案。配置方案不仅要明确不同区域和部门水资源的最大可利用量，还要根据水资源的条件，提出区域水资源开发利用的方向和重点，以及缺水地区产业布局和经济结构调整的建议等。

3. 特殊干旱情况应急对策制订

在分析流域水文情势和流域水资源配置方案的基础上，研究连续干旱年和特殊干旱年的水资源应急调配方案。水资源合理配置中要注意处理好相互关系，并从多方面逐步实现协调与平衡：①水资源开发利用与经济社会发展协调；②水资源开发利用与防洪减灾和生态保护与环境建设之间的协调；③地表水与地下水、当地水与外流域调水、常规水源与非常规水源等多种水源的合理调配和联合调度；④水资源调配在时间与空间尺度上的协调；⑤水资源供给与需求的动态平衡；⑥耗用水量与水资源可利用量之间的平衡；⑦生活、生产和生态需水之间的协调；⑧减少需求、增加供给和保障质量之间的协调；⑨不同水源与用户间在水量和水质目标上的协调；⑩利用工程措施和非工程措施进行资源调配的协调。

10.2.2.8 水资源开发利用布局与实施方案制订

（1）制订水资源开发利用的总体布局。在对各类增水、减需、防污和保护措施及其组合方案分析比较的基础上，结合水资源合理配置研究中对各种组合方案的综合比较，评价规划措施对缓解流域及区域水资源短缺和改善水环境与生态的作用，确定各类地区的开发利用方向与模式，确定各类(项)措施实施的优先顺序和相互之间的配合关系及水资源开发利用的总体布局。

(2)制订节水规划措施实施方案。

(3)制订水资源保护及污水处理再利用规划实施方案。

(4)制订各类供水水源工程的实施方案，规划各类(项)水源工程建设的实施顺序，包括蓄水、引水、提水、调水等工程。

(5)制订其他水源的开发利用实施方案，确定其开发利用模式与控制指标，包括海水利用、微咸水利用、雨水及洪水利用等措施的实施方案。

(6)制订各类水资源工程的建设方案和管理方案。

(7)制订规划实施方案的投资计划和资金筹措方案。

(8)评价各类规划工程的实施效果，包括对经济社会发展及生态环境改善的影响。

10.2.2.9 规划实施效果评价

综合评价规划实施后将产生的经济效益、社会效益及生态效益。

10.2.2.10 水资源可持续利用保障措施制订

1. 研究制订水资源管理体制与机制

强化水资源统一管理，建立权威、高效、协调的水资源管理体制；完善法制建设，规范水事行为；推行合理的经济政策，发挥市场对水资源配置的基础性作用，通过水价、投资等经济政策，调节水事行为；运用科技手段，提高水资源管理的技术水平。

2. 制订合理的水资源管理模式

研究政府、市场及受益者在水事活动中的责任、权利和义务，逐步形成政府宏观调控、用户民主协商、利用水市场进行调节、水资源有偿使用的管理模式。

10.3 水资源综合规划的基本理论与依据

水资源综合规划的基本理论与依据包括水资源综合规划的指导思想、原则、基本原理、技术方法与规划依据。

10.3.1 水资源综合规划的指导思想

水资源综合规划是全面落实国家或地区实施可持续发展战略的要求，适应经济社会发展和水资源的时空动态变化，着力缓解水资源短缺、水环境恶化等水问题的一项重要工作。它是根据国家或地区的社会、经济、资源和环境总体发展规划，以区域水文特征及水资源状况为基础来进行的。因此，指导思想是水资源规划的“灵魂”。有什么样的指导思想就会做什么样的规划方案。目前，水资源综合规划的主要指导思想有可持续发展思想、人水和谐思想、最严格水资源管理制度、水生态文明理念与新时期治水思路等。主要体现为：

(1)水资源规划要综合考虑社会效益、经济效益和环境效益,确保经济社会发展与水资源开发利用、环境保护相协调。

(2)考虑水资源的承载能力或可再生性,严格控制水资源开发利用量在可利用量以内,确保水资源的永续利用。

(3)水资源规划的实施要与经济社会发展水平相适应,确保水资源规划方案是可行的。

(4)从区域或流域整体的角度出发,考虑不同水平年流域上下游以及不同区域、不同部门用水间的平衡,确保区域或流域经济社会的协调可持续发展。

(5)与经济社会发展密切结合,注重全社会公众的广泛参与,注重从社会发展的根源上来寻求解决水问题的途径,同时配合采取一些经济手段,确保人与自然的和谐。

(6)实现经济社会、资源和环境的协调可持续发展。

10.3.2 水资源综合规划的原则

进行水资源综合规划的基本出发点是规划的整体性,从系统角度研究多水源、多用户、多种措施的统筹安排。水资源综合规划的原则如下。

10.3.2.1 全面规划和统筹兼顾

坚持全面规划,统筹兼顾,标本兼治,综合治理,除害与兴利结合,开源、节流与保护并重,防洪与抗旱并举。制订规划应根据经济社会发展需要和水资源开发利用现状,统筹协调生活、生产用水和生态用水,合理配置地表水与地下水、当地水与外流域调水、常规水源与非常规水源等多种水源,对水资源的开发、利用、治理、配置、节约、保护、管理等作出总体安排。要坚持开源、节流与治污并重,除害与兴利结合,妥善处理上下游、左右岸、干支流、城市与农村、流域与区域、开发与保护、建设与管理、近期与远期等的关系。

10.3.2.2 协调发展的原则

水资源开发利用要与经济社会发展的目标、规模、水平和速度相适应。经济社会发展要与水资源承载能力相适应,城市发展、生产力布局、产业结构调整以及生态环境建设要充分考虑水资源条件。

10.3.2.3 坚持可持续利用的原则

统筹协调生活用水、生产用水和生态环境用水,合理配置地表水与地下水、当地水与外流域调水、水利工程供水与其他多种水源供水。强化水资源的节约与保护,在保护中开发,在开发中保护。

10.3.2.4 因地制宜、突出重点的原则

根据各地水资源状况和经济社会发展条件,确定适合本地区实际的水资源开发利用与保护的模式及对策,同时要充分考虑需水的增长及国家和地方财力状况,界定各类用水的优先次序,明确水资源开发、利用、治理、配置、节约、保护的重点。

10.3.2.5 依法治水的原则

认真研究产权、水权、水价、水市场等问题,研究体制、机制、法律法规问题,制定有关水资源管理的法规、政策与制度,规范和调节水事活动。适应社会主义市场经济体制的要

求，科学制定水资源开发、利用、配置、节约、保护、治理的有关经济政策，利用经济手段，调节水事活动，发挥政府宏观调控和市场机制的作用。

10.3.2.6　科学治水的原则

应用先进的科学技术，提高规划的科技含量和创新能力。要运用现代化的技术手段、技术方法和规划思想，科学配置水资源，缓解面临的主要水资源问题，应用先进的信息技术和手段，科学管理水资源，制订出具有高科技水平的水资源综合规划。

10.3.2.7　有利于最严格水资源管理制度落实的原则

根据水资源条件及特点，划定"取用水总量控制红线、用水效率控制红线、限制纳污红线"，保证最严格水资源管理制定"三条红线"的可操作性及实施落实，以满足当地经济社会发展的需要。

10.3.3　水资源综合规划的基本原理

在制订水资源规划时，应当坚持按自然规律办事，处理好人与自然、人与水、水与环境和生态、水与社会发展的关系。要符合以下六方面平衡原理：

(1)水量平衡原理。主要指供需水量平衡、社会经济发展用水与环境和生态用水的平衡、行业间用水水量平衡。

(2)水沙平衡原理。在多沙河流上要注意河道外饮用水和河道冲沙用水的关系，保持河道的水沙平衡。

(3)水土平衡原理。水资源规划地与水土资源匹配的水土平衡。

(4)水盐平衡原理。坚持地表水、地下水联合运用，加强水盐联调，合理灌排，防止盐分在流域中不断积累，达到水盐平衡。

(5)水污染与治理平衡原理。因废污水排放量随着水资源的开发利用、供水能力的增加而增加，水资源规划中应考虑水污染的治理并和供水工程同步实施，增强对污水的处理能力，使水污染与治理相平衡。

(6)水投资来源与分配平衡原理。水投资在水资源的开发、利用、治理、保护、节约等各方面的建设投资和运行管理费用间的分配与总投资间的平衡关系。使水资源规划实施后供水量的人均用水量、单位耕地面积用水量、单位国内生产总值用水量能达到较先进的水平。

水资源规划涉及社会经济、资源环境等各个方面，关系到国计民生、社会安定团结、社会经济的发展、资源的高效利用、环境改善和保护，是一项战略性任务。在制订水资源规划时，应尽可能满足各方面的需水，尽可能充分考虑社会经济发展、水资源有效利用与生态环境保护的协调，获取最满意的社会效益、经济效益和环境边际效益。

10.3.4　水资源综合规划的技术方法

水资源综合规划的思想、原则与原理要通过一定的技术方法来体现，水资源优化配置即为水资源综合规划的基本技术方法，具体见本书的第 9 章。

10.3.5 水资源综合规划的规划依据

水资源综合规划涉及水文学、水资源学、社会学、经济学、环境学、管理学以及水利工程经济学等多门学科,涉及国家或地区范围内一切与水有关的行政部门。因此,水资源综合规划方案既要科学、合理,又能被各级政府、水管理部门和一般水使用者所接受,这就要求水资源在规划时除遵循上述原则外,还要依据有关的法律法规文件、行政经济社会纲领及其他部门的相关规划、科技技术发展水平。

10.3.5.1 法律法规

(1)《中华人民共和国水法》(第九届全国人民代表大会常务委员会第二十九次会议于2002年8月29日修订通过)。

(2)《中华人民共和国水污染防治法》(中华人民共和国第十届全国人民代表大会常务委员会第三十二次会议于2008年2月28日修订通过)。

(3)《中华人民共和国水土保持法》(1991年6月29日第七届全国人民代表大会常务委员会第二十次会议通过,中华人民共和国第十一届全国人民代表大会常务委员会第十八次会议于2010年12月25日修订通过)。

(4)《中华人民共和国环境保护法》(中华人民共和国第十二届全国人民代表大会常务委员会第八次会议于2014年4月24日修订通过)。

(5)《中华人民共和国防洪法》(2015年4月24日第十二届全国人民代表大会常务委员会第十四次会议《关于修改〈中华人民共和国港口法〉等七部法律的决定》对《中华人民共和国防洪法》进行了第2次修正)。

(6)《中华人民共和国河道管理条例》(1988年6月10日国务院令第3号发布)。

(7)2011年中央一号文件《中共中央国务院关于加快水利改革发展的决定》。

(8)《关于实行最严格水资源管理制度的意见》(国发〔2012〕3号)。

(9)《国务院办公厅关于印发实行最严格水资源管理制度考核办法的通知》(国办发〔2013〕2号)。

(10)《水利部关于加快推进水生态文明建设工作的意见》(水资源〔2013〕1号)。

(11)《水污染防治行动计划》(2015年2月中央政治局常务委员会会议审议通过)。

10.3.5.2 技术规范与标准

(1)《江河流域规划编制规范》(SL 201—2015)。

(2)《水利工程水利计算规范》(SL 104—2015)。

(3)《节水灌溉工程技术规范》(GB/T 50363—2006)。

(4)《水环境监测规范》(SL 219—2013)。

(5)《农田排水工程技术规范》(SL 4—2013)。

(6)《供水水文地质勘察规范》(GB 50027—2001)。

(7)《地表水环境质量标准》(GB 3838—2002)。

(8)《生活饮用水卫生标准》(GB 5749—2006)。

(9)《水资源评价导则》(SL/T 238—1999)。

10.3.5.3 规划技术细则

规划技术细则主要包括《全国水资源综合规划大纲》《全国水资源综合规划细则》《各流域水资源综合规划及保护细则》《全国水资源综合规划技术大纲》等。

10.3.5.4 技术资料

技术资料主要包括规划区域的《国民经济发展和社会发展规划》《水利发展规划》《土地资源发展规划》《农业发展规划》,以及各类水资源专项规划与评价及水文气象等基础资料等。

10.4 水资源综合规划的工作流程

10.4.1 水资源综合规划的工作流程

水资源综合规划的主要内容和工作流程,会因研究区域的不同、水资源功能侧重点的不同、所属行业的不同以及规划目标的高低不同有所差异,但基本程序类似,概括如图 10-1所示。

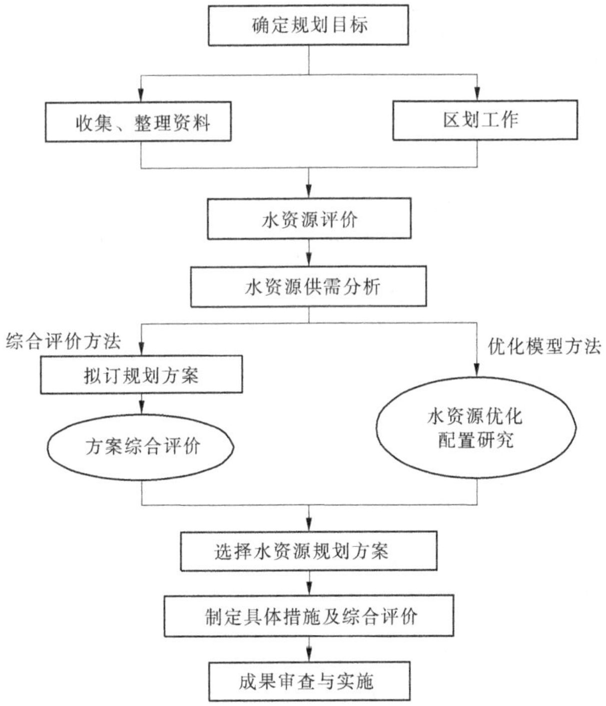

图 10-1 水资源综合规划总体思路

图 10-1 是水资源综合规划工作的基本流程,可能会随着规划工作对象、重点和深度不同而有所变化。总体来讲,首先,要根据规划工作的对象和任务,确定规划的总体目标、

指导思想和基本原则;在现场调查、专家咨询、资料收集、整理和分析的基础上,制订规划的主要依据、基本任务,确定规划范围、规划水平年,并进行区划工作,划分规划分区,按照分区进行计算和规划。其次,在收集资料和调查分析的基础上,对水资源及其开发利用情况进行调查评价。再次,结合区域经济社会发展情况,预测规划水平年需水量;结合区域水资源状况以及现有供水水源和供水设施,预测规划水平年可供水量;在此基础上,分析计算各水平年供、需水平衡状况,提出合理的供配水方案。最后,依据水资源合理配置与供水方案,制订水资源开发利用的总体布局与实施方案,统筹安排水资源的开发、利用、治理、配置、节约、保护等,并提出水资源利用的非工程保障措施,同时对规划实施方案进行效果评价。

水资源规划的部分基础工作已在前面各章节做过介绍,本章重点论述前述章节未详细介绍的部分。

10.4.2 规划范围及其水平年

水资源综合规划范围是指规划对象的空间范围,要根据实际研究对象合理确定。比如,一个区域的水资源规划,其规划范围就是该区域的全部范围;一个流域的水资源规划,其规划范围就是该流域的全部范围;跨流域水资源规划(比如针对跨流域调水的规划),其规划范围可能是涉及的几个流域范围。

规划水平年是指选定的规划目标年份,分为现状水平年、近期水平年、中期水平年、远期水平年。一般地,现状水平年选择规划时间之前 1 ~ 3 年的年份,并且该年份的资料比较齐全,便于分析计算,同时尽量靠近规划时间。比如,规划时是 2017 年,可以选择 2016 年,如果 2016 年数据不全,可以选择 2015 年、2014 年。近期水平年、中期水平年、远期水平年尽量选择 5 的倍数,便于与五年规划相衔接。一般地,近期水平年选择离规划时不超过 5 年的年份,中期水平年选择离规划时 10 年左右的年份,远期水平年选择离规划时 20 年左右的年份。比如,规划时是 2015 年,可以选择近期水平年 2020 年、中期水平年 2025 年、远期水平年 2030 年或 2035 年。

10.4.3 资料的收集与整理

资料的收集、整理和分析是最烦琐而又最重要的基础工作之一。通常,掌握的情况越具体、收集的资料越全面,越有利于规划工作的顺利进行。

水资源规划需要收集的基础资料,包括有关的经济社会发展资料、水文气象资料、地质资料、水资源及其开发利用资料以及地形地貌资料等。资料的精度和详细程度要根据规划工作所采用的方法和规划目标要求而定。

在收集资料的过程中,还要及时对资料进行整理,包括资料的归并、分类、可靠性检验以及资料的合理插补等。这是对所收集资料的初步处理,也是在资料不全面的情况下所采取的一些必要措施。

另外,在资料整理后,还要进行资料分析,这便于查明研究区域内所存在的问题,并与水资源规划目标进行相互比较和对照。

10.4.4 水资源区划

区域划分,又常称为区划工作,是水资源规划的前期准备工作,也是一项十分重要的基础工作。由于区域(或流域)水资源规划往往涉及的范围较广,如果笼统地来研究全区的水资源规划问题,常感到无从下手。再者,研究区内各个局部地区的经济社会发展状况、水资源丰富程度、开发利用水平、供需矛盾状况等许多情况不尽相同。所以,要进行适当的分区,对不同区域进行合理的规划;否则,将掩盖局部矛盾,而不能解决许多具体的问题。

因此,区划工作应放在规划工作的起始阶段。区划工作的目的,是将繁杂的规划问题化整为零,分步研究,避免由于规划区过大而掩盖水资源分布不均、利用程度差异的矛盾,影响规划成果。

在区划时,一般考虑以下因素:

(1)地形地貌。一方面,不同地形地貌单元,其经济发展水平有差异,比如山区与平原的差距;另一方面,不同地形地貌单元水资源条件也不相同。

(2)考虑规划区的划分,尽量与行政区划分相一致。由于各个行政区都有自己的发展目标和发展战略,并且水的管理也常是按照行政区进行的,因此在进行区划时,把同一行政区放在一起有利于规划。

(3)按照水系进行分区,并考虑区域内供水系统的完整性。

总体来看,区划应以流域、水系为主,兼顾供需水系统与行政区划。对水资源贫乏、需水量大、供需矛盾突出的区域,分区宜小些。

10.4.5 水资源评价

水资源评价包括水资源数量评价、水资源质量评价、水资源开发利用评价与水资源综合评价等,具体见本书第4章。

10.4.6 水资源供需分析

水资源供需分析,是水资源规划的一项重要工作,也是水资源规划方案比选的重要基础,具体见本书第5、6章。

10.4.7 水资源规划方案

10.4.7.1 水资源规划方案比选

根据规划问题和目标,拟订若干规划方案,进行系统分析。在这一步,可以采用数学模型方法,优选得到规划方案。

拟订方案,是在前面几步的基础上,根据规划目标、要求和资料的情况,拟订规划方案。方案的数量取决于规划性质、要求以及规划目标、决策变量等。拟订的方案应尽可能反映各方面的意见和需求。

优选方案，是通过建立数学模型，采用计算机模拟技术，对拟选方案进行检验评价，并进一步改善可选方案的结构、功能、状态、效益，直至得到能满足一切约束条件并使目标函数达到极值的优化方案。也可以采用多方案计算进行综合对比的方法，选择较优的方案。

10.4.7.2　水资源规划方案实施的具体措施及综合评价

根据优选得到的规划方案，制订相应的具体措施，并进行社会、经济和环境等多准则综合评价，最终确定水资源规划方案。

依据前面所提出的推荐方案，统筹考虑水资源的开发、利用、治理、配置、节约和保护，研究并提出水资源开发利用总体布局、实施方案。

制订总体布局要根据不同地区自然特点和经济社会发展目标要求，努力提高用水效率，合理利用并有效保护水资源，积极治理利用废污水、微咸水和海水等其他水源，统筹考虑开源、节流、治污的工程措施。在充分发挥现有工程效益的基础上，兴建综合利用的骨干水利枢纽，增强和提高水资源开发利用程度与调控能力。

实施方案要统筹考虑投资规模、资金来源与发展机制等，做到协调可行。在制订实施方案时，要做到总体目标、任务与措施相协调，建设规模与发展机制和生产力相协调。在制订总体实施方案的基础上，可根据实际情况，按节水、水资源保护和供水三个体系制订实施方案。

对选择的规划方案进行综合评价，实际上是把它实施后与实施前进行比较，来确定可能产生哪些有利的和不利的影响。由于水资源系统的开发利用涉及社会、经济和生态环境的多方面，方案实施后，对国民经济、社会发展、生态环境保护均会产生不同程度的影响。因此，必须通过综合评价方法，从多方面、多指标进行综合分析，全面权衡利弊得失，方可确定方案的取舍。

10.4.8　成果审查与实施

最后，把规划成果按程序上报，通过一定程序进行审查。如果审查通过，就可以安排实施；如果提出修改意见，就要进一步修改或重做。

由于水资源规划是一项内容复杂、涉及面较广的系统工程，在实际规划时，很难一次就能拿出一个让所有部门和个人都十分满意的规划。经常需要多次的反馈、协调，直至认为规划成果比较满意。另外，随着外部条件的改变以及人们对水资源系统本身认识的深入，要随时对规划方案进行适当的修改、补充和完善。水资源综合规划的各个环节及各部分工作是一个有机组合的整体，相互之间动态反馈，需综合协调。

规划各部分内容间相互关系如图 10-2 所示，水资源配置思路如图 10-3 所示。

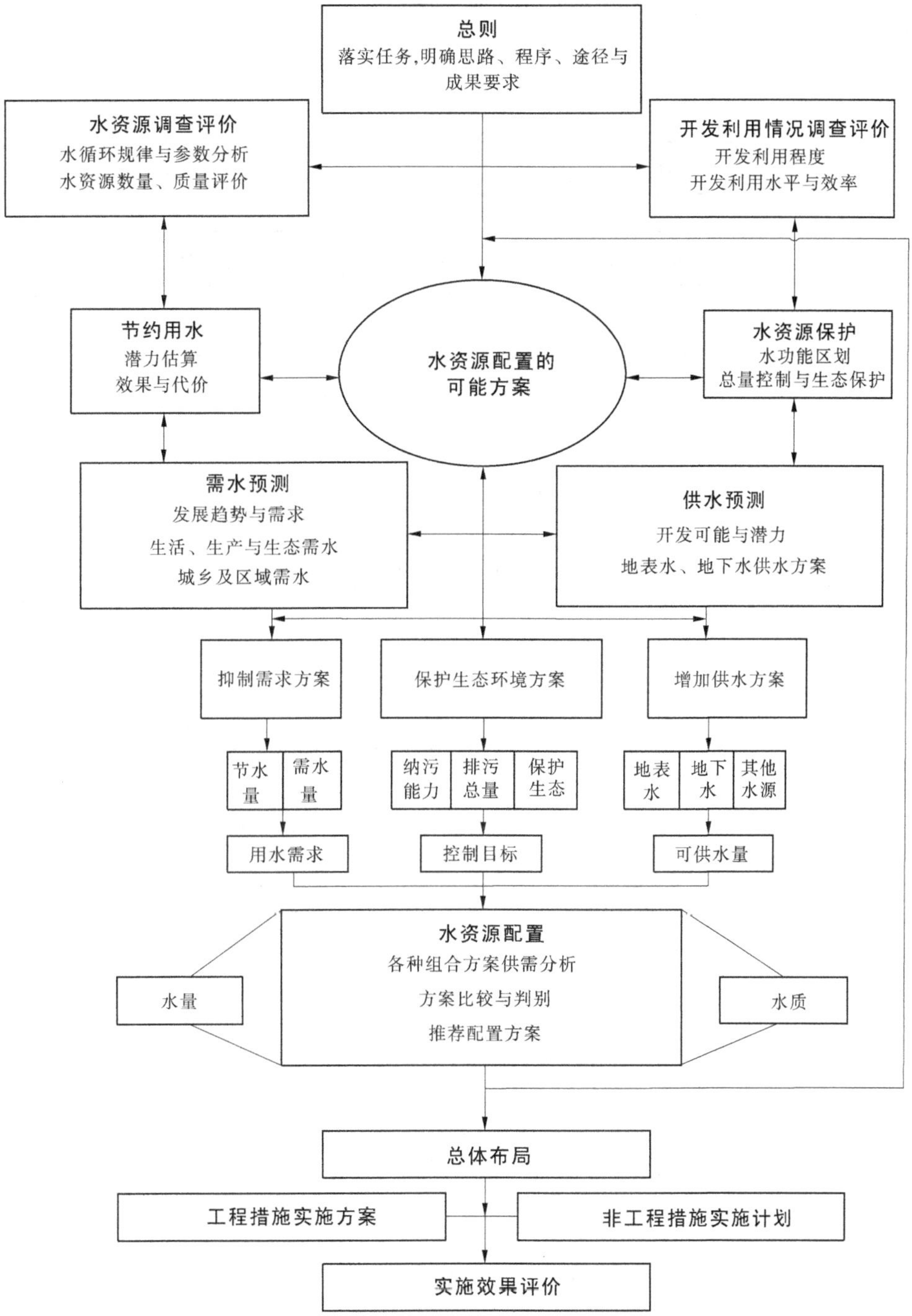

图 10-2　水资源综合规划各部分内容间相互关系示意图

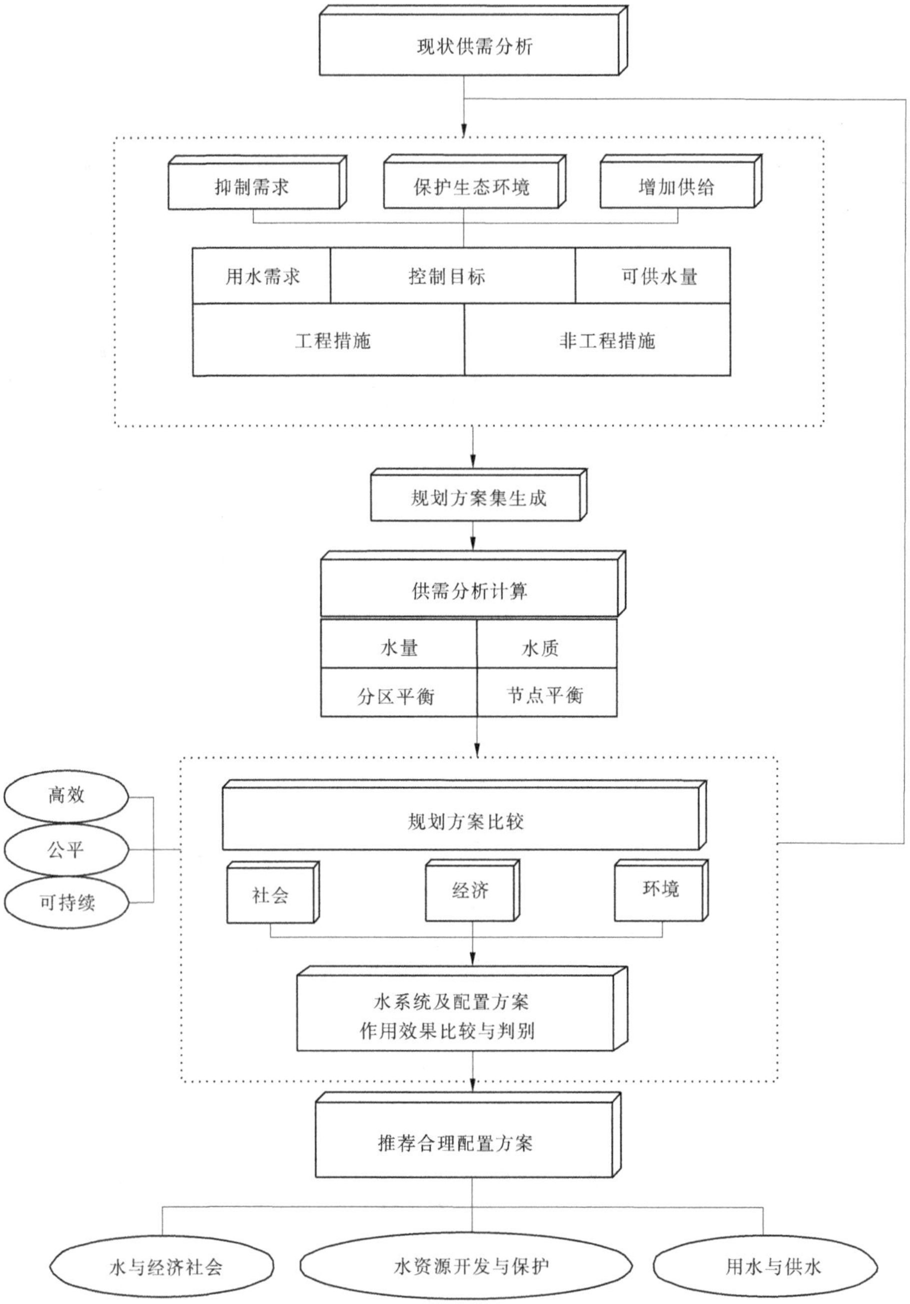

图 10-3　水资源配置思路示意图

10.5　水资源可持续利用规划

随着我国经济和社会的发展,对水资源的需求量会越来越大,对水质的要求越来越高,水问题显得日益突出。到 2030 年,如果我国的人口达到 16 亿人,人均水资源量将下降到 1 700 m^3，接近国际公认的警戒线。所以，我们又必须考虑水资源的承载力问题，也就是说我国的水资源是否还能支撑起国家经济和社会的发展。水资源已成为影响和制约我国可持续发展的重要因素。

10.5.1　水资源可持续利用的内涵

水资源可持续利用是为保证人类社会、经济和生存环境可持续发展对水资源实行永续利用的原则。在水资源的开发与利用中，为保持这种平衡就应遵守供饮用的水源和土地生产力得到保护的原则，保护生物多样性不受干扰或生态系统平衡发展的原则，对可更新的淡水资源不可过量开发使用和污染的原则。因此，在水资源的开发利用活动中，绝对不能损害地球上的生命支持系统和生态系统，必须保证为社会和经济可持续发展合理供应所需的水资源，满足各行各业用水要求并持续供水。此外，水在自然界循环过程中会受到干扰，应注意研究对策，使这种干扰不致影响水资源可持续利用。

为适应水资源可持续利用的原则，在进行水资源规划和水工程设计时应使建立的工程系统体现如下特点：天然水源不因其被开发利用而造成水源逐渐衰竭；水工程系统能较持久地保持其设计功能，因自然老化导致的功能减退能有后续的补救措施；对某范围内水供需问题能随工程供水能力的增加及合理用水、需水管理、节水措施的配合，使其能较长期保持相互协调的状态；因供水及相应水量的增加而致废污水排放量的增加，而需相应增加处理废污水能力的工程措施，以维持水源的可持续利用效能。

10.5.2　我国水资源可持续利用的实现条件

(1) 更新水资源概念、建立节水型社会是实现水资源可持续利用的先决条件。长期以来，人们对水资源的认识存在两种模糊观念：一是无限可用论，认为水是“取之不尽、用之不竭”的天赐之物，不存在危机问题；二是有值无价论，认为水不具备资产特征，其所有权不明确，人们可以自由索取。受上述观念的左右，人们惜水、爱水、节水意识十分淡薄，对水资源的浪费已成为一种社会痼疾。据统计，仅北京市一年的洗车用水就相当于 6 个北海的水量。因此，解决中国缺水问题的根本出路在于节水，而节水的基础在于社会。节水型社会是指要增强社会的节水意识，把节水的政策贯彻到社会的各行业，让节水的观念落实到全社会的每个人。其核心是提高用水效率，促使水资源的利用符合可持续发展的原则。建立节水型社会的关键在于增强社会的节水意识。

为此，全国节水办公室专家建议编写生动有趣的水资源科普读物，对广大中小学生进行潜移默化的水资源教育，普及水资源知识；在全体公民中树立水安全意识是国家经济安全基础的思想，增强保护水资源的责任感，把节水贯穿于每一次用水的行动之中，逐步建立适合我国水环境的节水工业、节水农业、节水城市的全方位的节水社会格局。

(2) 调整我国水资源格局是实现水资源可持续利用的基础条件。早在新中国成立之初，毛泽东就提出：南方水多，北方水少，如有可能，借点水来也是可以的。毛泽东的这一“借”水构想，是调整我国水资源格局，实现我国 21 世纪水资源优化配置的战略选择。如今，这一“借”水构想的总体框架——南水北调工程已日渐清晰，即分别从长江流域上、中、下游向北方调水，形成南水北调西、中、东 3 条引水线路。2003 年南水北调工程中线和东线已开工建设，该工程建成后，年调水量将达 265 亿～500 亿 m^3，相当于北方五片平均水资源量的 4.9%～9.3%，这无疑将给干涸的北方带来福音。

(3)协调好生产、生活和生态用水是实现水资源可持续利用的保证条件。长期以来，我国在水资源配置和使用上缺乏生态观念。在水行政管理体制上存在着部门单目标管理与水资源的多功能相矛盾的局面。水资源配置和管理的"次优化"问题一直得不到有效解决。如黄河从 1972 年开始出现断流，1997 年断流时间长达 266 d，断流区直达距河口 780 km 的开封市；塔里木河，从 1974 年开始，下游自大西海子水库以下 363 km 的河段全部断流，下游绿色走廊岌岌可危；黑河，也连续 10 个汛期出现断流，导致下游地区的胡杨林大片死亡。水资源生态恶化引发的环境及社会问题日渐突出。

"生态用水"新概念的提出，标志着我国对水资源配置和管理在理论与时间的结合上上升到了新的层次。值得肯定的是，我国以"三河"调水和引黄济津成功为标志，已在河流水量统一调度，实现流域(乃至跨流域)水资源统一规划、统一管理，统筹解决各种用水需要，使有限水资源得到优化配置方面积累了相当宝贵的经验。但是，随着西部大开发的推进，我国水资源供需矛盾将日益加剧，"生态用水"问题将日趋严峻。因此，今后一个很长的时期内，我们必须通过加强流域水资源管理，调整产业结构和种植结构，节约用水和必要的工程设施，严格控制上游用水，让河水沿着河道不断流向下游，维护和逐步恢复生态系统。只有这样，才能实现真正意义上的水资源可持续利用。

10.5.3　实现我国水资源可持续利用的基本对策

10.5.3.1　以市场为导向，推进水利产业化进程

1. 要确立水利的基础产业地位

所谓水利产业，是指那些以从事水的生产与供应以及与之相配套的生产部门。这是一个庞大的产业门类，它有自己特定的资源、资产、管理机构、服务对象和产业政策。据专家分析，其产业地位和产业远景并不亚于石油工业。仅供水一项，全球的年产值就可达 4 000亿美元，相当于世界石油工业的 40%，超出制药工业 1/3，且正以年均 10% 的速度增长。据此，业内人士认为，21 世纪水利产业将成为"阳光产业"。

2. 要制定合理的水价政策体系

长期以来，我国水价严重脱离价值规律，这不仅造成了水资源的浪费，而且使水利资金捉襟见肘，大多数水利设施因经费短缺而带病运行。为此，应根据不同的产业和用途合理确定水价，建立用水和超额累进收费制度，逐步实行分质供水，优质优价，使水价体现国家水利产业政策并得到合理的成本补偿，建立起与社会主义市场经济相适应的水价机制。

3. 要借鉴国外水费管理经验

发达国家在水资源资产化、商品化方面有许多成功的经验值得我们借鉴。如法国制定了"谁污染，谁交治理费""谁用水，谁花钱"的"以水养水"政策。对工农业等企业用水，地方公共水文管理局完全根据其污水排放量和废水污染程度收取费用；对个人家庭用水，则在水费中增加了污水处理等各项费用。在法国个人家庭支付的水费中，大约 42% 是自来水使用费，39% 是污水处理费，13% 是地方公共水文管理局管理费，5% 是增值税，1% 是国家引水发展基金。由于法国在水费收取中明确界定了其用途，这就使水价政策成

为水资源产业政策的一部分为公众所普遍接受。

10.5.3.2　以提高水利用率为核心，促进节水科技进步

1. 大力推广农业节水新技术

我国农业用水约为 4 000 亿 m^3，占全国水资源消耗总量的 60% 以上。但是，我国的农灌用水利用率只有 25% ~40%。因此，提高农灌用水利用率，便成为农业节水技术的关键所在。在推广节水灌溉方面，以色列自 20 世纪 60 年代中期发明滴灌技术以来，农灌用水连续 30 年稳定在 13 亿 m^3，而产出却翻了 5 番。针对我国农业节水科技的差距，专家呼吁：第一，我国农灌输水要进行渠道防渗，这将比不防渗土渠节水 2/3；第二，要大力推广地下管道灌溉、喷灌、滴灌、微灌、渗灌技术，以提高用水效率；第三，要搞好水土保持，以减少河道径流，减少入河泥沙，把水土涵养、生态建设与现代农业基础设施建设统一起来。

2. 重视发展城市节水科技，注重开发高科技节水器具

我国城市输水管网技术落后，管道老化，每年管网漏损的水量占自来水管网供水的 20% 以上。以家庭水龙头为例，每年因水龙头工艺落后、质量低劣造成的滴漏浪费就达 1 亿 m^3。

采用陶瓷阀芯片的节水龙头比铸铁水龙头节水 30% ~50%。若采用磁水龙头或感应水龙头，则水龙头的滴漏问题便可以得到有效的遏制。

3. 以高新技术为依托，加快新水源研究开发进程

1）重视空中水资源开发

我国陆地上空水汽年累积量为 20 亿 t 以上，其中 6 万亿 t 形成降水，除去蒸发，只有 2.7 万亿 t 形成地表径流。专家估计，若在已有降水的基础上，通过对空中水资源的开发，每年可再增加 10%（6 000 亿 t）的降水，这些降水若有 1/3 进入西北与华北，将会显著地缓解那里的缺水状况。为此，专家建议，国家应把开发空中水资源作为一项战略决策，加强雨水利用的研究开发，在雨水利用中引入高新技术，这是解决我国水资源短缺的必由之路。

2）加大海水淡化技术的产业化步伐

海水淡化是沿海地区缓解水资源紧张的重要举措之一，海水淡化水的制水成本相对较高，国内为 5 ~9 元/m^3，且浓盐水的处置需要具有一定的条件。

目前，海水淡化技术在世界上已基本成熟。全世界单台产量在 1 000 t/d 以上的淡化水日产量已达 2 300 万 t。海水淡化系统的技术、经济指标已被水资源短缺国家所普遍接受。我国海水淡化技术研究始于 1958 年，目前，反渗透法、多效蒸馏法、多级闪蒸法、低温压汽蒸馏法等技术在国内均有应用。

经过多年的攻关，我国海水淡化技术已经成熟。我国是一个海洋大国，海水资源极其丰富，同时我国西部有相当丰富的苦咸水资源，这就为我国发展海水淡化产业提供了前提和基础。天津滨海新区作为水资源严重缺乏的地区，但海水资源优越，浓盐水可用于盐场晒盐。同时，该区域可用淡水资源绝大多数为外调水，资源成本偏高，海水淡化的劣势相对弱化。

利用海水淡化方式进行水资源,要注意其存在的另外一个弊端——浓盐水的处理。如果将浓盐水用作晒盐,需要大面积的土地,并且容易加速土地盐碱化,对土地资源紧张的城市不太适宜。如果将浓盐水排放,盐度较高,会给排放水体带来二次污染。

3)雨水收集利用

由于几乎所有的生活区均有雨水的存在,因此雨水收集与利用成为最广泛的非常规水源利用方式。

根据我国降水季节性变化明显的特征,城市雨水在非汛期尽可能利用地表水系进行蓄滞。结合城市用地布局和地形地貌实行雨水分散收集与就近利用,优先考虑路面、绿地雨水的下渗以及屋面雨水的收集利用,其次考虑大面积绿地及道路径流雨水的收集储存利用,剩余雨水补充河道水系用水。

4. 以调整水污染防治战略为基础,加大水体污染治理力度

我国水污染灾害形成的主要原因首先是经济结构不合理,生产模式粗放,经济效益与环境效益关系处理失当。为此,水污染防治工作应从战略上作出调整。即应从末端治理转向源头控制;应从单纯的工业源污染治理转向面源污染和内源污染的统一综合治理;应加快城市污水处理厂的建设,实行中水资源化利用等。

所谓中水,是指对一次用水经处理达到一定水质标准的再生水资源。如将中水用于冲厕、洗车、绿化等,可节约城市用水总量的40%。构建污水资源化体系,国外从20世纪30年代开始实践城市污水回用技术,20世纪70年代初美国开始大规模回用污水,在以色列、南非、俄罗斯、澳大利亚、意大利、日本等水资源较为短缺的国家,污水回用的开展也很普遍。

国内很多缺水城市也采取了将城市污水再生后作为第二水源的措施,北京、天津、大连等一些大型缺水城市率先大力推进再生水回用事业,并取得了明显的成效。但我国城市污水排放量与污水资源化工作存在明显反差,总体工业用水的重复利用率不到40%,不及发达国家的一半。国家除在宏观上加快实施节水型经济结构调整、建设节水型城市经济体系外,在微观经济结构方面,应制定针对企业减污增水法规并加强监管。此外,还应积极推广并鼓励使用污水资源化高新技术(如膜法水处理技术等),以尽快缩小与发达国家的差距。

一般城市可集中利用的再生水主要是污水处理厂的出水,再生水量通常取污水厂进水量的70%~75%。再生水优先利用范围根据城市的实际需水情况,包括建筑杂用水、道路广场和绿地浇洒用水、生态补水、消防用水等。其中,建筑杂用水、道路广场和绿地浇洒用水宜采用管道统一供水,管道上预留洒水车的取水口。同时,再生水的利用要根据其用途确定再生水水质。

10.5.3.3 加强水资源优化配置及统一管理

城市用水采用优质水优用、劣质水低用的原则。规划新鲜水优先用于生活用水,再生水用于建筑杂用水、市政杂用水和部分生态用水,雨水用于小区道路和绿地浇洒、地面渗透和景观补水等。

加强水资源的统一管理,建立健全以取水许可为基础的国家水权制度,要尽快理顺水

资源的管理体制,加强水资源的流域管理,协调好江河上下游、左右岸的关系,促进流域经济的协调发展。在完善总量控制和定额管理相结合的用水制度和取水许可制度的基础之上,逐级明晰取水许可总量,建立健全以取水许可为基础的国家水权制度。合理确定水价,充分发挥水价对用水的调节作用。建立水资源统一管理体制是保障水资源可持续利用的基础。从水资源的开发、利用、保护和管理等各个环节,采取综合有效的对策措施,实现永续利用,使水资源为我国21世纪可持续发展战略做出更大贡献。

10.5.4 城市可持续发展的水资源系统规划方法

10.5.4.1 合理化的非常规水源利用方式

城市再生水的利用主要分为建筑杂用、道路绿地浇洒、工业用水、冲厕洗车、景观生态补水等,针对城市再生水利用方式多元化的特点,根据城市用水的实际情况,合理确定再生水利用的优先顺序,并确定满足需求的再生水水质标准。

城市雨水的利用主要有道路绿地浇洒、工业低质用水、地下水补给、景观生态补水、冲厕洗车用水等,雨水收集利用的方式应结合城市的实际情况的用水需求,并确定合理化的用水优先顺序,同时处理好雨水利用和防洪排涝的关系。

10.5.4.2 系统概念与循环理念下的水资源系统规划

邵益生研究员指出,城市水系统包括水源、供水、用水、排水四个子系统,它是一个纷繁复杂的巨系统,子系统间既相互影响又相互制约。在城市水系统规划工作中,应始终贯穿系统论的概念,综合协调四个子系统之间的关系,以达到系统优化的目的。

水资源循环利用是可持续性水资源利用的核心理念,对缺水城市来说,也是提高用水效率的重要方式。在城市规划中,应推广污水再生利用,实现由供水—污水—再生水(补充供水)组成的循环用水,从本质上也是体现了节约新鲜水的策略。

10.5.4.3 需要关注的重点问题

1. 水量的平衡计算

城市供水水量计算中考虑非常规水源的占有量,在用水指标确定阶段或者不同类型水资源量的计算中进行协调分析,按照不同类型水源的用途进行拆分,同时要考虑用水量和再生水量之间的关系,做到用水输入与输出的匹配。

2. 水量的合理分配

水量配置中,以水质为基本前提条件,综合考虑水量等因素,针对用水的几大方面(基本生活、市政杂用、建筑杂用、生态补水、工业用水等),合理分配不同类型水源的使用,按照"优水优用、劣水低用"的原则,实现水资源的优化配置。

随着经济社会的快速发展,水资源问题日益加剧,实现水资源的可持续利用刻不容缓。要坚持"节流优先,治污为本,多渠道开源"的水资源可持续利用战略,把节约用水放在首位,努力建设节水防污型社会,力求实现需水量零增长和污水量零排放,将水资源开发利用与水环境保护相协调,保证水资源的可持续利用和经济社会的可持续发展。

10.6　海绵城市及其雨水利用规划

10.6.1　海绵城市的概念

海绵城市是最近几年提出的一个新概念，是指城市能够像海绵一样，在适应环境变化和应对自然灾害等方面具有良好的弹性，下雨时吸水、蓄水、渗水、净水，需要时将蓄存的水释放并加以利用，如图 10-4、图 10-5 所示。海绵城市建设应遵循生态优先等原则，将自然途径与人工措施相结合，在确保城市排水防涝安全的前提下，最大限度地实现雨水在城市区域的积存、渗透和净化，促进雨水资源的利用和生态环境保护。在海绵城市建设过程中，应统筹自然降水、地表水和地下水的系统性，协调给水、排水等水循环利用各环节，并考虑其复杂性和长期性。

图 10-4　海绵城市示意图(一)

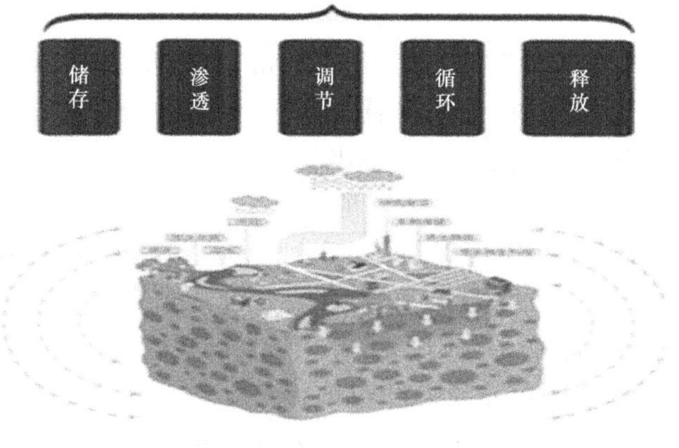

图 10-5　海绵城市示意图(二)

10.6.2　海绵城市及其雨水利用规划背景

2012 年 4 月，在《2012 低碳城市与区域发展科技论坛》中，海绵城市的概念首次被提出;2013 年 12 月 12 日,习近平总书记在《中央城镇化工作会议》的讲话中强调:提升城市排水系统时要优先考虑把有限的雨水留下来,优先考虑更多利用自然力量排水,建设自然积存、自然渗透、自然净化的海绵城市。而《海绵城市建设技术指南——低影响开发雨水系统构建(试行)》以及仇保兴发表的《海绵城市(LID)的内涵、途径与展望》则对海绵城市的概念给出了明确的定义,即城市能够像海绵一样,在适应环境变化和应对自然灾害等方面具有良好的弹性,下雨时吸水、蓄水、渗水、净水,需要时将蓄存的水释放并加以利用。提升城市生态系统功能和减少城市洪涝灾害的发生。

国务院办公厅 2015 年 10 月印发《关于推进海绵城市建设的指导意见》(简称《指导意见》)指出,建设海绵城市,统筹发挥自然生态功能和人工干预功能,有效控制雨水径流,实现自然积存、自然渗透、自然净化的城市发展方式,有利于修复城市水生态、涵养水资源,增强城市防涝能力,扩大公共产品有效投资,提高新型城镇化质量,促进人与自然和谐发展。

《指导意见》明确,通过建设海绵城市,最大限度地减少城市开发建设对生态环境的影响,将 70% 的降雨就地消纳和利用。到 2020 年,城市建成区 20% 以上的面积达到目标要求;到 2030 年,城市建成区 80% 以上的面积达到目标要求。

《指导意见》从加强规划引领、统筹有序建设、完善支持政策、抓好组织落实等四个方面,提出了十项具体措施。

(1)科学编制规划。将雨水年径流总量控制率作为城市规划的刚性控制指标,建立区域雨水排放管理制度。

(2)严格实施规划。将海绵城市建设要求作为城市规划许可和项目建设的前置条件,在施工图审查、施工许可、竣工验收等环节严格把关。

(3)完善标准规范。抓紧修订完善与海绵城市建设相关的标准规范。

(4)统筹推进新老城区海绵城市建设。从 2015 年起,城市新区要全面落实海绵城市建设要求,老城区要结合棚户区和城乡危房改造、老旧小区有机更新等,以解决城市内涝、雨水收集利用、黑臭水体治理为突破口,推进区域整体治理,逐步实现小雨不积水、大雨不内涝、水体不黑臭、热岛有缓解。建立工程项目储备制度,避免大拆大建。

(5)推进海绵型建筑和相关基础设施建设。推广海绵型建筑与小区、海绵型道路与广场,推进城市排水防涝设施建设和易涝点改造,实施雨污分流,科学布局建设雨水调蓄设施。

(6)推进公园绿地建设和自然生态修复。推广海绵型公园和绿地,消纳自身雨水,并为蓄滞周边区域雨水提供空间。加强对城市坑塘、河湖、湿地等水体的保护与生态修复。

(7)创新建设运营机制。鼓励社会资本参与海绵城市投资建设和运营管理,鼓励技术企业与金融资本结合,采用总承包方式承接相关建设项目,发挥整体效益。

(8)加大政府投入。中央财政要积极引导海绵城市建设,地方各级人民政府要进一步加大资金投入。

(9)完善融资支持。鼓励相关金融机构加大信贷支持力度,将海绵城市建设项目列入专项建设基金支持范围,支持符合条件的企业发行债券等。

(10)抓好组织落实。城市人民政府是海绵城市建设的责任主体,住房和城乡建设部会同国家发展和改革委员会、财政部、水利部等部门指导督促各地做好海绵城市建设相关工作。

10.6.3 规划原则

海绵城市建设应遵循生态优先等原则，将自然途径与人工措施相结合，在确保城市排水防涝安全的前提下，最大限度地实现雨水在城市区域的积存、渗透和净化，促进雨水资源的利用和生态环境保护。建设海绵城市并不是推倒重来，取代传统的排水系统，而是对传统排水系统的一种减负和补充，最大程度地发挥城市本身的作用。在海绵城市建设过程中，应统筹自然降水、地表水和地下水的系统性，协调给水、排水等水循环利用各环节，并考虑其复杂性和长期性。

10.6.4 设计理念

建设海绵城市，首先要扭转观念。传统城市建设模式，处处是硬化路面。每逢大雨，主要依靠管渠、泵站等"灰色"设施来排水，以"快速排除"和"末端集中"控制为主要规划设计理念，往往造成逢雨必涝，旱涝急转。根据《海绵城市建设技术指南》，城市建设将强调优先利用植草沟、雨水花园、下沉式绿地等绿色措施来组织排水，以"慢排缓释"和"源头分散"控制为主要规划设计理念。

城市"海绵体"既包括河、湖、池塘等水系，也包括绿地、花园、可渗透路面这样的城市配套设施。雨水通过这些"海绵体"下渗、滞蓄、净化、回用，最后剩余部分径流通过管网、泵站外排，从而可有效提高城市排水系统的标准，缓减城市内涝的压力。建设海绵城市，关键在于不断提高"海绵体"的规模和质量。过去，城市建设追求用地一马平川，往往会填湖平壑。根据《海绵城市建设技术指南》，各地应最大限度地保护原有的河湖、湿地、坑塘、沟渠等"海绵体"不受开发活动的影响；受到破坏的"海绵体"也应通过综合运用物理、生物和生态等手段逐步修复，并维持一定比例的生态空间。

有条件的还应新建一定规模的"海绵体"。根据《海绵城市建设技术指南》，海绵城市建设要以城市建筑、小区、道路、绿地与广场等建设为载体。比如让城市屋顶"绿"起来，"绿色"屋顶在滞留雨水的同时还起到节能减排、缓解热岛效应的功效。道路、广场可以采用透水铺装，特别是城市中的绿地应充分"沉下去"。

10.6.5 存在的问题

城市不同，特点和优势也不尽相同。因此，打造海绵城市不能生硬照搬他人的经验和做法，而应在科学的规划下，因地制宜采取符合自身特点的措施，才能真正发挥出海绵作用，从而改善城市的生态环境，提高民众的生活质量。目前，德国、瑞士、新加坡、美国等国家的一些城市，在海绵城市规划建设方面已取得了较好的成效。但我国目前海绵城市建设试点效果还不能令人满意。

2015 年 4 月以来，国家先后公布两批中央财政支持海绵城市建设试点，重点是要解决城市建设中的水环境、水生态和内涝问题。但是，目前据不完全统计，第一批试点的 16 个海绵城市中有 10 个发生内涝，第二批试点的 14 个海绵城市中有 9 个发生内涝。总体计算，目前已纳入试点的 30 个城市中，共有 19 个城市发生内涝，占比 63%。这其中包括北京、天津、重庆等直辖市，还包括福州、武汉、济南、南宁等多个省会城市。此外，海绵城市建设目前还面临两大困难：

(1)资金需求量大。预计海绵城市建设投资将达到 1 亿～1.5 亿元/km^2。按当前国家海绵城市的建设规划，据估计，至 2020 年，全国 658 个城市建成区的 20% 以上面积需要达到设计标准，全国每年投资总额预计将超过 4 000 亿元。到 2030 年，城市建成区 80% 以上的面积达到目标要求，需要资金约 16 000 亿元。

(2)缺乏稳定收益回报。《指导意见》提出，坚持政府引导、社会参与，发挥市场配置资源的决定性作用和政府的调控引导作用，加大政策支持力度，营造良好发展环境。积极推广政府和社会资本合作(PPP)、特许经营等模式，吸引社会资本广泛参与海绵城市建设。海绵城市相当于在建一个生态绿地系统，这部分的服务怎么计算是一个难点，因此目前还没有特别成功和完善的模式，PPP 模式应用在海绵城市建设还有一定困难。

10.7　应用实例

本节以左其亭教授等编写的《水资源规划与管理》(第 2 版)中的《郑州市水资源综合规划》报告为主要内容。限于篇幅，仅节选部分内容。另外，需要说明的是，由于时间过去多年，情况发生了很大变化，本节所介绍的内容不作为实际工作依据，仅仅为了举例说明水资源规划报告的编写内容。

10.7.1　概述

10.7.1.1　规划的总体目标、指导思想及基本原则

1. 总体目标

通过编制水资源规划，进一步查清郑州市水资源的现状，在分析水资源承载能力的基础上，结合经济社会发展规划，提出水资源合理开发、高效利用、优化配置、全面节约、有效保护、综合治理、科学管理的布局和方案，作为今后一定时期内水资源开发利用与管理活动的重要依据和准则，促进和保障“人水和谐”发展，以水资源的可持续利用支撑经济社会的可持续发展。

2. 指导思想

全面贯彻国家新时期的治水方针，以水资源可持续利用保障经济社会的可持续发展作为编制规划的主线，坚持兴利除害结合、开源节流治污并重，通过水资源的全面节约、有效保护、优化配置、合理开发、高效利用、综合治理和科学管理，促进“人水和谐”发展。

3. 基本原则

坚持水资源开发利用与经济社会协调发展的原则，坚持全面规划和统筹兼顾的原则，坚持水资源可持续利用的原则，坚持按社会主义市场经济规律治水的原则，坚持科学治水的原则，坚持因地制宜、突出重点的原则。

10.7.1.2　规划范围及规划水平年

1. 规划范围

本次规划范围为郑州市的全部地区。行政分区为郑州市区及所辖的 5 个市和 1 个

县,分别为郑州市区、巩义市、登封市、荥阳市、新密市、新郑市和中牟县,总面积 7 446.3 km^2。其中,郑州市区包括中原区、二七区、管城区、金水区和惠济区(上街区汇到荥阳市),中牟县包括郑汴产业带,新郑市包括新郑航空港区。郑州市按流域分为6个流域水资源四级分区,其中淮河流域3个区、黄河流域3个区,分别为沙颍河平原区、沙颍河山区、涡河区、伊洛河区、小浪底—花园口干流区和花园口以下干流区。本次规划重点以县(市)区为行政单位,同时结合流域四级区,保持流域与行政区域规划有机结合。

2. 规划水平年

本次规划现状基准年为2005年,近期水平年为2010年,中期水平年为2020年,远期水平年为2030年。

10.7.2 水资源调查评价

由于资料较多,在此仅列出主要的资料类型,具体数据不列出。

(1)降水量资料。包括降水量计算采用的基本资料、降水量地区分布及变化规律、分区降水量计算成果、各评价系列年降水量成果比较、降水量的年际变化、各年代平均降水量变化趋势分析、现状年(2005年)降水量。

(2)蒸发能力及干旱指数。包括该区域代表站的选取及折算系数、水面蒸发量空间分布、水面蒸发量的年内和年际分配、干旱指数及其变化。

(3)河流泥沙。包括主要河流代表水文站多年平均含沙量及悬移质输沙量、输沙模数的地区分布等。

(4)地表水资源量。包括该区域的基本资料及还原计算、河川年径流的地区分布、河川年径流的统计参数及时空变化特征、分区地表水资源量、地表水资源量年内年际变化特征、出入境水量。

(5)地下水资源量。包括山区地下水资源量,采用排泄量法计算;平原区、山区地下水资源量,采用补给量法计算,同时计算排泄量和地下水蓄变量,并进行水均衡计算。

(6)地表水水质。包括该区域的水化学类型、现状水质评价、水库水质现状、河流底质污染现状、水质变化趋势、水资源分区水质现状、水功能区水质达标分析、地表水供水水源地水质评价。

(7)地下水水质。包括该区域的地下水化学类型及特征、地下水质量现状、水质变化趋势、地下水污染情况、大型地下水水源地水质情况。

(8)水资源总量。计算郑州市各分区不同频率的水资源总量。

(9)水资源可利用量。包括该区域的地表水资源可利用量、地下水资源可开采量、当地水资源可利用总量、客水可利用量。

10.7.3 水资源开发利用情况调查评价

(1)经济社会资料分析整理。收集统计与水密切关联的经济社会指标,是分析现状用水水平和预测未来需水的基础,其指标主要有人口、国内生产总值、工农业产值、耕地面积、灌溉面积、粮食产量、牲畜数等。

(2)供水基础设施调查统计。包括该区域的蓄水工程供水、引水和提水工程、地下水供水设施。

(3)供水量调查统计。包括该区域的行政分区供水量调查分析、水资源分区供水量调查分析、供水量变化趋势分析。

(4)供水水质调查分析。包括地表水供水水质、地下水供水水质的调查分析结果。

(5)用水量调查统计。包括该区域的行政分区用水量调查分析、水资源分区用水量调查分析、用水量变化趋势分析、城市供用水量。

(6)用水消耗量分析估算。主要是对郑州市用水消耗情况进行分析。

(7)废污水排放量调查分析。主要是对郑州市的废污水排放情况进行分析。

(8)供、用、耗、排水成果合理性检查。从历年用水量与经济社会的关系、历年用水量与降水量的关系来对计算成果的合理性进行检查。

(9)用水水平及效率分析。包括该区域的人均 GDP、人均用水量、万元 GDP 用水量、灌溉亩均用水量、城镇人均生活用水量、工业万元产值用水量、用水弹性分析、典型灌区分析。

(10)水资源开发利用程度分析。主要是对郑州市地表水控制利用率、水资源总量利用消耗率及浅层地下水开采率进行估算,综合评估水资源开发利用程度。

(11)与水相关的生态环境问题调查评价。从河道基流减少与河道断流、水土流失和土地沙化、地下水严重超采三方面阐述郑州市与水相关的生态环境问题。

10.7.4 节约用水

10.7.4.1 现状用水水平分析

计算用水指标及水资源开发利用程度、耗水量及耗水水平,在此基础上,计算评估现状节水水平。

10.7.4.2 水标准与指标

根据郑州市的水资源条件、经济社会发展状况、科学技术水平、水价等条件,参考河南省以及省外的用水定额和先进用水水平的指标与参数,通过采取综合节水措施,确定地区的分类用水定额、用水效率等指标及其适用范围,最后用于计算节水量。按照生活节水指标、工业节水指标、建筑业及服务业节水指标、农业节水指标分类进行计算。经计算,实施节水措施后,当 $P=50\%$ 时,郑州市 2010 年、2020 年和 2030 年分别可节水 15 896.49 万 m^3、25 429.33 万 m^3 和 29 941.66 万 m^3。

10.7.4.3 节水潜力分析

节水潜力是以各部门和各行业(或作物)通过综合节水措施所达到的节水指标为参照标准,分析现状用水水平与节水指标的差值,并根据现状发展的实物量指标计算可能最大的节水量。按照农业节水潜力、工业节水潜力、建筑业及服务业节水潜力、生活节水潜力分类进行计算。经计算,总的节水潜力为 11 048.63 万 m^3。

10.7.4.4 节水目标与措施

郑州市节水型社会建设目标分为近期、中期和远期三个阶段,分别对应制定相应的节水目标。节水措施包括城市生活及服务业节水措施、第二产业节水措施、农业节水措施、污水回用。

10.7.4.5 节水方案拟订

提出两套方案,即基本方案和强化节水方案。基本方案是现状节水力度水平下的方案。在基本方案需水基础上,根据水资源配置的要求,进行节水潜力的分析。强化节水方案为在经济合理、技术可行的条件下,增加节水投入力度的方案。

10.7.4.6 节水投资估算

投资包括管理体制与运行机制建设、经济结构和经济布局调整、各行业节水与非常规水资源开发利用、配置工程和管理设施建设、水环境与水生态保护、公众意识与能力提高等方面的投资。经初步估算,到2020年各行业节水投资共218 069.66万元,到2030年各行业节水投资共达371 109.84万元。

10.7.5 水资源保护

10.7.5.1 水功能区划

根据《河南省水功能区划报告》,结合郑州市实际情况及水功能区划原则、条件和方法,郑州市内共划分19个一级水功能区、44个二级水功能区。

10.7.5.2 水功能区水质目标拟定

根据郑州市水功能区水质现状、排污状况、不同水功能区的特点、水资源配置对水功能区的要求以及当地技术、经济等条件,拟定各一、二级水功能区现状条件与规划条件下的水质目标。

10.7.5.3 水功能区纳污能力计算

水功能区纳污能力计算包括纳污能力设计条件的确定、水域及排污口概化、模型选取、纳污能力计算。最终计算出44个二级水功能区的纳污能力。

10.7.5.4 污染物入河量估算

污染物入河量估算包括调查范围与方法、污染物源强系数与入河系数确定、现状水平年污染物入河量估算、规划水平年污染物入河量估算。最终计算出44个二级水功能区的污染物排放量及入河量。

10.7.5.5 污染物控制量与削减量

通过计算得到郑州市不同水平年水功能区污染物入河总量控制、废污水排放及其处理规划成果。

10.7.5.6 地表水水质保护措施

地表水水质保护措施具体包括污染源控制措施、水环境修复工程措施、地表水饮用水源地保护、地表水水质监测体系建设、地表水水质保护管理措施。

10.7.5.7 地下水保护措施

地下水保护措施具体包括地下水超采区保护、地下水地质灾害区保护、地下水污染区保护、地下水饮用水源地保护、地下水动态监测网络建设、地下水保护管理措施。

10.7.5.8 与水相关的生态环境保护与修复措施

与水相关的生态环境保护与修复措施具体包括生态环境保护区建设、森林生态城市建设、生态水系建设。

10.7.6　需水预测

10.7.6.1　经济社会发展指标分析

在对人口现状调查和统计分析的基础上，对规划水平年人口数进行预测。在对国民经济发展现状分析的基础上，对规划水平年国内生产总值、产业结构、工业产值、农业产值、灌溉面积进行预测。

10.7.6.2　经济社会需水预测

将需水门类分为生活、工业、农业、生态环境四个一级类，每个一级类可再分成若干个二级类和三级类。经济社会需水预测按照生活需水、农业需水、第二产业需水分别进行计算。

10.7.6.3　生态环境需水预测

按照河道内需水、河道外需水分别进行计算。

10.7.6.4　需水预测汇总

综合以上各部门需水量预测结果，得到郑州市各行政分区 2010 年、2020 年和 2030 年基本方案下的需水总量，见表 10-1。在 $P=75\%$ 水平年，郑州市 2010 年、2020 年和 2030 年的需水总量分别为 199 170 万 m^3、243 193 万 m^3 和 275 602 万 m^3，2010～2020 年间的年均增长率为 2.02%，2020～2030 年间年均增长率为 1.26%，其中 2010 年、2020 年和 2030 年郑州市区需水量占郑州市需水总量的 41%～45%，随着郑州市区城区的不断扩大，郑州市区的需水量所占比例也在增加。到 2030 年郑州市总需水量为 26 亿～28 亿 m^3，比现状年用水量增加了 10 亿～12 亿 m^3。

同样，得到强化节水方案下的需水总量，见表 10-2。在 $P=75\%$ 水平年，强化节水方案下 2010 年、2020 年和 2030 年的需水总量分别为 182 761 万 m^3、216 810 万 m^3 和 243 865 万 m^3。2010 年、2020 年和 2030 年强化节水方案下分别比基本方案下节水 16 409 万 m^3、26 383 万 m^3 和 31 737 万 m^3。

表 10-1　郑州市基本方案下需水预测结果汇总　（单位：万 m^3）

行政区	2010 年			2020 年			2030 年		
	$P=50\%$	$P=75\%$	$P=95\%$	$P=50\%$	$P=75\%$	$P=95\%$	$P=50\%$	$P=75\%$	$P=95\%$
巩义	18 661	18 974	19 106	23 622	23 921	24 118	25 834	26 159	26 484
登封	9 290	9 386	9 483	11 234	11 315	11 395	14 169	14 253	14 316
荥阳	21 084	21 892	22 372	23 875	24 620	24 905	26 225	27 014	27 313
新密	13 371	13 587	13 708	15 993	16 141	16 322	18 086	18 214	18 401
郑州市区	81 198	82 370	84 272	107 551	108 883	111 062	123 870	125 231	127 228
新郑	11 740	11 874	12 187	14 488	14 712	14 955	18 160	18 475	18 681
中牟	38 462	41087	42 389	40 691	43 601	44 942	43 232	46 256	47 183
全市	193 806	199 170	203 517	237 454	243 193	247 699	269 576	275 602	279 606

表 10-2　郑州市强化节水方案下需水预测结果汇总　　(单位:万 m^3)

行政区	2010 年			2020 年			2030 年		
	$P=50\%$	$P=75\%$	$P=95\%$	$P=50\%$	$P=75\%$	$P=95\%$	$P=50\%$	$P=75\%$	$P=95\%$
巩义	16 911	17 185	17 305	20 519	20 790	20 959	21 937	22 233	22 391
登封	8 604	8 688	8 774	10 038	10 105	10 172	13 110	13 175	13 238
荥阳	19 352	20 126	20 466	21 092	21 708	21 950	23 004	23 541	23 992
新密	12 008	12 202	12 311	13 494	13 622	13 778	14 867	14 995	15 182
郑州市区	76 584	77 677	79 555	100 037	101 182	103 258	115 625	116 792	118 634
新郑	10 913	11 031	11 307	13 127	13 284	13 512	16 263	16 363	16 484
中牟	33 539	35 852	37 044	33 716	36 119	37 143	34 828	36 766	38 146
全市	177 911	182 761	186 762	212 023	216 810	220 772	239 634	243 865	248 067

10.7.7　供水预测

郑州市供水水源主要包括地表水、地下水(浅层地下水)和其他水源(雨水集蓄、污水回用和深层地下水)。现状条件下的地表水主要为当地地表水和过境地表水(包括伊洛河和黄河)。规划水平年可利用南水北调中线工程的部分跨流域调水。

10.7.7.1　地表水供水

地表可供水量包括蓄水工程(水库、塘坝)可供水量、引水工程可供水量、提水工程可供水量和跨流域调水工程可供水量。计算得到郑州市不同水平年、不同保证率的地表水可供水量,见表 10-3。

表 10-3　郑州市地表水可供水量　　(单位:万 m^3)

行政区	2010 年			2020 年、2030 年		
	$P=50\%$	$P=75\%$	$P=95\%$	$P=50\%$	$P=75\%$	$P=95\%$
巩义	5 047.79	4 866.16	4 568.29	8 697.79	8 516.16	8 218.29
登封	3 822.60	3 209.43	2 269.06	3 822.60	3 209.43	2 269.06
荥阳	12 094.48	11 832.02	11 505.80	12 094.48	11 832.02	11 505.80
新密	2 987.55	2 640.60	2 079.06	2 987.55	2 640.60	2 079.06
郑州市区	71 716.29	71 324.51	70 948.34	86 716.29	86 324.51	85 948.34
新郑	9 829.66	9 572.44	9 071.84	11 329.66	11 072.44	10 571.84
中牟	18 051.13	18 051.13	18 051.13	21 251.13	21 251.13	21 251.13
合计	123 549.50	121 496.29	118 493.52	146 899.50	144 846.29	141 843.52

10.7.7.2　地下水供水

地下水供水预测是以矿化度小于 2 g/L 的浅层地下水资源可开采量作为依据,计算结果见表 10-4。

表 10-4 郑州市地下水可供水量 （单位：万 m^3）

行政区	地下水可供水量			
	2005 年	2010 年	2020 年	2030 年
巩义	7 204.01	7 204.01	7 204.01	7 204.01
登封	5 800.52	5 800.52	5 800.52	5 800.52
荥阳	5 879.89	5 879.89	5 879.89	5 879.89
新密	6 758.65	6 758.65	6 758.65	6 758.65
郑州市区	8 332.79	8 332.79	8 332.79	8 332.79
新郑	5 544.61	5 544.61	5 544.61	5 544.61
中牟	16 873.35	16 873.35	16 873.35	16 873.35
合计	56 393.82	56 393.82	56 393.82	56 393.82

10.7.7.3 其他水源开发利用

郑州市其他供水水源主要包括雨水集蓄利用、污水处理再利用和深层承压水利用三部分。对于郑州市来说，雨水利用总量不是很大，但它是解决西部山区部分群众生活用水的重要措施，也是城市环境用水与回补地下水的重要措施。当前郑州市的污水再利用数量有限，仅为污水处理厂的草坪灌溉用水，但其回用的潜力非常大，是今后解决部分工业用水和生态环境用水的重要途径。

10.7.7.4 主要水源工程及投资

根据郑州市现状和规划可能的水源情况，列出主要水源工程。其中，包括污水处理厂及中水回用情况、骨干供水工程投资。

10.7.8 水资源配置

10.7.8.1 基准年"一次"供需分析

基准年供需分析的目的是摸清水资源开发利用在现状条件下存在的主要问题，分析水资源供需结构、利用效率和工程布局的合理性，提出水资源供需分析中的供水满足程度、余缺水量、缺水程度、缺水性质、缺水原因及其影响、水环境状况等指标。结果表明，在75%频率下，郑州市全区需水量 162 450 万 m^3，而可供水量只有 111 242.78 万 m^3，缺水 51 207.22 万 m^3，缺水率为 32%。

10.7.8.2 规划水平年供需分析

规划水平年供需水分析，是以计算的不同水平年（2010 年、2020 年、2030 年）需水量、可供水量为基础，通过"一次""二次"（强化节水）供需水量计算，分析缺水状况。

经"一次"供需水量计算，到 2030 年，在实施南水北调工程（向郑州市供水 51 700 万 m^3）、陆浑水库西水东进工程（向郑州市区供水 15 000 万 m^3）、引用一定量的雨水和污水的条件下，75%频率可供水量为 254 983.54 万 m^3，此时按照"零方案"预测，需水量为

275 602 万 m³,全区缺水量为 20 618.46 万 m³,缺水率为 7%。也就是说,在实施南水北调工程、陆浑水库西水东进工程的基础上,仍有较大的缺水。

经"二次"供需水量计算,到 2030 年,强化节水方案下 75% 频率需水量为 243 865 万 m³,全区总体不缺水,但在郑州市区、新密市、荥阳市出现缺水,缺水率分别为 11%、9%、4%。因此,需要进行水资源空间上的优化分配,保障各分区用水。

10.7.8.3　基于人水和谐量化方法的水资源配置优化模型

核心工作是建立基于人水和谐量化方法的水资源配置优化模型。

10.7.8.4　水资源配置方案生成与比选

针对上面建立的优化模型,采用计算机模拟技术,通过模拟各种不同水资源规划方案,选择模型约束条件范围内的最佳综合效益的方案,以此为依据选择最佳水资源规划方案。这里仅列出规划水平年 2020 年、2030 年 75% 保证率的水资源配置推荐方案结果,见表 10-5、表 10-6(2010 年以及各年 50%、95% 保证率结果就不再一一列出)。

表 10-5　规划水平年 2020 年 75% 保证率的水资源配置推荐方案　(单位:万 m³)

行政区	需水量						
	城镇生活	农村生活	第二产业	第三产业	生态环境	农业	合计
巩义	2 768.07	1 561.00	14 106.38	194.02	81.00	3 145.00	21 855.47
登封	1 702	1 242	5 767	499	106	1 999	11 315
荥阳	1 745	1 470	6 235	755	89	11 414	21 708
新密	2 283	1 551	6 572	627	93	2 496	13 622
郑州市区	32 420.93	3 326.00	15 128.18	8 701.36	31 279.00	10 820.59	101 676.06
新郑	1 999	863	6 733	924	332	3 861	14 712
中牟	1 945	1 667	4 089	632	424	34 844	43 601
全市	44 863.00	11 680	58 630.57	12 332.38	32 404.00	68 579.58	228 489.53

行政区	供水量							
	地表水	地下水	引黄河干流水	南水北调水	引陆浑水库水	雨水利用	污水回用	合计
巩义	4 841.16	7 204.01	3 675	0	0	254.43	5 880.87	21 855.47
登封	3 209.43	5 800.52	0	0	0	228.16	2 076.89	11 315.00
荥阳	1 132.02	6 186.93	1 560	9 140	0	243.50	3 445.55	21 708.00
新密	2 640.60	7 434.65	0	0	0	163.60	3 383.15	13 622.00
郑州市区	8 596.51	8 332.79	31 258	31 470	15 000	555.58	6 463.18	101 676.06
新郑	1 222.44	5 544.61	0	6 350	0	79.93	1 515.02	14 712.00
中牟	4 041.13	16 873.35	11 270	2 740	0	17.47	8 659.05	43 601.00
全市	25 683.29	57 376.86	47 763	49 700	15 000	1 542.67	31 423.71	228 489.53

表10-6 规划水平年2030年75%保证率的水资源配置推荐方案 (单位:万 m^3)

行政区	需水量						
	城镇生活	农村生活	第二产业	第三产业	生态环境	农业	合计
巩义	3 753.96	1 586.00	14 232.95	347.00	81	2 980.09	22 981
登封	2 248.38	1 305.00	7 311.46	871.19	106	1 763.32	13 605.35
荥阳	2 155	1 592	7 073	1 285	107	11 329	23 541
新密	3 075	1 570	6 812	1 077	93	2 368	14 995
郑州市区	40 726	4 173	16 194	12 662	32 215	10 822	116 792
新郑	2 732	780	9 013	1 544	332	4 074	18 475
中牟	2 650	1 677	5 325	1 151	469	34 984	46 256
全市	57 340.34	12 683.00	65 961.41	18 937.19	33 403	68 320.41	256 645.35

行政区	供水量							
	地表水	地下水	引黄河干流水	南水北调水	引陆浑水库水	雨水利用	污水回用	合计
巩义	4 841.16	7 204.01	3 675	0	0	270.84	6 989.99	22 981.00
登封	3 209.43	5 800.52	0	0	0	238.15	4 357.25	13 605.35
荥阳	1 132.02	6 467.89	1 560	9 140	0	249.82	4 991.27	23 541.00
新密	2 640.60	7 334.65	0	0	0	177.34	4 842.41	14 995.00
郑州市区	8 596.51	9 165.79	35 258	31 470	15 000	778.52	16 523.18	116 792.00
新郑	1 222.44	5 544.61	1 500	8 350	0	94.13	1 763.82	18 475.00
中牟	4 041.13	16 873.35	10 470	2 740	0	27.37	12 104.15	46 256.00
全市	25 683.29	58 390.82	52 463	51 700	15 000	1 836.17	51 572.07	256 645.35

10.7.8.5 推荐的水资源配置方案结果分析与评价

分别从供需水量平衡角度、方案实施可行性和调度管理层次上、环境层次上、经济层次上、区域协调发展层次上,对各规划水平年推荐的水资源配置方案结果进行分析与评价,以说明推荐的方案是合理的。

10.7.8.6 特殊干旱期水资源保障应急对策

首先分析规划区可能的特殊干旱情况,主要计算其对应的缺水量。经分析计算,从最不利组合来看,在2020年,总缺水21 203.48万 m^3,缺水率为9.6%;在2030年总缺水35 926.03万 m^3,缺水率为14.5%。正是因为在规划水平年采取了一系列措施,包括调水、节水、污水处理、污水回用等,使郑州市水资源利用状况得到极大改善,即使在特殊干旱年份缺水状况并不严重,缺水率均低于目前郑州市正常年份的缺水率(50%频率下基准年缺水率为28%),总体来看应该是可以接受的。

缓解特殊干旱期缺水的对策应包括工程应急措施和非工程应急措施,制定防御特殊干旱预防性措施和应急对策。

建议的预防措施包括：

(1)建立和完善干旱的监测和预报系统,及时掌握水资源供需状况,提高预测干旱灾害的能力。

(2)建立抗旱指挥系统,加强防旱、抗旱指挥的组织和应变能力。

(3)战略性资源储备,到特殊干旱年份可以适当超采一部分地下水,作为应急供水。

建议的应急预测方案包括：

(1)在特殊干旱时期,首选措施是超采部分地下水,把地下水看作是一个后备"地下水库"。按照目前地下水开采量估算,在规划可开采水量的基础上可以再多用56 985.18万m^3,足以满足临时缺水的补给,但要求地下水位在丰水期及时得到恢复。

(2)可以考虑从黄河流域调一部分水,途径之一是从邻区的陆浑水库调水,之二是从干流调水。本次规划建议在2010年建设陆浑水库西水东进工程,作为郑州市的供水水源和后备水源,可以紧急多供水5 000万~10 000万m^3。

(3)在用水方面,因为郑州市人口和工业集中且密度大,在特殊干旱年份需要优先保障生活用水、工业用水,可以适当压缩农业用水(估计可以减少用水8 000万m^3)。

(4)假如在极度干旱情况下,需要采取特殊应急预案,比如调整供水方式,必要时定时定量供水,或以集中供水替代分散供水;向受灾区提供紧急援助措施,如居民生活用水采用水车送水等。

10.7.9 总体布局与实施方案

10.7.9.1 **总体布局思路**

以"建立郑州市人与水和谐共处的水资源保障体系"为基本出发点,在技术先进、经济可行、统筹兼顾、协调发展的前提下,按照"留住天上水,拦蓄地表水,用足黄河水,保护地下水,用好再生水,优化北调水"的水资源开发利用战略,提出构建"郑州市蓄—供—排—处理—回用大水网"的战略思想。总体布局思路如下：

(1)坚持"全面规划、统筹兼顾、综合利用、标本兼治、讲究实效"的原则,坚持"开源""节流""治污"并举,工程措施和非工程措施相结合,对供水、用水、节水、治污、水资源保护等方面进行统筹安排,实现对地表水、地下水及其他水源在不同区域、不同用水目标、不同用水部门水量与水质的统一、合理调配,协调好开发与保护、近期与远期、流域与区域、城市与农村、投资规模与资金来源以及相应管理机制等的关系。

(2)遵循"突出重点,节水优先、保护为本,经济合理、技术可行"的原则。突出对供水、用水、节水、治污与生态环境保护等基础设施所构成的水网络体系的统筹安排,重视对水资源开发、利用、治理、配置、节约与保护等领域的非工程措施的制定。

(3)工程措施与非工程措施配合协调,建设高效、科学的法律、行政、经济、技术、宣传教育等方面的制度与措施。

10.7.9.2 **总体布局**

针对郑州市特点,综合考虑经济、社会、资源、环境协调发展的需要,在规划水平年,逐步建立具有超前意识的"郑州市蓄—供—排—处理—回用大水网"工程体系,实现郑州市水利基础设施建设、水务管理与服务等全市水利一体化。该工程体系中主体工程包括14座中型水库、7个南水北调供水口门、8个引黄闸(站)、7个地下水工程、13个骨干供水工程、10个骨干排水(河道治理)工程、15个污水处理厂、7个污水回用工程。在该工程体系中又包含水资源供给保障体系、水资源与水环境保护体系、现代水务信息化管理体系等3个工程技术体系。

1.水资源供给保障体系

按照水资源优化配置形成的总体开发利用格局,开源与节流并举,在对现有工程除险加固、续建配套与节水改造的同时,重点抓好南水北调外调水、引黄河水,加大污水回用、雨水利用工程建设力度,建设骨干水利工程,架构由“南水北调配套工程、引黄工程、陆浑水库西水东进工程、14座中型水库及配套供水工程、引提水工程、强化节水工程、污水处理及回用工程、雨水利用工程”组成的统一调控、多水源并举的郑州市水资源配置格局。

2.水资源与水环境保护体系

在工程体系建设中,通过强化节水,扩大污水处理厂规模,修建污水回用工程、地下水地表水保护工程,努力提高水的利用效率,减少污染物排放量,逐步提高污水处理能力和回用比例。

3.现代水务信息化管理体系

建立并完善水利信息化网络,推进水务管理现代化,以科学技术促进水务一体化管理水平的提高,确保水资源综合规划得以实施。

10.7.9.3 工程实施方案

(略)

10.7.10 规划实施效果评价

10.7.10.1 评价内容

在水资源规划方案提出之后,还需要再回过头来,从不同层次、不同角度来全方位评价规划实施的效果,综合评估规划推荐方案实施后的效果,识别对规划实施效果影响较大的主要因素,并提出相应的对策。

10.7.10.2 人水和谐程度评价

按照人水和谐程度评价方法,定量评估水资源规划方案实施后的人水和谐状况。通过计算认为,在郑州市实施一系列措施之后,郑州市人水和谐状况得到很大提高,有效地促进了人与自然和谐相处,促进郑州市生态水系城市建设和环境友好城市建设。

10.7.10.3 水资源系统总体效率评价

分别从提高水资源供水效果、提高水环境安全效果、改善水资源配置格局、缓解重点缺水地区和城市水资源紧缺状况、改善生态与环境的效果、改善供水安全保障程度及抗风险能力和效果等方面来分析论证水资源系统总体效果。分析认为,通过水资源规划方案的实施,有效地提高了整体水资源系统效益。

10.7.10.4 实施方案的经济效益评价

论证节水措施实施后的节水量和增产效益,水资源保护措施实施后带来的水资源保护效益,增加供水方案实施后供水能力的提高和产生的经济效益,非工程措施实施后对抑制不合理需求、有效增加供给和积极保护生态环境的效果,以及水利工程投资对区域经济的拉动作用。

10.7.11 水资源管理机制及保障体系

10.7.11.1 水资源管理机制

1.水资源统一管理机制

坚持利用与保护统一、开源与节流统一、水量与水质统一。实施水务统一管理,统筹调度地表水与地下水,优化配置城区、郊区以及区外水资源。

2.水资源管理的经济运行机制

以水价为经济调控杠杆,促进水资源有效利用。明晰水权,确定用水总量控制指标和用水定额控制指标,保证配水方案实施。

10.7.11.2 水资源保障体系

为了保证水资源规划方案的顺利实施,必须建立一系列保障体系。针对郑州市具体情况,本次规划提出的一套保障体系包括:两方面法律法规保障体系(地方性水法规体系、水行政执法体系)、六方面政策保障体系(水资源合理配置政策、节约用水政策、水资源保护政策、产业政策、经济政策、科技支撑政策)、四方面水资源管理机制保障体系(政府宏观调控机制、水资源统一管理机制、水市场运行机制、城市供水及污水处理市场开放机制)、两方面宣传与教育保障体系(宣传体系与公众广泛参与保障体系、教育与科技支撑保障体系)。工程建设保障体系包括水资源供给保障体系、水资源与水环境保护体系、现代水务信息化管理体系。

思考题

10-1 简述水资源综合规划的概念。

10-2 简述水资源规划的工作流程和主要内容。

10-3 简述水资源规划方案的比选方法。

10-4 简述水资源规划报告书的编写要求及一般章节安排。

10-5 试选择某一地区,收集相关资料,撰写水资源规划报告。

第11章　水资源综合管理

11.1　水资源综合管理概述

水资源综合管理是水行政主管部门综合运用法律、经济、技术等手段，对水资源的分配、开发、利用、调度和保护进行管理，以求可持续地满足社会经济发展和生态环境改善对水的需求的各种活动的总称。水资源综合管理研究如何合理开发、利用、调控和保护水资源，使其处于对人类生活和生产最有利的状态，并获得最大的经济效益、社会效益和环境效益。

广义的水资源管理包括：①法律——立法、司法、水事纠纷的调解处理；②行政——机构组织、人事、教育、宣传；③经济——筹资、收费；④技术——勘测、规划、建设、运行调度。狭义的水资源管理包括：①制订合理的水资源开发利用规划，并逐步实施；②制订合理的水资源分配方案、供水系统及水利工程的优化调度方案，并执行完善；③监督并限制各种不合理开发利用水资源和危害水资源的行为；④监测、预测水量及水质变化等。由此可见，开展水资源综合规划及运行调度工作，也是水资源综合管理的主要内容之一。

水资源综合管理是自然科学和社会科学的交叉科学，它不仅涉及研究地表水的各个分支科学和领域，如水文学、水力学、气候学及冰川学等，而且也和水文地质学各领域及与上述各种水体形成、活动的自然、社会和生态，甚至和经济、技术、环境等各方面密不可分。因此，研究并进行水资源管理，除应用上述有关水科学的研究理论和方法外，还需要用系统理论和分析方法，采用数学和先进的最优化技术，包括现代计算机技术，建立适合所研究区域的水资源开发利用和保护的管理模型，以保证管理目标的实现。

水资源综合管理涉及水的量和质两方面，为实现管理目标，水资源管理的概念应当理解为：通过行政、法律、经济和技术手段，规范人类一切水事活动，合理开发、充分利用水资源并使其得以适时补偿和恢复，达到水量不枯竭、水质不污染并使水环境处于良性循环状态，从而获得最大的经济效益、社会效益和环境效益。

水资源综合管理应以可持续发展思想、人水和谐思想、最严格水资源管理制度、水生态文明理念与新时期治水思路为指导思想。

11.1.1　水资源综合管理目标

水资源综合管理的最终目的是实现区域水资源的可持续利用，保障区域水资源安全，各个国家不同时期的水资源管理与其社会经济发展水平和水资源开发利用水平密切相关。同时，世界各国由于政治、社会、宗教、自然地理条件和文化素质水平、生产力水平的不同以及历史习惯等，其水资源管理的具体目标、内容和形式也不可能一致。但是，水资源管理具体目标的确定都与当地国民经济发展目标和生态环境控制目标相适应，不仅要考虑社会经济的发展,还要考虑自然资源条件以及生态环境的改善。

按照我国国情与自然环境特点,在国家制定的《中国21世纪议程》中对水资源管理的总要求是:水量和水质并重、资源和环境管理一体化。其具体目标如下:

(1)形成能够高效利用水的节水型社会。在对水的需求有新发展的形势下,必须把水资源作为关系到社会兴衰的重要因素来对待,并根据我国水资源的特点,厉行计划用水和节约用水,大力保护并改善水质。

(2)建设稳定、可靠的城乡供水体系。在节水战略指导下,预测社会需水量的增长率将保持或略高于人口的增长率。在人口达到高峰以后,随着科学技术的进步,需水增长率将相对有所降低。并按照这个趋势,制订相应的计划以求解决各个时期的水供需平衡,提高枯水期的供水安全度以及对于特殊干旱年的响应对策等,并制订修正计划。

(3)建立综合性防洪安全社会保障制度。由于人口的增长和经济的发展,如遇到同样洪水,给社会经济造成的损失将比过去加重很多。在我国的自然条件下,江河洪水的威胁将长期存在。因此,要建立综合性防洪安全的社会保障体制,以有效地保护社会安全、经济繁荣和人民财产安全,以求在发生特大洪水情况下,不致影响社会经济发展的全局。

(4)加强水环境系统的建设与管理,建立国家水环境监测网。水是维系经济和生态系统的最关键性要素。通过建设国家和地方水环境监测网和信息网,掌握水环境质量状况,努力控制水污染发展的趋势,加强水资源保护,实行水量与水质并重、资源与环境一体化管理,以应对缺水与水污染的挑战。

11.1.2 水资源综合管理的原则

水资源综合管理的原则除本书2.2节所述原则与准则外,还应突出管理的"综合性",利用多种途径解决所面临的水资源问题,主要包括:

(1)坚持人与自然和谐共处的原则。水资源开发利用既要促进社会经济发展,又要保护与改善生态环境。

(2)坚持水多、水少、水浑、水污染等问题统筹考虑、综合治理的原则。

(3)坚持工程措施与非工程措施、社会保障措施等并重的原则。加强科学管理,提高科技含量,推进信息化进程。

(4)坚持政府调控、公众参与、市场调节相结合的原则。探索和应用水权、水价、水市场理论。

11.1.3 水资源综合管理方式

根据区域不同发展阶段,对水资源综合管理的侧重点不同,可概括出以下几种水资源综合管理的方式。

11.1.3.1 供水管理

供水管理是指通过工程措施与非工程措施适时、适量地将水输送到用户的供水过程的管理。核心是尽量采取各种措施以减少水量在输送过程中的无效消耗。

11.1.3.2 用水管理

用水管理是指运用法律、经济、行政手段,对各地区、各部门、各单位和个人的供水数量、质量、次序和时间的管理过程。核心是尽量减少在用水过程中不必要的水量浪费，并不断改进工艺、设备及操作方法，以节约用水。

11.1.3.3 需水管理

需水管理是指运用行政、法律、经济、技术、宣传教育等手段和措施，抑制需水过快增长的行为。核心是调整产业结构，促进节水，提出最合理的各类用水对象的需水指标。

11.1.3.4 水质管理

水质管理是指采取行政、法律、经济和技术等措施，保护和改善水质的行为。核心是经过污染源调查、水质监测，进行水资源质量评价和水质规划，保障区域水质安全。

供水管理侧重的是对供水过程的管理，用水管理侧重的是对用水过程的管理，需水管理是在用水管理基础上发展起来的，建立节水型社会，提高水资源的利用效率。水质管理是在水资源利用过程中排放的废污水对地表水或地下水造成污染甚至使水失去使用价值的背景下提出的，对水资源利用进行量与质的同步控制和管理，也是实现水资源可持续利用的重要途径。

11.1.3.5 综合管理、集成管理或一体化管理

水资源综合管理是指以人与自然和谐共处为原则，通过政府宏观调控、用户民主协商、水市场调节三者有机结合，依据法律法规，采用行政、经济、技术和宣传教育等手段，统筹考虑、综合治理人类社会所面临的水多、水少、水浑和水污染等问题。

现代经济学研究表明，可再生资源的再生水平取决于自然环境系统。自然环境系统与人类及人类的活动行为密切相关，从自然资源与环境经济学的理论出发，自然环境系统为人类提供两种基本的服务：一种是原材料和能源的供给；另一种是吸收、转化人类社会废弃物。但是自然环境系统向人类提供的这种服务是有限度的，如果人类活动或向自然环境系统的索取超过一定的限度，原有的系统平衡将被打破，而新的平衡建立总是以自然环境系统向人类服务的减少为代价的。因此，在研究水资源管理问题中，不是把水资源当作一个孤立的对象给予研究处理，而是必须从包括水资源在内的自然环境系统去统一考虑。

自从1992年都柏林21世纪水与环境国际会议以及联合国里约热内卢环境与发展大会以来，水资源综合管理(Integrated Water Resources Management，简称IWRM)作为一个有别于传统的水管理概念，已经引起全世界范围的广泛重视。全球水伙伴(Gloabal Water Parternership)组织给出的定义具有代表性：水资源综合管理是一个促进水、土地和相关资源同步开发与管理的过程，它以公平的方式，在不损害人类赖以生存的生态系统的可持续性的情况下，实现经济和社会福利的最大化。

城乡水务一体化管理，是打破城乡之间、地区之间、部门之间的水管理界限，建立起城市和农村、水源和供水、供水和排水、用水和节水、治污和回用一体化管理的城乡水务统一管理体制，目的是促进水资源合理开发、高效利用、综合管理、优化配置、全面节约、有效保护，实现水资源的可持续利用，保障国民经济的可持续发展。实现城乡水务一体化管理，不是部门间管理职能的简单合并、调整，而是加强了对水资源所有权的统一管理，解决了“多龙治水”的弊端。水务一体化管理并不等同于水资源综合管理，它只是水资源管理组织体制的一体化。

11.2 水资源综合管理措施与评价

11.2.1 水资源综合管理措施

要使水资源管理达到其管理的目的，就要采取一定的方法和措施。水资源综合管理是一个极其复杂的多层次管理，其主要措施有以下几种。

11.2.1.1 法律法规

法律法规即运用国家权力，制定相应水管理法规，依法管水。

1. 法律法规的特点

（1）权威性和强制性。包括水资源法规在内的一切法规均由国家制定，具有法律的严肃性，一切组织和个人都应遵守，不得对其进行阻扰和抵制；否则，将受到法律的严厉制裁，因为法律是以强制力为后盾的。

（2）规范性和稳定性。水资源的有关法规与所有法律一样，文字表述严格明确，其解释权在相应的立法、司法和行政机构。同时，法律法规一经颁布实施，就会在一定时期内有效，不会经常变动。

（3）平等性。法律面前人人平等，只要违反了法律法规，在任何情况下都要受到法律的制裁。

2. 法律法规的作用

我国水资源的时程和地区分布极不均匀，导致一些地区水资源丰富，一些地区水资源短缺。另外，由于国民经济的发展和人民生活水平的提高，水污染问题也更加严重，水事纠纷不断发生。为从根本上解决水资源危机，使水资源能被持续使用，维护国家的安定团结，颁布了《中华人民共和国水法》，标志着我国依法治水、依法管水的开始。

法律法规融于水资源管理之中，有其特别重要的作用。一是保证了必要的管理程序；二是增强了管理系统的稳定性；三是有效地调节了各种管理之间的关系；四是促进了管理系统的发展。

11.2.1.2 行政措施

行政措施即运用政府的行政权力，以命令、规定、指示、条例等形式发挥行政组织在水资源管理中的作用，行政方法也带有一定的强制性。

1. 行政措施的作用

行政方法是实现水资源管理功能的重要手段，也是使国家的有关法律在不同地区、不同流域结合当地具体情况予以实施的必要方法。

由于水资源属于国家所有，这就需要政府机构对水资源采取强有力的行政管理方法，负责指导、控制、协调各用水部门的水事活动。水资源的行政管理手段必须依据水资源的客观规律，结合当地水资源的分布情况、开发利用情况和国民经济发展对水的供需情况作出正确的行政决定、规定等，使水资源的管理更加符合当地具体情况。如黑龙江省宾县在贯彻《中华人民共和国水法》过程中，完善了与其配套的地方法规，制定了水资源管理、水资源收费、水利工程供水收费等规定和方法，并制定了四个水行政制度，建立和充实了水政执行组织。

长期的水资源管理实践证明,许多水事纠纷只能靠行政方法处理。为使行政机构具有权威性,《中华人民共和国水法》规定:县级以上人民政府或其授权的主管部门在处理水事纠纷时,有权采取临时处置措施,当事人必须服从。

2. 行政方法与其他管理方法的关系

行政方法虽然在水资源管理中占有重要的地位,但单纯采用这种方法,就可能在管理过程中脱离实际或事倍功半。若要求管理对象无条件服从法律法规,就必须辅以经济管理方法,发挥经济手段在管理中的作用,并加强思想教育,增强人们的水资源意识,使人们能主动配合水资源的管理工作,使管理任务顺利完成。

11.2.1.3 经济措施

经济措施即利用水价与市场调控机制,达到用好水资源的目的。

水价作为一种有效的经济调控杠杆,涉及经营者、普通用水户、政府等多方因素,用水户希望获得更多的低价用水,开发经营者希望通过供水获得利润,政府则希望实现其社会政治目标。但从综合的角度来看,水价制定的目的在于,在合理配置水资源,保障合理生态环境、美学等社会效益用水以及可持续发展的基础上,鼓励和引导合理、有效、最大限度地利用可供水资源,充分发挥水资源的间接经济效益和社会效益。在水价的制定中,要考虑用水户的承受能力,必须保障其基本的生存用水和发展用水。而对不合理用水部分,则通过提升水价,累计加价,实行台阶式水价,利用水价杠杆,来强迫减小、控制、逐步消除不合理用水,以实现水资源的有效利用。

水权是实现水市场化管理的基础,水权包括水的所有权、使用权、经营权、转让权等。在我国,水的所有权属于国家,国家通过某种方式将水的使用权赋予各个地区、各个部门、各个单位。这里所说的水权主要是水的使用权。一般来说,水的使用权是按流域来划分的。例如,某流域水资源中,有多少用于生态、多少用于冲沙、多少用于各区分配、每个区用多少,这就是国家赋予他们的水权。明晰水权是水市场管理的第一步,要建立两套指标体系,一套是水资源的宏观控制体系,另一套是水资源的微观定额体系。第一套体系用来明确各地区、各行业、各部门乃至各企业、各灌区各自可以使用的水资源量,也就是要确定各自的水权。另外,还可以将所属的水权进行二次分配,细化到各部门,各单位,各县、乡、村、组及农户。第二套体系用来规定社会的每一项产品或工作的具体用水量要求,如炼1 t钢的定额是多少、种1亩小麦的定额是多少等。有了这两套指标的约束,各地区、各行业、各项工作都明确了自己的用水指标和节水指标,就可以层层落实节水责任,可持续发展才能真正得到保障。

11.2.1.4 技术措施

技术措施即充分认识当地水资源的特点和问题,采取合理的技术手段,开发利用并保护好水资源。

所谓水资源管理的技术措施,是指通过现代的科学技术对水资源合理规划、开发、保护、统一调度,计划用水和节约用水,使水资源管理更加科学化。我国水资源总量虽然不少,在世界列第6位,但人均水资源占有量却只列第110位。而在这有限的资源中,由于用水技术落后,水的浪费现象相当严重,如我国农业用水平均利用系数仅不到0.5,工业用水重复利用率仅为20%~30%,与世界发达国家相比有相当大的差距。如何改变这种状况呢?这需要先进的科学技术来加以改变,使我国经济不断发展的同时,用水量减少,以达到水资源持续使用的目的。

11.2.1.5 宣传教育

宣传教育重点是提高全民的水资源意识,达到能使公众自觉参与对水资源的保护和管理,节约用水。

加强宣传,鼓励公众广泛参与,是水资源管理制度落实的基础。水资源管理措施的实施,关系到每一个人。只有公众认识到"水资源是宝贵的,水资源是有限的","不合理开发利用会导致水资源短缺","必须大力提倡节约用水",才能保证水资源管理方案得以实施。

公众参与,是实施水资源可持续利用战略的重要方面。一方面,公众是水资源管理执行人群中的一个重要部分,尽管每个人的作用没有水资源管理决策者那么大,但是公众人群的数量很大,其综合作用是水资源管理的主流,只有绝大部分人群理解并参与水资源管理,才能保证水资源管理政策的实施,才能保证水资源可持续利用;另一方面,公众参与能反映不同层次、不同立场、不同性别人群对水资源管理的意见、态度及建议,水资源管理决策者仅反映社会的一个侧面,在做决定时,可能仅考虑某一阶层、某一范围人群的利益,这样往往会给政策执行带来阻力。例如,许多水资源开发项目的论证没有充分考虑到受影响的人群,导致受影响群众的不满情绪,对项目实施造成不利影响。

11.2.1.6 必要的国际协定或公约

对于边界河流、湖泊和出入国境的河流,要根据双方的共同利益,订立协定或公约,以合理而公正地开发利用共有的水资源。

水资源综合管理,还应根据具体情况,开展并加强各级有关部门间的合作,包括发展和加强各种机制,即:①根据国家的立法,把一般性的水资源管理权限下放到适当的最低一级机构,包括将中央政府有关的水资源管理工作下放到地方当局、企业和社会团体。②在国家一级,制定的国家规划中,要实行水资源的综合规划和对水资源的综合管理,并根据国家立法和经济措施,制定相应的淡水管理条例和法规,并负责监督实施。③对于包括若干个国家的区域一级,要酌情考虑协调统一各国的国家战略和实施方案。④在全球一级,要进一步明确各国际组织和联合国开发计划署(UNDP)的责任、分工和协调,包括促进有关水资源管理方面的讨论和经济交流。

为了改进水资源综合管理的状况,1992年,在巴西里约热内卢召开的联合国环境与发展大会上,提出了应当由国家组织实施的一些具体活动内容。联合国机构、世界银行等国际组织成立了世界水理事会、全球水伙伴等机构,以促进水资源管理向更综合、更全面、更适应发展变化的战略方向前进。

11.2.2 水资源监管评价

目前,随着水资源危机或潜在危机的出现,伴随着科技水平的提高与投入的加大,水资源在线监控管理越来越受到重视,具有普及的趋势。水资源监管评价主要评估水资源监控管理能力建设及重要管理制度的落实情况,包括用水总量控制达标情况、水资源监控能力指数、水生态文明建设重视度三项通用指标。

11.2.2.1　用水总量控制达标情况

用水总量控制达标情况指是否实现了上级政府下达的年度用水总量控制目标，以上级政府考核结果为依据，若实现年度目标，则此项指标评价为“Ⅰ级”，得满分；否则评价为“Ⅴ级”，不得分。

11.2.2.2　水资源监控能力指数

水资源监控能力指数由取用水计量率、水功能区水质监测率、入河排污口监测率三项子指标分别评分后，取其平均值作为该项指标评分。三项子指标含义及方法计算如下。

1. 取用水计量率

取用水计量率指根据实测数据统计的用水量占区域用水总量的比例，按式(11-1)计算：

$$R_{计量} = \frac{Y_{实}}{Y_{总}} \times 100\% \tag{11-1}$$

式中　$R_{计量}$——取用水计量率；

$Y_{实}$——根据实测数据统计的用水量；

$Y_{总}$——区域用水总量。

2. 水功能区水质监测率

水功能区水质监测率指国家或省级人民政府批复的水功能区中，按水质监测规范要求定期开展水质监测评价的水功能区数量比例，按式(11-2)计算：

$$R_{水监} = \frac{G_{监}}{G_{总}} \times 100\% \tag{11-2}$$

式中　$R_{水监}$——水功能区水质监测率；

$G_{监}$——开展水质监测评价的水功能区数量；

$G_{总}$——国家或省级人民政府批复的水功能区总数。

3. 入河排污口监测率

入河排污口监测率指按照监测规范要求开展在线、定期或监督性监测的入河排污口数量比例，按式(11-3)计算：

$$R_{污监} = \frac{T_{监}}{T_{总}} \times 100\% \tag{11-3}$$

式中　$R_{污监}$——入河排污口监测率；

$T_{监}$——开展在线、定期或监督性监测的入河排污口数量；

$T_{总}$——入河排污口总数。

11.2.2.3　水生态文明建设重视度

水生态文明建设重视度代表政府部门对水生态文明建设的重视程度，综合考虑本区域对下一级人民政府政绩考核中水生态文明建设相关工作所占的分值比例和下一级人民政府的平均得分率，按式(11-4)计算：

$$A_{水} = \frac{\sum_{i=1}^{n} S_{水i}/n}{S_{总}} \times 100\% \tag{11-4}$$

式中 $A_{水}$——水生态文明建设重视度；

n——参与政绩考核的下一级人民政府总数；

$S_{水i}$——第 i 个下一级人民政府政绩考核中水生态文明建设相关工作得分；

$S_{总}$——对下一级人民政府政绩考核的满分值。

11.3 水资源综合管理工作流程

11.3.1 一般工作流程

水资源管理是水行政主管部门的重要工作内容，它涉及水资源的有效利用、合理分配、保护治理、优化调度以及所有水利工程的布局协调、运行实施及统筹安排等一系列工作。其目的是通过水资源管理的实施，以做到科学、合理地开发利用水资源，支持经济社会发展，保护生态系统，并达到水资源开发、经济社会发展及生态系统保护相互协调的目标。

与水资源规划相比，水资源管理的工作目标、流程、手段差异更大，受人为作用影响的因素更多。但从水资源配置的角度来说，其工作流程基本类似，可概括如图 11-1 所示。

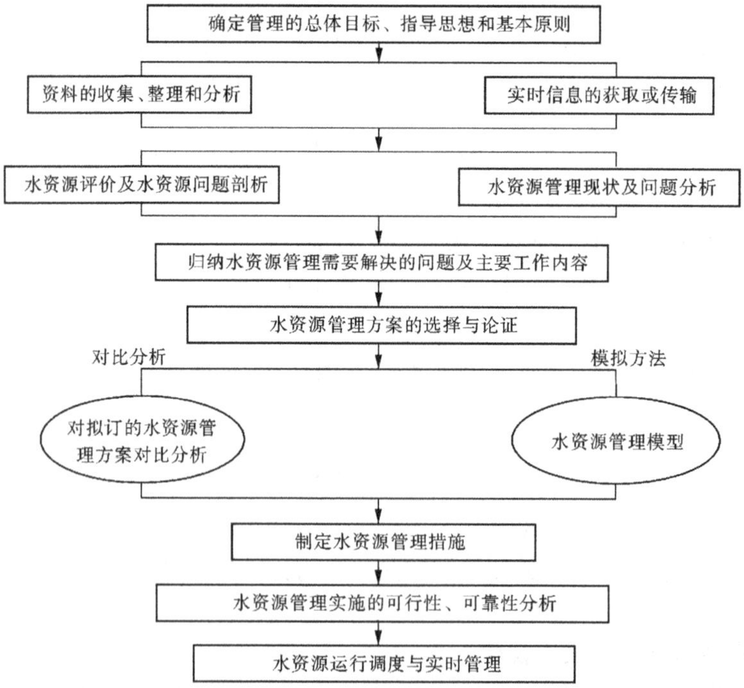

图 11-1 水资源管理工作一般工作流程

图 11-1 是水资源管理工作的一般流程，可能会随着水资源问题的复杂性不同，水资源管理工作任务、重点和深度不同而有所变化。总体来讲，首先要根据水资源管理工作的对象和任务，确定管理的总体目标、指导思想和基本原则；在现场调查、专家咨询，资料收集、整理和分析的基础上，制定信息获取与传输途径，剖析研究区水资源问题以及水资源

管理工作中存在的问题；在以上分析基础上，归纳水资源管理需要解决的问题及主要工作内容。其次选择合适的方法，对水资源管理方案进行选择和论证；在此基础上，制定水资源管理措施，并对水资源管理实施的可行性、可靠性进行分析。最后是水资源运行调度与实时管理。

11.3.2 主要内容介绍

11.3.2.1 确定管理的总体目标、指导思想和基本原则

与水资源规划工作相似，在开展水资源管理工作之前，也要首先确定水资源管理的目标和方向，这是管理手段得以实施的依据和保障。如在对水库进行调度管理时，丰水期要以防洪和发电为主要目标，而枯水期则要以保障供水为主要目标。

与水资源规划工作相似，指导思想同样是水资源管理的灵魂。有什么样的指导思想就会采取什么样的管理措施。本书前面提到的指导思想有可持续发展思想、人水和谐思想、最严格水资源管理制度、水生态文明理念。

水资源管理涉及人类与自然界，针对的问题解决起来可能比较复杂和棘手，在具体工作中又具有实时性，必须坚持一些基本原则(见本书 11.1.2)。

11.3.2.2 资料的收集、整理和分析

资料的收集、整理和分析是最烦琐而又最重要的基础工作之一。通常，掌握的情况越具体、收集的资料越全面，越有利于水资源管理工作的开展。

水资源管理需要收集的基础资料，与水资源规划类似，包括有关的经济社会发展资料、水文气象资料、地质资料、水资源开发利用资料以及地形地貌资料等。

在资料收集、整理之后，还要对资料进行分析，确定哪些资料是用于水资源管理措施制定时使用或参考，哪些资料作为实时的信息需要在管理过程中不断获取、传输和更新。这是实现水资源管理实时调度的基础。

11.3.2.3 实时信息的获取与传输

实时信息的获取与传输是水资源管理工作得以顺利开展的基础条件，通常需要获取的信息有水资源信息、经济社会信息等。水资源信息包括来水情势、用水信息以及降水观测等。经济社会信息包括与水有关的工农业生产变化、技术革新、人口变动、水污染治理以及水利工程建设等。总之，需要及时了解与水有关的信息，对未来水利用决策提供基础资料。

为了对获得的信息迅速作出反馈，需要把信息及时传输到处理中心。同时，需要对获得的信息及时进行处理，建立水情预报系统、需水量预测系统，并及时把预测结果传输到决策中心。资料的采集可以运用自动测报技术，信息的传输可以通过无线通信设备或网络系统来实现。

11.3.2.4 水资源评价及水资源问题剖析

水资源评价工作内容已在第 4 章详细介绍过。在水资源评价工作的基础上，正确了解研究区水资源系统状况，科学分析存在的水资源问题，比如水资源短缺、水污染等。这是科学制定水资源管理措施的重要基础。

11.3.2.5 水资源管理现状及问题分析

调查统计主要经济社会指标、供水基础设施及其供水能力、供水量、用水量、供水水质，评价用水水平和用水效率，评价水资源的开发利用程度。对不合理的水资源开发利用进行分析总结，剖析水资源管理带来的问题，总结水资源管理本身存在的问题。

11.3.2.6 归纳水资源管理需要解决的问题及主要工作内容

在以上分析的基础上，归纳本研究区水资源管理目前需要解决的问题，进一步确定水资源管理的主要工作内容。本书第2章详细介绍了水资源管理的主要内容。可以根据研究区水资源条件、存在的管理问题以及工作任务，具体选择水资源管理主要内容。

11.3.2.7 水资源管理方案的选择与论证

在以上大量研究工作的基础上，对水资源管理方案选择与论证，大致有两种途径：一是对选定的水资源管理方案进行对比分析，通过定性、定量相结合的手段，分析确定选择的水资源管理方案；二是根据研究区的社会、经济、生态环境状况、水资源条件、管理目标，建立该区水资源管理模型，通过对该模型的求解，得到最优管理方案。关于模型的类型及其求解方法已在前文介绍过。

11.3.2.8 制定水资源管理措施

根据比选得到的水资源管理方案，统筹考虑水资源的开发、利用、治理、配置、节约和保护，研究制定相应的具体措施，并进行社会、经济和环境等多准则综合评价，最终确定水资源管理措施。

11.3.2.9 水资源管理实施的可行性、可靠性分析

对选择的管理方案实施的可行性、可靠性进行分析。可行性分析包括技术可行性、经济可行性，以及人力、物力等外部条件的可行性；可靠性分析是对管理方案在外部和内部不确定因素的影响下实施的可靠度、保证率的分析。

11.3.2.10 水资源运行调度与实时管理

水资源运行调度是对传输的信息，在通过决策方案优选，实施可行性、可靠性分析之后，作出的及时调度决策。可以说，这是在实时水情预报、需水预报的基础上，所作的实时调度决策。

11.4 水资源保护与管理的法规体系

当前我国水资源面临的形势十分严峻，水资源短缺、水污染严重、水生态环境恶化等问题日益突出，已成为制约经济社会可持续发展的主要瓶颈。为了更好地开发利用与节约保护水资源，国家先后出台了一系列与水资源相关的法律法规。这些法律法规对我国水资源的开发利用、节约保护、规划管理发挥的作用越来越明显。该体系包括法律、行政法规、部门规章、地方法规与规章、规范性文件等。

11.4.1 法律

目前，我国涉水法律主要包括《中华人民共和国水法》《中华人民共和国环境保护法》《中华人民共和国防洪法》《中华人民共和国水土保持法》《中华人民共和国水污染防治

法》等五部。

11.4.1.1 《中华人民共和国水法》

《中华人民共和国水法》是 1988 年 1 月 21 日经第六届全国人大常委会第二十四次会议通过，并于同年 7 月 1 日起施行的法律。这部法律的制定实施，对规范水资源的开发利用、保护水资源、防治水害、促进水利事业的发展发挥了重要作用。但是，随着形势的不断发展，出现了一些新情况和新问题，无论从经济社会发展，还是从水资源本身看，我国水资源管理工作都面临着深刻变化，1988 年制定的《中华人民共和国水法》的一些规定已不能适应实际需要。2001 年 11 月 16 日国务院总理朱镕基签署国务院关于提请全国人民代表大会常务委员会审议《中华人民共和国水法(修订草案)》的议案，同年 12 月 24 日在第九届全国人民代表大会常务委员会第二十五次会议上水利部部长汪恕诚作关于《中华人民共和国水法(修订草案)》的说明，经过常委会第二十五次、第二十七次(2002 年 4 月)、第二十八次(2002 年 6 月)、第二十九次四次会议审议，《中华人民共和国水法》于 2002 年 8 月 29 日由第九届全国人民代表大会常务委员会第二十九次会议通过。修改后的《中华人民共和国水法》是在原《中华人民共和国水法》实施 13 年来的实践经验基础上，借鉴国外水资源管理的经验，并结合市场经济体制的要求制定的，内容包括总则，水资源规划，水资源开发利用，水资源、水域和水工程的保护，水事纠纷处理与执法监督检查，法律责任与附则，共 8 章 82 条。修改后的《中华人民共和国水法》按照水资源可持续利用的要求，本着进一步加强水资源管理，突出节约用水，强化水资源的合理配置和保护，促进水资源的综合开发、利用，健全执法监督机制的原则，为其他水资源保护与规划管理法律法规的制定提供了法律依据。

11.4.1.2 《中华人民共和国环境保护法》

《中华人民共和国环境保护法》是为保护和改善环境，防治污染和其他公害，保障公众健康，推进生态文明建设，促进经济社会可持续发展制定的国家法律，由中华人民共和国第十二届全国人民代表大会常务委员会第八次会议于 2014 年 4 月 24 日修订通过，自 2015 年 1 月 1 日起施行，被称为“史上最严厉”的《中华人民共和国环境保护法》。其主要内容包括总则、监督管理、保护与改善环境、防治污染与其他公害、信息公开与公众参与、法律责任、附则，共 7 章 70 条，与原《中华人民共和国环境保护法》的 6 章 47 条相比，有了较大变化。新的《中华人民共和国环境保护法》设信息公开和公众参与专章；国家建立健全环境监测制；完善了环境监测制度、跨行政区污染防治制度；补充了总量控制制度；加强对农业污染源监测预警；增加规定未依法进行环境影响评价的建设项目，不得开工建设；明确规定环境公益诉讼制度等，为保护水资源、防治水污染提供了法律依据。

11.4.1.3 《中华人民共和国防洪法》

《中华人民共和国防洪法》于 1997 年 8 月 29 日由第八届全国人民代表大会常务委员会第二十七次会议通过，自 1998 年 1 月 1 日起施行。《中华人民共和国防洪法》根据 2009 年 8 月 27 日第十一届全国人民代表大会常务委员会第十次会议《关于修改部分法律的决定》第一次修正，根据 2015 年 4 月 24 日第十二届全国人民代表大会常务委员会第十四次会议《关于修改〈中华人民共和国港口法〉等七部法律的决定》第二次修正。《中华人民共和国防洪法》是为了防治洪水，防御、减轻洪涝灾害，维护人民生命和财产安全，保障社会主义现代化建设顺利进行制定的法律。本法包括总则、防洪规划、治理与防护、防洪区与防洪设施的管理、防汛防洪、保障措施、法律责任、附则共8章65条内容，从防洪的角度出发，为水库防洪规划、水库库容设计与管理以及水库在汛期防洪中的作用等方面进行了规定，为水资源规划与管理在防洪方面的法律设计提供了指导性的法律依据。

11.4.1.4 《中华人民共和国水土保持法》

《中华人民共和国水土保持法》于1991年6月29日由第七届全国人民代表大会常务委员会第二十次会议通过，2010年12月25日第十一届全国人民代表大会常务委员会第十八次会议修订，自2011年3月1日起施行。《中华人民共和国水土保持法》旨在预防和治理水土流失，保护和合理利用水土资源，减轻水、旱、风沙灾害，改善生态环境，保障经济社会可持续发展，包括总则、规划、预防、治理、检测与监督、法律责任、附则共7章60条内容。《中华人民共和国水土保持法》规定水行政主管部门为行使监督管理权的部门，为水资源管理与规划中的水生态修复工程的规划和实施相关法律法规的制定提供了法律指引。

11.4.1.5 《中华人民共和国水污染防治法》

《中华人民共和国水污染防治法》于2008年2月28日由中华人民共和国第十届全国人民代表大会常务委员会第三十二次会议修订通过，自2008年6月1日起施行。《中华人民共和国水污染防治法》旨在防治水污染，保护和改善环境，保障饮用水安全，促进经济社会全面协调可持续发展，其内容包括总则、水污染防治的标准和规划、水污染防治的监督管理、水污染防治措施、饮用水水源和其他特殊水体保护、水污染事故处置、法律责任、附则，共8章92条。《中华人民共和国水污染防治法》从水污染的防治标准、防治措施、监督管理、水污染法律责任等方面为水资源保护与管理规划提供了法律依据。

11.4.2 行政法规

行政法规是国务院根据宪法、法律或者全国人大及其常委会的授权决定的。这种宪法和法律的根据，既可以是宪法或者法律对具体事项的规定，也可以是宪法或者法律对有关事项的一般性规定。关于水资源保护与规划管理行政法规主要有《农田水利条例》《取水许可和水资源费征收管理条例》《中华人民共和国防汛条例》《中华人民共和国抗旱条例》《中华人民共和国水文条例》《中华人民共和国河道管理条例》《水库大坝安全管理条例》《中华人民共和国城市供水条例》等，这些行政法规可以有效地对某一领域的问题做出专门而详细的规定。

国务院2016年2日公布的《农田水利条例》，明确发展农田水利，要坚持政府主导、科学规划、因地制宜、节水高效、建管并重的原则。《农田水利条例》的出台进一步规范了农田水利规划、建设、运行、管理，有助于建立健全农田水利基本制度和长效机制，为农业稳定发展和国家粮食安全提供了坚实的法制保障。

《取水许可和水资源费征收管理条例》即中华人民共和国国务院令第460号，由中华人民共和国国务院于2006年2月21日颁布，4月15日起实施，共计7章58条。中华人民共和国国务院令是中华人民共和国国务院总理签发的行政法令、授权有关部门发布的国务院行政命令或下发的行政操作性文件。《取水许可和水资源费征收管理条例》根据

《中华人民共和国水法》制定，旨在加强水资源管理和保护，促进水资源的节约与合理开发利用。

1991 年 7 月 2 日中华人民共和国国务院令第 86 号发布《中华人民共和国防汛条例》，根据 2005 年 7 月 15 日《国务院关于修改〈中华人民共和国防汛条例〉的决定》第一次修订，根据 2011 年 1 月 8 日《国务院关于废止和修改部分行政法规的决定》第二次修订。《中华人民共和国防汛条例》实行"安全第一，常备不懈，以防为主，全力抢险"的方针，遵循团结协作和局部利益服从全局利益的原则，旨在做好防汛抗洪工作，保障人民生命财产安全和经济建设的顺利进行。

《中华人民共和国抗旱条例》于 2009 年 2 月 11 日国务院第 49 次常务会议通过，2009 年 2 月 26 日发布，自发布之日起施行。《中华人民共和国抗旱条例》根据《中华人民共和国水法》制定，共计 6 章 65 条，旨在预防和减轻干旱灾害及其造成的损失，保障生活用水，协调生产、生态用水，促进经济社会全面协调可持续发展。

《中华人民共和国水文条例》于 2007 年 3 月 28 日国务院第 172 次常务会议通过，2007 年 4 月 25 日公布，自 2007 年 6 月 1 日起施行，共 7 章 47 条。《中华人民共和国水文条例》根据《中华人民共和国水法》和《中华人民共和国防洪法》制定，旨在加强水文管理，规范水文工作，为开发、利用、节约、保护水资源和防灾减灾服务，促进经济社会的可持续发展。

《中华人民共和国河道管理条例》于 1988 年 6 月 3 日国务院第七次常务会议通过，同年 10 日国务院令第 3 号发布，自发布之日起施行。为适应经济社会发展的需要，进一步依法管理和保护河道，保障防洪安全、供水安全和水生态安全，发挥江河湖泊的综合效益，水利部于 2011 年 1 月 8 日根据《国务院关于废止和修改部分行政法规的决定》对《中华人民共和国河道管理条例》进行了修订。

《水库大坝安全管理条例》于 1991 年 3 月 22 日中华人民共和国国务院令第 77 号发布，根据 2011 年 1 月 8 日《国务院关于废止和修改部分行政法规的决定》修订，旨在加强水库大坝安全管理，保障人民生命财产和社会主义建设的安全。

11.4.3　部门规章

部门规章是国务院组成部门、具有行政管理职能的直属机构和根据单行法授权而具有行政管理职能的国务院直属事业单位根据法律或者国务院行政法规、决定、命令而制定的规章。关于水资源保护与规划管理的部门规章主要有《取水许可管理办法》《水文监测环境和设施保护办法》《饮用水水源保护区污染防治管理规定》《三峡水库调度和库区水资源与河道管理办法》《水量分配暂行办法》《入河排污口监督管理办法》《水利工程供水价格管理办法》《水工程建设规划同意书制度管理办法(试行)》《长江河道采砂管理条例实施办法》和《湿地保护管理规定》等。这些部门规章的制定能够有效规范和协调国务院各组成部门和具有行政管理职能的直属机构在水资源保护与规划管理方面的职能与作用。

11.4.4 地方法规与规章

省级规章是省(自治区、直辖市)人民政府以上位法为依据制定的规章。省级地方法规是省(自治区、直辖市)人大及其常委会为执行法律、行政法规规定,根据本行政区域的实际情况做出的具体事项相关规定。根据水资源保护与规划管理的实际情况,各省都制定了水资源保护条例,例如《重庆市水资源管理条例》《青海省饮用水水源保护条例》《云南省节约用水条例》《浙江省饮用水水源保护条例》《武汉市水资源保护条例》《南京市水资源保护条例》《重庆市饮用水源污染防治办法》《重庆市城市饮用水二次供水管理办法》等。这些地方性法规与规章的制定也能够有效解决省(自治区、直辖市)所辖区内的一些重大水资源保护与规划管理问题。

11.4.5 规范性文件

规范性文件一般是指属于法律范畴(宪法、法律、行政法规、地方性法规、自治条例、单行条例、国务院部门规章和地方政府规章)的立法性文件和除此以外的由国家机关和其他团体、组织制定的具有约束力的非立法性文件的总和。根据《中华人民共和国立法法》,我国的各级国家权力机关(人大及其常委会)制定的是法律和地方性法规,国务院制定全国性的行政法规、国务院部委制定部门规章、各省(自治区、直辖市)政府制定地方性规章,除以上外,各级政府及其部门均可依法制定规范性文件(有时政府省部一级也会制定规范性文件,人大无权制定规范性文件,但有权审查),规范性文件包括条例、规定、通告、办法、决定五种。根据水资源保护与规划管理的实际情况,国务院近期制定和颁布的规范性文件主要有《国务院办公厅关于印发实行最严格水资源管理制度考核办法的通知》(国办发〔2013〕2 号)、《国务院关于实行最严格水资源管理制度的意见》(国发〔2012〕3 号)、《国家农业节水纲要(2012 ~ 2020 年)》(国办发〔2012〕55 号)、《国务院办公厅关于加强饮用水安全保障工作的通知》(国办发〔2005〕45 号)、《国务院办公厅关于推进水价改革促进节约用水保护水资源的通知》(国办发〔2004〕36 号)等。国务院部委制定和颁布的规范性文件主要有《国家发改委 财政部 水利部关于水资源费征收标准有关问题的通知》(发改价格〔2013〕29 号)、《关于加强农村饮水安全工程水质检测能力建设的指导意见》(发改农经〔2013〕2259 号)》、《国土资源部、水利部关于农村饮水安全工程建设用地管理有关问题的通知》(国土资发〔2012〕10 号)、《关于进一步加强农村饮水安全工程建设和运行管理工作的通知》(水农〔2011〕197 号)、《财政部 国家发展改革委 水利部关于印发〈水资源费征收使用管理办法〉的通知》(财综〔2008〕79 号)等。

可以说,截至目前,我国已经基本建立起了符合国情、水情的水资源保护与规划管理的法规体系,各项水资源保护与规划管理活动基本上做到了有法可依。特别是近几年来,我国相继出台了关于水资源管理、水污染防治与管理、水权制度建设等方面的重要法规,使得配套法规建设卓有成效。国家和地方的立法实践,进一步完善了水资源保护与规划管理的法规体系,使工作基本上做到了有法可依、有章可循,有力地保障了各项水资源保护与规划管理事业的顺利进行。

11.5 水资源管理的组织体制

水资源管理组织体制，是关于水资源管理活动中的组织结构、职权和职责划分等的总称。组织职能是管理活动的根本职能，是其他一切管理活动的保证和依托。

水资源的形成和运动具有明显的地理特征，以流域或水文地质单元构成一个统一体；水资源作为一种可再生的动态资源，地表水和地下水相互转化，上下游、左右岸、干支流之间相互影响；水又是多功能的，它有灌溉、发电、航运、供水、渔业、旅游、自然保护等多方面的功能；这些功能之间是相互联系的，需要在流域内实行统一规划，统筹兼顾，才能更好地发挥水资源的综合效益。因此，在 1992 年联合国环境与发展大会通过的《21 世纪议程》中提出，水资源应按流域进行综合管理。

新的《中华人民共和国水法》规定：国家对水资源实行流域管理与行政区域管理相结合的管理体制。国务院水行政主管部门负责全国水资源的统一管理和监督工作。国务院水行政主管部门在国家确定的重要江河、湖泊设立的流域管理机构，在所管辖的范围内行使法律、行政法规规定的和国务院水行政主管部门授予的水资源管理和监督职责。

流域管理，并不是对流域水资源问题全包全管，主要是统一管理以下三个方面：

(1)统一规划。由于流域跨行政区、跨部门的特点，由任何部门、地区来制定规划都会带有片面性。因此，流域的水资源开发、利用与保护规划必须由流域机构根据流域的特点，结合各地区、各部门的要求，统一制定。各地区、各部门根据流域统一规划再制定各自的发展规划。

(2)影响全局的关键工程及有争议的地区，由流域机构统一管理，协调关系。如跨行政区的河流、省界、地区或县界，常易引起纠纷和争议，在这种交界地区的水质监测应由流域机构承担。至于其他河段的监测和管理则由各地区、各部门负责。

(3)排入水域的主要排污口，由流域机构统一管理，这是河道管理条例规定的。其他污染源的监测及管理均由各地区、各部门负责。

县级以上地方人民政府水行政主管部门依法负责本行政区域内水资源的统一管理工作。我国地域广阔，各地水资源状况和经济社会发展水平差异很大，实行流域管理和行政区域管理相结合的管理体制还必须紧密结合各地实际情况，充分发挥县级以上地方人民政府水行政主管部门依法管理本行政区域内水资源的积极性和主动性。

从总体上说，流域管理机构在依法管理水资源的工作中应当突出宏观综合性和民主协调性，着重于一些地方行政区域的水行政主管部门难以单独处理的问题，而一个行政区域内的经常性的水资源监督管理工作主要应由有关地方政府的水行政主管部门具体负责实施。地方在维护全国水资源统一管理、水法基本制度统一的前提下，也可以结合本地实际制定地方性水法规和有关政府规章，制定有利于本地水资源可持续利用的政策和有关规划、计划，依法加强对本行政区域内水资源的统一管理。

现阶段，水利部是我国水行政主管部门。与此同时，地方各级水利行政机构逐渐健全并得到加强，分为省(自治区、直辖市)、市(自治州、盟)、县(县级市、旗、区)三级。一般省级设厅(局)、市级设局(处)、县级设局(科)，县以下的区乡级设水利管理站或专职或兼职的水利管理员，其隶属关系，有的是县级水利行政机构派出的事业单位，有的则为区乡政府的事业单位。目前，全国已有长江、黄河、珠江、松辽河、淮河、海河、太湖等七大流域管理机构，作为水利部在各流域的派出机构，行使各自流域的水行政职责。地方省级所辖的河湖流域也有设立专门机构的，例如辽宁省设有辽河河务局，河北省设有大清河、子牙河河务局等，均属于各省水利厅(局)。我国七大流域管理机构是其所在流域的水行政主管部门，代表中央政府负责水资源和河道的统一管理与保护。各级地方人民政府水行政主管部门在流域统一规划和管理下，负责本地区水资源和河道的统一管理与保护。

随着人们对水资源客观性认识的深入和社会经济、技术的不断发展，水资源管理的组织体系也在逐步发展和演变。

11.6　水资源管理的经济机制

水资源管理的经济机制主要体现在水价与水市场两个方面。水资源作为一种自然资源，具有价值与价格，取用应收费，并符合市场规律。同时，水资源又是一种特殊的资源，其价格和市场化规律与普通商品又不完全相同。

11.6.1　水价

水价应包括商品水的全部机会成本。从理论上讲，水价由三个部分组成，即资源水价、工程水价和环境水价。

(1)资源水价。资源水价通常没有价格，而是由国家或地方政府的授权部门按水资源的价值所确定的收费标准。

(2)工程水价。工程水价属经济核算的行为决策，是由下而上根据各供水工程运行的成本、利润、税金计算形成的。

(3)环境水价。环境水价是指因水利工程建设对环境影响或供水产生退水污染等的治理价格。

11.6.1.1　资源水价

水资源是经济社会发展的物质基础，其有用性与稀缺性决定了它具有价值和价格，国家以水资源费的形式来征收。

从理论上讲，水资源费应包括三个方面的内涵：

(1)水资源作为一种自然资源，由于其有用性和稀缺性，与其他自然资源一样，具有价值。其价格确定应符合资源定价的理论与方法。

(2)自然资源变为人类可直接利用的资源，往往需要追加一定的社会劳动，从而形成各种费用，如水资源的勘探、开发、保护费用等。

(3)为了保护水源地所在区域的生态环境，以保障水源地水资源的再生和使用价值，所在区域的社会生产模式将只能在一定的范围内选择，从而限制了当地社会经济的发展和居民生活水平的提高，对此其他地区水的使用者应给水源地所在区域以一定程度的补偿。

1. 水资源费

如何确定资源水价，目前尚无成熟的方法，下面介绍一些计算自然资源价格的有一定代表性的方法。

1）市场定价法

用自然资源产品的市场价格减去自然资源产品的单位成本，包括前期成本、生产经营管理成本、价格化的外部成本等，计算公式为

$$P_r = P - C \tag{11-5}$$

式中　P_r——资源的价格；

P——自然资源产品的市场价格；

C——自然资源产品的单位成本。

式(11-5)适用于资源产品完全市场化的条件。由于水是一种特殊商品，其价格并未完全进入市场，从而市场定价法很难使用。

2）影子价格法

通过自然资源对生产带来收益的边际贡献率来确定自然资源的价格，计算公式为

$$P_r = \frac{\partial V}{\partial W} \tag{11-6}$$

式中　V——产出的收益；

W——自然资源供给量。

3）替代价格法

当水资源供给不足，严重影响社会经济发展时，可采用诸如节水、污水处理回用、海水淡化等技术，减少原水利用量。这些措施的边际费用可作为水资源价格的间接估算值。

2. 水资源前期费

水资源前期费是指前期基础工作费用，即水资源的勘测、规划、评价，水量、水质监测等费用。为把该区域水资源系统建设以前投入的基础工作费用统一计算到现在，则

$$C = \sum_{t=1}^{T_0} (1+i)^{T_0-t+1} C_t \tag{11-7}$$

式中　T_0——连续进行基础工作的累计年数；

C_t——第 t 年投入的前期基础工作费用；

i——社会折现率。

设水资源系统的投资回收年限为 T，多年平均可供水量为 W，则单位水资源量每年摊销的前期基础工作费用为

$$P_1 = \frac{i(1+i)^T}{(1+i)^T - 1} \cdot \frac{C}{W} \tag{11-8}$$

为了该系统的运行，设目前平均每年投入的前期基础工作费用为 C_T，则单位水资源量的费用为

$$P_2 = \frac{C_T}{W} \tag{11-9}$$

综合以上两个部分，单位水资源量需要摊销的前期基础工作费用为

$$P_q = P_1 + P_2 \tag{11-10}$$

3. 水资源补偿费

为保护供水工程的水源地，在水源地区域的建设发展过程中，其社会经济发展模式往往受到一定的限制，从而使当地居民失去了某些投资开发的机会，也即水源地区域人民为了其他地区的用水是作出了牺牲的，所以供水受益区应对水源区给予适当的经济补偿。

补偿计算可选择横向比较法或纵向比较法。所谓横向比较法，是选取与水源地区域自然条件相近的地区为参照对象，分析计算两者之间的经济差异，近似地将其作为涵养和保护水源而限制水源地区域经济发展的经济补偿值。所谓纵向比较法，是分析计算水源地区域与供水受益区域之间在历史上的经济差异，依此作为现在可能的差异，然后计算经济补偿值。

假设计算得出的水源地区域经济补偿值为 C_b，与此有关的工程供水量为 W，则供给用水户的单位水资源量的补偿值为

$$P_b = \frac{C_b}{W} \tag{11-11}$$

水资源费体现了水资源国家所有的有偿使用原则，主要用于抵偿国家在水资源开发利用与管理中投入的附加费用，即水资源开发利用的前期费用补偿和用后费用补偿。

《取水许可和水资源费征收管理条例》规定如下：

取水单位或者个人应当缴纳水资源费。取水单位或者个人应当按照经批准的年度取水计划取水。超计划或者超定额取水的，对超出部分累进收取水资源费。

水资源费征收标准由省（自治区、直辖市）人民政府价格主管部门会同同级财政部门、水行政主管部门制定，报本级人民政府批准，并报国务院价格主管部门、财政部门和水行政主管部门备案。其中，由流域管理机构审批取水的中央直属和跨省（自治区、直辖市）水利工程的水资源费征收标准，由国务院价格主管部门会同国务院财政部门、水行政主管部门制定。

征收的水资源费应当按照国务院财政部门的规定分别解缴中央和地方国库。因筹集水利工程基金，国务院对水资源费的提取、解缴另有规定的，从其规定。征收的水资源费应当全额纳入财政预算，由财政部门按照批准的部门财政预算统筹安排，主要用于水资源的节约、保护和管理，也可以用于水资源的合理开发。任何单位和个人不得截留、侵占或者挪用水资源费。

资源水价，除前述的理论分析方法外，下面介绍一种经验方法。

与绝大多数商品相比，商品水市场具有显著的垄断性。它不是由众多的水生产者参与市场竞争，并由此形成商品水的市场价格。因此，被广泛使用的资源价格计算方法——市场价格逆算法，很难用来进行水资源价格的核算。

支付意愿法是计算资源价格的一种经验方法。供水工程供水给用户，其价格没有市场价格可循，但可以通过一定途径获取供水市场价格的近似估算值。如用消费者愿意支付的价格作为市场价格的一种近似估计，然后计算供水系统的边际费用，用其差值作为资源水价的估值。

根据国际经验，对工业用户，通常以边际销售收入，即以单位供水量可增加的销售收

入的 2.5% ~3.5% 作为消费者支付意愿。对居民的生活用水，一般以家庭收入的 1% ~ 2% 作为生活用水的支付意愿。

在此，供水系统的边际费用应包括水利供水工程系统、输水工程系统、城市自来水净配水系统和排水系统（不包括雨水排水部分）。设系统的总投资量为 K，年运行费为 U，年供水总量为 W，社会折现率为 i，供水系统的经济寿命为 n，则边际费用可表示为

$$C = \left[K\left(\frac{(1+i)^n i}{(1+i)^n - 1}\right) + U\right]/W \tag{11-12}$$

如果投资有一个过程，则 K 需考虑资金的时间价值而计算其终值。

有了消费者愿付价格和供水系统的边际费用 C，则资源水价可由下式求出：

$$P_r = P_c - C \tag{11-13}$$

式中　P_r——水资源价格和水资源前期基础工作费用等之和；

P_c——消费者愿付价格。

11.6.1.2　**工程水价**

所谓工程水价，是指在正常供水过程中发生的固定资产折旧、大修费、运行费以及其他按规定应计入的费用。

1. 固定资产折旧

工程投资是指完成达到设计能力的固定资产的全部建设费用，包括扩建、续建、除险、加固等二次投资。具有多目标开发的综合利用水利工程，同时具有防洪、灌溉、发电、城市供水、航运等多种效益。为了准确计算供水成本，必须将水利工程投资在各效益项目之间合理分摊。如同时承担防洪与供水任务的水库建设投资，可采用库容比例法进行分配。

$$\alpha_f = \frac{V_f}{V} \tag{11-14}$$

$$\alpha_w = \frac{V_w}{V} \tag{11-15}$$

式中　V_f——防洪库容；

V_w——兴利库容；

V——总库容；

α_f——防洪服务分摊比例；

α_w——供水兴利服务分摊比例。

固定资产折旧，是将固定资产的取得成本（扣除净残值）如何合理地按受益项目和使用期限进行分配。通常，固定资产折旧的计算方法有直线折旧法和加速折旧法。直线折旧法假设固定资产的价值在使用年限中均匀地转移到产品中去，即固定资产账面价值随着时间直线下降，计算公式为

$$C_k = \frac{K - K_s}{n} \tag{11-16}$$

式中　C_k——固定资产折旧费；

K_s——固定资产残值；

n——使用年限。

2. 供水工程大修理费用

水利工程运行一段时间后，当损坏修理工程量较大，难以通过岁修解决时，应对建筑物或设备进行大修理，以恢复其生产功能。大修所需的费用称为大修理费，是为保证固定资产在使用年限中正常运行的补偿费用，是产品成本的组成部分。水利工程固定资产的大修理每隔若干年进行一次，整个使用年限中一般只进行几次。通常情况下，大修理费和折旧费一样，逐年从产品销售中提取，建立大修费用专用基金，以便在固定资产大修时使用。每年提取的大修理费，按照固定资产原值的一定比例提取，计算公式如下：

$$C_r = K\delta \tag{11-17}$$

式中　C_r——年大修理费；

δ——大修理费率；

K——固定资产值。

3. 供水工程年运行费

供水工程年运行费包括供水生产过程、经营过程及管理过程发生的工资及工资附加费，燃料、动力费，观测、试验费，维修养护费，职工福利费和各种管理费，如办公费、差旅费、水电费、修缮费、劳保费、工会经费以及无形资产摊销等。

4. 供水的利润与税金

供水的利润是指供水单位从事正常供水生产经营获得的合法收益，按净资产利润率核定。根据《水利工程供水价格管理办法》，供水价格的净资产利润率按国内商业银行长期贷款利率增加2～3个百分点。根据不同供水对象用水性质的利润率分类取值。其中，粮食作物用水价格按补偿供水成本的原则核定，不计利润和税金；经济作物及水产养殖用户价格的净资产利润率为8%～12%；工业消耗水资金利润率为10%～12%；水力发电不结合其他用水的资金利润率为8%～12%；向居民生活供水的资金利润率为9%～11%；向自来水厂供水的资金利润率为8%～10%。

供水的税金是指供水单位按国家税法规定应该缴纳的税金。应按国家有关规定交纳税金。

11.6.1.3　环境水价

水资源既是生产资料和生活必需品，又是一种重要的环境要素，水资源开发利用活动往往会对生态环境造成影响，进而影响人类自身。如人类过量取用河水引起河道水量锐减、河道功能退化，甚至造成河道断流和湖泊干涸；过量开采地下水造成地下水位下降、地面沉降；污水排放造成水体水质恶化等。

水资源开发往往会影响当地天然的生态系统，造成局地水文、小气候、生物多样性等状况发生变化，这种影响是长期性的。目前，人类对这一类影响的机制还不十分清楚，但潜在的危险确实存在。另外，在用水过程中，废污水的排放，造成河流、湖泊和水库受到不同程度的污染，不仅影响了水资源的质量，而且影响了当地发展的环境。这些影响，通常称为水资源开发利用的外部性影响。这种外部性因为是一种损失，也称为外部成本。如何考虑这种外部性，便成为保护生态环境、实施可持续发展的关键。从一定意义上讲，这些损失应由造成这一损失的用水户给予补偿。

1. 水资源开发的外部成本

水资源开发利用造成的外部损失，有直接估算法和间接估算法两种。直接估算法是对开发利用后产生的不利后果从价值上进行的量化。但水资源开发造成的损失，如地下水超采、河道断流或湖泊干涸所造成的危害或损失，往往难以直接估算，不得不采用间接估算法。例如，对地下水超采所造成的经济损失，可以回灌同量地下水的投资费用作为其间接估算值；或者采用替代措施法，如以边际节水费用、边际调水费用等为依据进行间接估算，其出发点是如每节约 1 m^3 水或增加 1 m^3 供水，从水资源供需平衡来看，就可相应地减少本地区已超采的地下水的开采量。

设某地区供水水源地基本是地下水，合理的年开采量为 W_0，平均年超采量为 ΔW，则实际年平均开采量为 $W_0+\Delta W$。该地区与回灌量相应的边际节水费用为 C_w，则此时单位水资源用后补偿费用的间接估算值 C 为

$$C = \frac{C_w \Delta W}{W_0 + \Delta W} \tag{11-18}$$

式中：$C_w \Delta W$ 可视为年超采回灌费用的间接估算值。这些费用由使用了 $W_0+\Delta W$ 水量的用水户给予补偿。

2. 污水排放的外部成本

供水工程的环境成本是一种典型的外部成本。例如，某企业排放污染物进入河流，对河水造成污染，但企业却没有承担，因此是外部成本。所谓外部成本内部化，就是使外部费用也由使用者承担。

在生产领域，由于企业的排污行为具有量大、集中、浓度高、危害大、易于监测的特点，政府往往通过排污收费、总量控制、环境税收等办法来实现外部成本的内部化。居民生活消费过程中的排污行为却不同，与工厂排污相比，其排污者较分散，污水量较少。尽管一个人或一个家庭用水对环境造成的影响微不足道，但汇集起来却可能造成巨大的损害，这种由公众行为造成的外部性称为公共外部性。由于居民人数众多，难以采用对待工业企业一样的办法，通常采用在水价中附加排污费的办法。

污水排放的外部成本可用市场价值法进行估算。首先测算出环境影响导致的产出水平的变化，然后用产出水平的变动量乘以市场价格，作为污水排放活动的外部成本。如水体污染导致作物减产，就可以用减少的作物产量乘以该作物产品的价格来作为水体污染的外部成本。

3. 净水工程成本

水利工程供水的对象，对水质一般都有相应的要求。但由于某些水利工程取水的水质或在输配水工程中会受到污染而达不到要求，则需要建立相应的水质达标处理工程。这些污水治理工程的生产成本应纳入环境水价中。

水利工程供水的环境成本对于不同的供水工程所包含的内容会有较大差别，这就需要针对具体的供水工程进行具体分析，找出主要影响因素并分析计算这些主要影响因素的内部或外部成本，最后综合分析计算出该供水工程的环境成本。

11.6.1.4　市场条件下水价与水资源供求关系

产品一旦进入市场成为商品，并在交换中实现其价值，产品的价格就不仅取决于其价

值,而且取决于其供求状况,要受价值规律、供求规律等客观经济规律所支配。

1. 产品供求对产品价格的影响

在市场上,产品的实际供给量和需求量,都会直接影响产品的价格。当需求量一定,产品的实际供给量越多,产品价格就可能越低;产品的实际供给量越少,该产品的价格就可能越高。产品的实际供给量与产品价格之间的这种关系,可用一条曲线表示,这条曲线称为供给—价格曲线,如图 11-2 所示。当产品的供给量不变,对产品的实际需求量越大,产品的价格就可能越高;对产品的实际需求量越小,产品的价格就可能越低。产品的实际需求量与产品价格之间的这种关系,同样可用一条曲线表示,这条曲线称为需求—价格曲线,如图 11-3 所示。

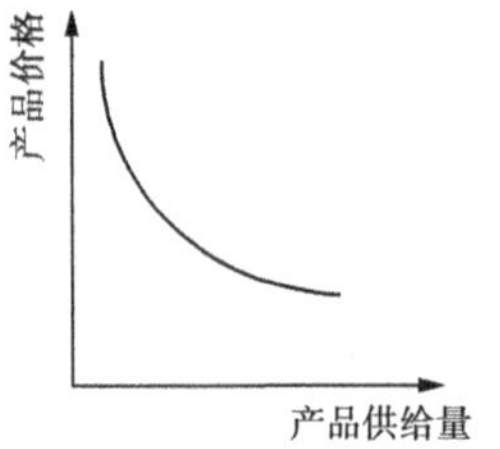

图 11-2 供给—价格曲线

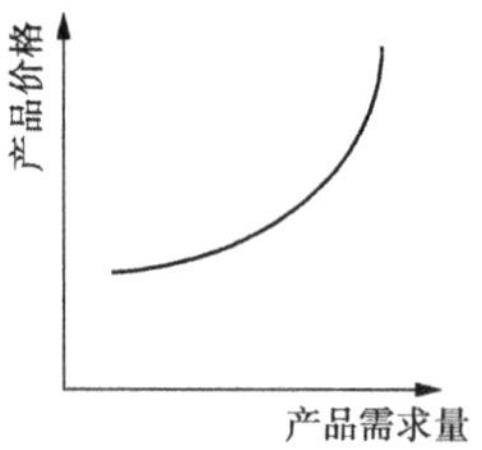

图 11-3 需求—价格曲线

2. 产品价格对产品供求的影响

实际上,不仅产品的供给量和需求量会直接影响产品的价格,产品的价格也会直接影响产品的供给量和需求量。

一般来说,在生产成本不变的条件下,当产品的价格定得较高时,产品供给者可以获得较多的利润。其结果不仅会刺激原有产品生产者扩大生产量,企图用增加供给量来取得更多的利润;同时会吸引更多的产品生产者参与产品生产。相反,当产品价格定得较低时,产品供给者的利润收入就会减少,甚至亏本,因此他们就会缩小生产规模和供给量,甚至停产、转产。产品价格与产品供给之间的这种关系可用价格—供给曲线表示,如图 11-4所示。

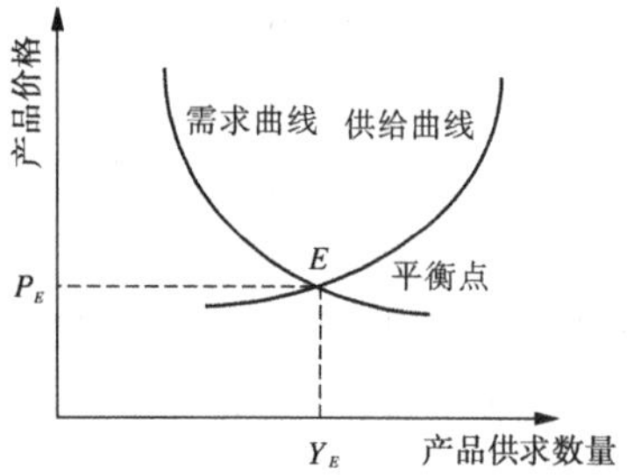

图 11-4 供求曲线图

然而,产品价格对产品需求却起着完全相反的作用。当产品价格定得较高时,使用者就会尽量压缩对该项产品的需求量,或者寻找替代品,以便尽量压低成本。因此,对该产品的总需求将减少。相反,当产品价格定得较低时,不仅会刺激原有使用者增加需求量,而且会刺激新的需求者加入购买行列,增加对产品的需求量。产品价格与产品需求量之间的这种关系,可用其价格—需求曲线来表示,如图 11-4 所示。

由于价格对供与求的影响具有反向的趋势,所以供给曲线和需求曲线在图中成为交叉图,如图 11-4 所示。图 11-4 中两种曲线的交叉点 E,称为供求平衡点,表示在 P_E 价格下供求平衡,买卖可以达成。但在现实生活中,不平衡是常见的、绝对的,买卖双方总要经过一番讨价还价。如果卖方要价过高,或买方还价过低,买卖是做不成的。只有当供给者的卖出价格逐步下降,需求者的买价逐步提高,最后使价格一致买卖才能做成。

3. 水价与用水量关系

水作为一种特殊的产品有其特殊的一面，但在市场经济条件下，从总体上也服从市场经济规律。水价与用水量关系可用价格需求弹性系数表示，计算公式为

$$E = -\frac{\frac{\Delta W}{W}}{\frac{\Delta P}{P}} = -\frac{\Delta W}{W} \cdot \frac{P}{\Delta P} \tag{11-19}$$

式中 E——需求弹性系数；

ΔW——需求的变动量；

W——原来的需求量；

ΔP——价格的变动量；

P——原来的价格。

价格需求弹性系数反映的是需求量对价格变化的灵敏程度。代表价格提升 1 个百分点，用水量会减少的百分点。

根据商品经济的价格规律，供水水价与用水量在一定范围内成反比例关系，即水价调整后，用水量与原用水量的比值等于原水价与新水价比值的 E 次方。

$$\frac{W}{W_0} = \left(\frac{P_0}{P}\right)^E \tag{11-20}$$

式中 W、W_0——用水量、原用水量；

P、P_0——新水价、原水价；

E——价格弹性系数。

11.6.1.5 水利工程供水价格管理

为健全水利工程供水价格形成机制，规范水利工程供水价格管理，保护和合理利用水资源，促进节约用水，保障水利事业的健康发展，根据《中华人民共和国价格法》《中华人民共和国水法》，国家发展和改革委员会与水利部联合制定并于 2004 年 1 月 1 日颁布了《水利工程供水价格管理办法》（简称《办法》）。《办法》规定如下：

《办法》所称水利工程供水价格，是指供水经营者通过拦、蓄、引、提等水利工程设施销售给用户的天然水价格。水利工程供水价格由供水生产成本、费用、利润和税金构成。供水生产成本是指正常供水生产过程中发生的直接工资、直接材料费、其他直接支出以及固定资产折旧费、修理费、水资源费等制造费用。供水生产费用是指为组织和管理供水生产经营而发生的合理销售费用、管理费用和财务费用。利润是指供水经营者从事正常供水生产经营获得的合理收益，按净资产利润率核定。税金是指供水经营者按国家税法规定应该缴纳并可计入水价的税金。

中央直属和跨省（自治区、直辖市）水利工程的供水价格，由国务院价格主管部门商水行政主管部门审批。地方水利工程供水价格的管理权限和申报审批程序，由各省（自治区、直辖市）人民政府价格主管部门商水行政主管部门规定。

11.6.2 水市场

区域间的水资源配置作为一项政府行为，只能是一次性的，而水资源配置的方案应该

通过法规或协议的形式固定化。在通过水资源配置确定初始水权之后，就可通过水市场实现水权所有者之间的水权转让与交易。但水资源不同于其他资源，它是动态变化的、多功能的、循环的，并且水还具有战略资源的性质，一般来讲，战略性资源是不允许进入市场的。同时，我国水资源属国家所有，作为国家资源应当体现共享的原则。因此，我国的水市场是一个准市场，究竟建立一个什么样的水交易市场，要从我国的国情和水情进行深层次的研究。目前，我国水市场尚处于探索阶段。

11.7 水资源管理的技术体系

水资源管理的技术体系是指针对水资源开发、利用、保护的需要，在技术层面制定的相关技术规范或技术标准，如水文测验、水文水利计算、水利工程设计、节约用水等方面的规范或标准。用以规范水资源管理的相关技术工作，全面提高水资源管理的技术水平。

现代水资源系统是十分复杂的，一般具有下列特征：①规模大，涉及的时间长、空间范围大；②功能多，涉及防洪、兴利、水生态环境保护等方方面面，影响巨大；③结构复杂，具有非线性、随机性和动态性等特征。因此，在分析研究和解决水资源问题时，应从系统论的观点出发，不断创新水资源管理的思想和理论方法。在水资源开发、利用、保护、管理的全过程中，要充分利用现代先进技术，如雨洪资源化技术、节水灌溉技术、污水处理利用技术、“3S”技术和计算机技术等，为提高水资源管理水平提供技术支撑。

11.8 最严格水资源管理考核评价体系

基于我国的社会经济发展与水资源状况，近年来，我国政府将最严格水资源管理制度作为我国水资源规划与管理的重要指导思想之一。

11.8.1 考核原则

考核工作坚持客观公平、科学合理、系统综合、求真务实的原则。

11.8.2 考核工作的组织实施

国务院对各省（自治区、直辖市）落实最严格水资源管理制度情况进行考核，水利部会和同发展和改革委员会、工业和信息化部、监察部、财政部、国土资源部、环境保护部、住房和城乡建设部、农业部、审计署、统计局等部门组成考核工作组，负责具体组织实施。

各省（自治区、直辖市）人民政府是实行最严格水资源管理制度的责任主体，政府主要负责人对本行政区域水资源管理和保护工作负总责。

11.8.3 考核内容

考核内容为最严格水资源管理制度目标完成、制度建设和措施落实情况。

目标完成情况包括用水总量、万元工业增加值用水量、农田灌溉水有效利用系数、重要江河湖泊水功能区水质达标率。各省（自治区、直辖市）用水总量控制目标、用水效率控制目标、重要江河湖泊水功能区水质达标率控制目标按 2015 年、2020 年、2030 年划定。

制度建设和措施落实情况包括用水总量控制、用水效率控制、水功能区限制纳污、水资源管理责任和考核等制度建设及相应措施落实情况。用水总量管理包括严格规划管理和水资源论证、严格控制区域取用水总量、严格实施取水许可、严格地下水管理和保护。用水效率管理包括全面加强节约用水管理、强化用水定额管理、加快推进节水技术改造。水功能区限制纳污管理包括严格水功能区监督管理、加强饮用水水源保护、推进水生态系统保护与修复。保障措施包括建立水资源管理责任和考核制度、健全水资源监控体系、完善水资源管理体制、完善水资源管理投入机制、健全政策法规和社会监督机制。

11.8.4　考核程序

考核工作与国民经济和社会发展五年规划相对应，每五年为一个考核期，采用年度考核和期末考核相结合的方式进行。在考核期的第 2 ~ 5 年上半年开展上年度考核，在考核期结束后的次年上半年开展期末考核。

(1)确定年度考核目标。各省(自治区、直辖市)人民政府要按照本行政区域考核期水资源管理控制目标，合理确定年度目标和工作计划，在考核期起始年 3 月底前将考核期分年度目标和工作计划报送水利部备案，同时抄送考核工作组其他成员单位。如考核期内对年度目标和工作计划有调整的，应及时将调整情况报送备案。

(2)省级政府自查。各省(自治区、直辖市)人民政府要在每年 3 月底前将本地区上年度或上一考核期的自查报告上报国务院，同时抄送水利部等考核工作组成员单位。

(3)考核工作组核查。考核工作组对自查报告进行核查，核查资料的真实性、准确性和合理性，对各省(自治区、直辖市)进行重点抽查和现场检查。

(4)形成考核报告。综合各项检查结果，形成考核报告，经考核工作组审定后，水利部于每年 6 月底前将年度或期末考核报告上报国务院，经国务院审定后，向社会公告。经国务院审定的年度和期末考核结果，交由干部主管部门，作为对各省(自治区、直辖市)人民政府主要负责人和领导班子综合考核评价的重要依据。

11.8.5　考核评分

11.8.5.1　年度考核评分

年度考核得分 = 目标完成情况得分 × 权重系数 + 制度建设和措施落实情况得分 × 权重系数　(11-21)

11.8.5.2　期末考核评分

期末考核得分 = 各年度考核平均得分 × 权重系数 + 期末年考核得分 × 权重系数　(11-22)

注：两部分的权重根据各阶段的特点与工作要求进行调整。

考核评定采用评分法，满分为 100 分。考核结果划分为优秀、良好、合格、不合格四个等级。考核得分 90 分以上为优秀，80 分以上 90 分以下为良好，60 分以上 80 分以下为合格，60 分以下为不合格(以上包括本数，以下不包括本数)。

对期末考核结果为优秀的省(自治区、直辖市)人民政府，国务院予以通报表扬，有关部门在相关项目安排上优先予以考虑。对在水资源节约、保护和管理中取得显著成绩的单位和个人，按照国家有关规定给予表彰奖励。年度或期末考核结果为不合格的省（自治区、直辖市）人民政府，要在考核结果公告后一个月内，向国务院作出书面报告，提出限期整改措施，同时抄送水利部等考核工作组成员单位。整改期间，暂停该地区建设项目新增取水和入河排污口审批，暂停该地区新增主要水污染物排放建设项目环评审批。对整改不到位的，由监察机关依法依纪追究该地区有关责任人员的责任。

11.9　水资源管理决策支持系统

水资源管理决策支持系统能够依据实时的、预测的和历史的雨、水、工情信息和社会经济与生态环境信息，在计算机上进行需水量预测、可利用水量分析和水资源调配方案的安排，通过人机交互方式辅助水资源决策人员制定相应的调配方案，进行分析和评价，并可以及时地在网上发布，为区域水资源管理决策提供科学、全面的技术支持。水资源管理决策支持系统开发的方法是，通过对研究区域水资源调配工作的需求分析，以及调配规则、调配经验和分析方法的归纳整理，以现行的水资源调配流程、组织分工为基础，采用水文学方法、水动力学方法、统计学方法、最优化方法、计算机技术等开发区域水资源管理决策支持系统。

水资源管理决策支持系统主要由信息收集处理与查询子系统、交互式需水量预测子系统、交互式可利用水量分析子系统和交互式水资源调配子系统四大部分组成。系统逻辑结构如图 11-5 所示。

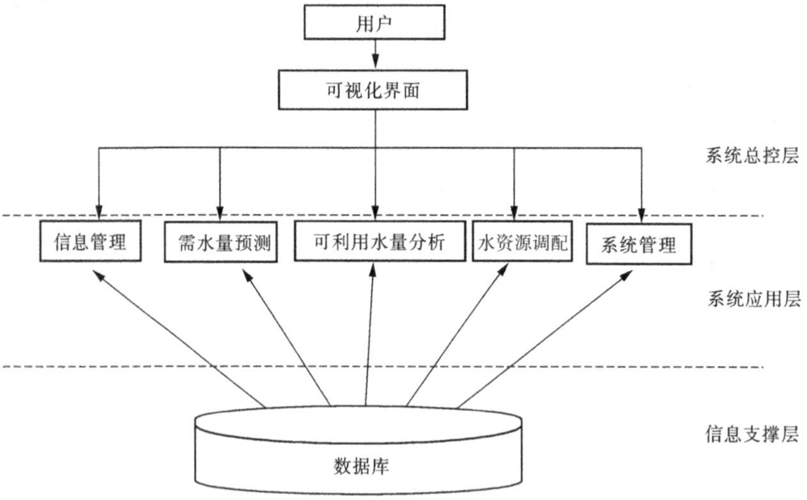

图 11-5　系统逻辑结构

信息管理子系统，主要完成各个子系统所需要的静态和实时数据接收与处理。静态数据主要包括区域内水库、水厂、引水工程、人口增长、工业产值增长和城市用地规划利用等数据。实时数据包括主要区域内水库水情、水厂供水、引水等日数据，并整理成报表。

需水量预测子系统，包含人口信息子模块、用地信息子模块和需水量预测子模块。人口信息子模块主要用来统计全区、各片区人口发展数据，并进行人口预测；用地信息子模块主要包括用地面积及用水指标信息的查询；需水量预测子模块，设置多种预测方法，用户可根据需要自行采用，并提供相应的成果综合以及报表输出和图形查询显示。

可利用水量分析子系统，主要包含降雨、径流、地下水等资料的查询编辑以及从实时库中读取相应的数据，进行来水预测、区外引水过程的设定，以及最终计算结果的输出及相应的图形显示。

水资源调配子系统，能快速制作面向规划年份、面向面临年份以及面向实时的水资源调配方案。方案的生成、修改直观、方便；分析人员只需在系统界面上拖动鼠标控制相应的计算参数，然后计算，系统将很快计算出相应的结果，并表格化、图形化显示，直观明了。

水资源管理决策支持系统是一项结构复杂、涉及面广的软件系统，为了确保达到预期的目标，系统在开发阶段遵循先进、实用、可靠、开放相统一的原则。

11.10　应用实例

本节以左其亭教授《博斯腾湖可持续水资源管理应用研究》《博斯腾湖水资源可持续利用调度系统研究》报告的主要内容作为应用实例。限于篇幅，本节仅节选其中部分内容，其余内容仅作简要说明。另外，需要说明的是，由于时间过去多年，情况发生很大变化，本节所介绍的内容不作为实际工作依据，仅仅用以说明水资源管理报告的编写内容。

11.10.1　概述

博斯腾湖是新疆南部一颗璀璨的明珠，是现有西北内陆地区最大的淡水湖泊，是新疆巴音郭楞蒙古自治州工农业发展的重要水源地。对本地区的经济社会发展以及生态环境保护有着十分重要的意义。然而，新中国成立以来，由于工农业发展，减少了湖泊淡水来水量，增加了入湖排水量、排污量，使得该湖 1987 年矿化度一度上升到 1.87 g/L，博斯腾湖从淡水湖变成了微咸湖，生态环境受到了威胁，引起了国内外的关注。巴音郭楞蒙古自治州人民政府也采取一些有效措施，使湖水矿化度有所降低（如 1997 年降至 1.31 g/L），但仍面临一系列的挑战。因此，如何科学、合理地管理好水资源，保护博斯腾湖，具有重要的意义。

11.10.2　研究区概况

博斯腾湖位于新疆维吾尔自治区巴音郭楞蒙古自治州境内，是目前我国最大的内陆淡水湖泊。它既是开都河的尾闾，又是孔雀河的源头，兼有开都河来水的水资源调控、孔雀河流域农田灌溉、工业及城乡生活用水、流域生态环境保护和向塔里木河中下游紧急调水等多种功能。在水资源十分珍贵的新疆南部地区，有着十分重要的地位。博斯腾湖流域概图见图 11-6。

博斯腾湖位于天山南麓的焉耆盆地东南，属中生代断陷湖。其水域辽阔，东西长达 55 km，南北平均宽 20 km。在水位为 1 048.75 m 时，水面面积为 1 002.4 km^2，容积为 88 亿 m^3，平均水深为 8.8 m，最深为 17 m。湖盆呈深碟状，中间底平，靠近湖岸水深急剧变浅。

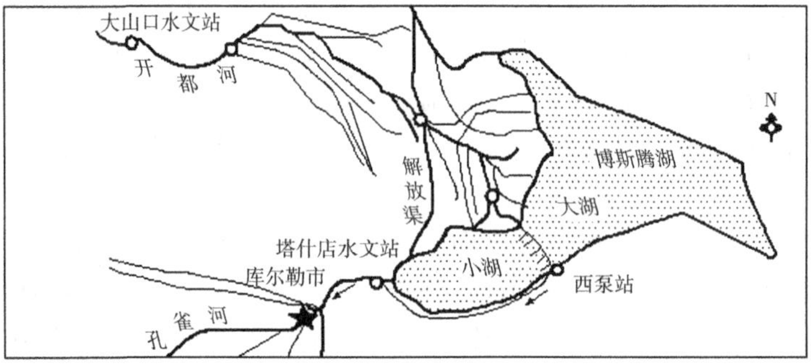

图 11-6　博斯腾湖流域概图

湖区深居欧亚大陆中心，光照充足，热量丰沛，空气干燥，雨量稀少，为强烈内陆沙荒漠气候。湖区多年平均降水量为 68.2 mm，年蒸发量为 1 800 ~ 2 000 mm。

博斯腾湖分为大、小两个湖区，大湖区是湖体的主要部分，在大湖西南部还有一连串的浅泊，盛长芦苇，习称小湖苇区。此外，在大湖西北和黄水湾一带也分布大量的芦苇。博斯腾湖及其滨湖地区芦苇，在 20 世纪 60 年代初期，曾位居全国四大苇区之首。据 1965 ~ 1966 年调查，总蕴藏量约 40 万 t。1981 年普查，已减至 31.6 万 t。目前，面积和产量仍在不断萎缩，品质也在下降。然而，博斯腾湖芦苇不仅有很高的工业价值，而且对整个湖区乃至整个流域的生态系统都有重要的影响。因此，保护博斯腾湖芦苇，调节湖泊水质、水量，保护生态环境，关系到博斯腾湖这颗璀璨明珠的生死存亡。

流入博斯腾湖的河流有开都河、黄水沟、清水河等，常年性河流只有开都河。开都河发源于西部积雪的高山（天山中部），由冰雪融水和夏季降雨补给，也是天山南坡水量丰富的河流之一。河流全长 513 km，流域面积达 2.2 万 km^2，平均年径流量为 34.12 亿 m^3。在宝浪苏木分水枢纽处，该河流又分为东、西两支，东支注入博斯腾湖大湖，西支注入博斯腾湖小湖。

博斯腾湖出流汇入孔雀河，是孔雀河的源头。自 1983 年博斯腾湖西泵站投入运行以来，孔雀河口被封堵，大湖水通过西泵站扬水输入孔雀河；小湖水通过达吾提闸流入孔雀河。孔雀河是库尔勒市和尉犁县的主要水源，并肩负着向孔雀河下游生态输水的任务。

整个流域系统入流为开都河大山口水文站（自然径流）入流以及西北系小河等。出流由大潮西泵站扬水、小湖达吾堤闸出流以及开都河经解放渠输水等汇合在塔什店水文站，流向孔雀河下游。博斯腾湖流域涉及的人口占巴音郭楞蒙古自治州的 80%，总控制灌溉面积占全州的 2/3 以上。地表水可利用量占全州的 50%，宜垦荒地 1 500 万亩，占全州的 33%。同时，该流域也是自治区最重要的经济区之一，既是塔里木石油开发主战场的社会保障前沿，又是自治区重要的渔业基地。博斯腾湖水资源的合理开发和可持续利用对巴音郭楞蒙古自治州经济社会可持续发展起决定性作用。

11.10.3　存在的水资源问题

11.10.3.1　连续枯水年带来的缺水问题

自然界的水文现象是随机变化的，从长系列来看，常常出现枯水年和丰水年交替的现象。当然这种变化有时有规律可循,特别是呈周期变化,但有时又出现连续丰水年或连续枯水年。这些非规律性的水文现象对人类开发利用水资源和防止水灾害都带来了不利影响。在博斯腾湖流域,从有监测资料以来,已出现过连续枯水年和连续丰水年。比如,1982~1990 年是本流域的一个连续枯水年份。此时期的博斯腾湖出现连续低水位。

流域出现连续枯水年,带来的直接结果是水资源量减少、可利用水资源量减少以及博斯腾湖水位逐渐降低。首先,给该流域用水带来直接影响,特别是孔雀河流域灌溉及城市、工业用水受影响较大,对人民生活水平提高、经济社会发展需水不利;其次,由于枯水期来水量减少,博斯腾湖的水体循环减弱,特别是淡水来水量减少,使得湖泊水质变差,对保护博斯腾湖水环境,维护博斯腾湖这样一个淡水湖泊不利;再次,由于连续枯水年导致进入博斯腾湖湿地的水量减少,再加上湖泊水位下降,必然导致博斯腾湖芦苇的衰退,引起不良的生态环境变化,这对保护博斯腾湖流域生态环境不利。因此,连续枯水年带来的缺水问题,是博斯腾湖水资源研究需要解决的问题之一。

11.10.3.2　连续丰水年带来的洪水问题

在某些年份,博斯腾湖流域又表现出特殊的丰水。比如,1997~2000 年期间,开都河来水量明显高于一般年份。由于流域出现丰水期特别是连续出现丰水年,对该流域水资源利用和人民生命财产安全带来很大威胁。一方面,在洪水季节,开都河防洪问题、博斯腾湖周边地区的防洪问题,是摆在水利部门和政府面前的一项十分重要的工作。在历史上已有很多年份发生较大洪水,比如 1999 年、2000 年、2002 年多次发生超过灾害流量的特大洪水和超历史最大洪水,对人民财产和生命安全带来严重影响;另一方面,连续丰水期导致博斯腾湖水位不断上涨,会淹没大量农田和住宅,会带来土地盐碱化,严重影响安定团结、经济发展和资源可持续利用;另一方面,博斯腾湖连续高水位会淹死大量芦苇(由于芦苇生长有一个适宜深度),对正常情况形成的芦苇生态系统产生一定干扰。因此,连续丰水年带来的洪水问题,也是博斯腾湖水资源研究需要解决的问题之一。

11.10.3.3　博斯腾湖水质问题

在历史上,都认为博斯腾湖是一个淡水湖泊,其矿化度在 20 世纪 60 年代以前基本维持在 1.0 g/L 以下,符合淡水湖的水质标准。而到 20 世纪 60 年代以后,矿化度在 1.0 g/L 以上,最高达到 1.87 g/L,成了微咸水湖。这种变化对博斯腾湖水的应用实际上已经有了很大影响,影响到水的生活、工业、农业引用,影响到博斯腾湖生态环境,影响到水生生物包括渔业的发展。假如矿化度继续升高,博斯腾湖变成咸水湖,极大地限制了该湖泊水体的应用。可以想象,对于那些依靠博斯腾湖为生的巴音郭楞蒙古自治州人民来说,是一件极其严重的灾难。另外,随着经济社会的发展,工业废水、生活污水、农田排水不断增加,除带来博斯腾湖水体矿化度增加外,已经带来富营养化等水污染问题。博斯腾湖水质问题历来是人们十分关注的方面,它与博斯腾湖水量的意义同等重要。

11.10.3.4　博斯腾湖生态环境保护问题

博斯腾湖周围湿地区盛长芦苇,是我国著名的芦苇产地。博斯腾湖芦苇,不仅产量高,而且质地优良,属全国最优品种。博斯腾湖芦苇湿地区不仅是鱼类的繁殖场所,也是各种水禽的栖息地,具有维持生物多样性、调蓄洪水、防止自然灾害、降解污染等不可替代的多种功能,对博斯腾湖及其周边地区的生态环境保护具有重要意义。因此,研究水资源问题不能仅仅盯在水资源系统本身，也要关注博斯腾湖生态环境问题。

11.10.3.5 博斯腾湖水位控制问题

博斯腾湖是一个十分特殊而重要的内陆干旱区湖泊，具有十分重要的特殊地位。它的运行在高水位、低水位时都不利。严格地讲，需要将博斯腾湖水位控制在某一最佳的范围内，对湖泊水资源利用、生态环境保护以及防止洪水和干旱都有重要意义。

博斯腾湖高水位运行，一旦出现溃坝，将威胁周边地区人民财产安全。对芦苇正常生长也有一定影响。同时，由于博斯腾湖高水位运行，周边农田排水顶托，地下水位升高，加剧土壤盐碱化。

博斯腾湖低水位运行，不仅威胁到上下游生产用水、生活用水，而且影响博斯腾湖本身水循环。另外，博斯腾湖低水位运行直接影响到芦苇生长，对生态环境保护不利。

此外，博斯腾湖水位变化太频繁或变幅较大时也有不利方面。由于水位涨落变化频繁或幅度较大，本可利用的土地和草地、林地难以利用，不利于湖滨土地资源、林草资源的开发利用；影响水生生物的繁殖和生长，不利于渔业资源开发利用；影响旅游基础设施建设的布置和规划的实施，影响旅游景点效果，不利于旅游业发展。

从多方面来看，控制博斯腾湖水位在一个合理的范围内是十分必要的。因此，科学和及时地控制博斯腾湖水位就成为博斯腾湖水资源调度的一个重要方面。

11.10.4 水资源管理面临的挑战

从总体来看，博斯腾湖所在流域的水资源系统结构相对简单，但在水资源管理方面又富有挑战性，仍存在许多难点问题。例如，如何控制大湖水位为最佳？如何控制宝浪苏木东、西支分水比既经济又有利于大湖水的淡化？如何保护湖泊生态环境、维护芦苇面积和产量？等等。针对博斯腾湖及其流域水资源管理的具体实际，要解决人们关心的水资源管理问题，其中以下几个具体问题必须得到明确回答：

(1)为了达到淡化博斯腾湖的目的，同时要兼顾该地区农业生产的要求，应该如何合理控制开都河农田引水量？

(2)为了保证农业生产的需水量，同时有减弱土壤盐碱化的考虑，按照当地水利部门规划，拟采取开发利用地下水资源。那么，地下水开采量应控制在什么标准为宜呢？

(3)为了更好地淡化大湖水体，同时要保护小湖芦苇生态系统，客观要求合理支配进入大湖、小湖的水量。这就向人们提出另一个问题：如何控制宝浪苏木东、西支分水比？

(4)博斯腾湖大湖面积辽阔，水位变化在海拔 1 044.5 ~ 1 048 m。如果湖水位过高，湖水面积增大，水面蒸发量也随之增加，且因湖水位过高会引起周围土壤排水困难，形成盐碱化。如果湖水位过低，又会影响湖泊生态系统、渔业及向孔雀河的输水量。因此，这又给人们提出了另外一个问题：如何控制大湖水位为最佳？

(5)如何控制博斯腾湖大湖泵站的抽水量才能既满足大湖水体“抽盐补淡，淡化水体”的需要，又满足向孔雀河输水量的要求和经济效益的考虑？

11.10.5 水资源管理方法应用及方案论证

针对博斯腾湖流域具体情况，本实例选择定量化指标，按照可持续发展量化研究方法，对研究区可持续发展态势进行判别；在此基础上，建立了博斯腾湖流域可持续水资源管理优化模型；根据优化模型，选择水资源管理方案。

11.10.6　水资源管理方案

这里仅介绍博斯腾湖流域水资源管理最后的决策方案，详细过程不再介绍。

(1)按目前状态(1986～1997 年)计算，博斯腾湖所在流域可持续发展态势为中性态势。这种发展不是良性的可持续发展。如果再按目前状态发展下去(预测到 2020 年)，将由中性逐步发展到恶性态势。因此，只有采取必要措施，才能保证该区走可持续发展道路。

(2)通过方案对比，可得出：①调整经济结构，提高农田灌溉效率，减少农业引水量，是博斯腾湖水资源管理的重要措施；②采取人工育苇，增加芦苇面积，保护湖泊生态环境，对博斯腾湖水资源管理有重要意义；③合理控制宝浪苏木东、西支分水比，对淡化大湖水体，提高湖泊可承载能力具有十分重要的意义。

(3)综合计算结果，得出博斯腾湖流域未来(预测到 2020 年)走可持续发展道路的水资源管理决策，见表 11-1。

表 11-1　博斯腾湖流域水资源管理方案一览

控制变量	单位	控制值
开都河流域农业引水量	亿 m^3/a	近期(2000 年)：9.3～8.5；远期(2020 年)：5.8
焉耆盆地地下水开采量(规划)	亿 m^3/a	近期(2005 年)：3；远期(2020 年)：5
宝浪苏木东、西支分水比		66∶34～68∶32
人工育苇(在自然沼泽芦苇面积基础上，增加)	万亩	4
大湖水位	m	调节水位：1 045～1 047.5；平均水位：1 046
泵站扬水量(大湖总出流量)	亿 m^3/a	10～15
向孔雀河总输水量(含小湖出流量)	亿 m^3/a	13～18

①减少农业引水量。在按目前发展态势预测值的基础上以 1.1% 左右的速率递减。大体上是：从近期的 9.3 亿～8.5 亿 m^3/a，到 2020 年减少到 5.8 亿 m^3/a。

②开发焉耆盆地地下水。控制值：2005 年 3 亿 m^3，2020 年 5 亿 m^3。

③人工育苇。在自然芦苇面积的基础上，增加人工育苇 4 万亩。

④控制泵站扬水量。10 亿～15 亿 m^3/a。

⑤控制宝浪苏木东、西支分水比。如果按照目前状态，以控制东、西支分水比 66∶34 左右为宜。如果减少开都河引水量，控制东、西支分水比 68∶32 左右。

⑥控制大湖水位。平均水位 1 046 m。调节水位在 1 045～1 047.5 m。

⑦经博斯腾湖向孔雀河输水量。13 亿～18 亿 m^3/a 的水量。

本研究成果为该流域今后水资源可持续利用提出了一套管理决策方案，也已得到当地主管部门和有关专家的充分肯定,并最终被采用。

思考题

11-1　简述水资源综合管理的工作流程。

11-2　简述水资源综合管理主要措施。

11-3　结合某一地区,介绍当地的水资源管理主要措施,其存在的问题以及需要改进的方面。

11-4　以博斯腾湖流域为研究区域,介绍水资源管理在该地区的应用过程和主要成果,练习水资源管理报告书的编写。

11-5　试选择某一地区,搜索相关资料,制定一套水资源管理对策方案。

第12章 国外水资源综合管理经验

世界许多发达国家在大规模的水资源工程建设后,面对新的问题进行了反思和探讨,并逐步修正关于水资源和流域管理的政策、理论与实践,这些活动对水资源一体化管理概念的形成起到了积极的推动作用,对我国水资源管理具有一定的启发与借鉴作用。

12.1 美国水资源管理新方法

12.1.1 美国水资源管理体制

美国水资源开发管理均依照国会制定颁布的法令进行。水资源的开发利用和管理由联邦政府机构、州政府机构和地方机构三级负责。这种管理体制借助于各级政府部门的行政职权。国家级的行政职能机构负责全国水资源规划、管理、协调和水污染控制,确定总的管理目标和准则,制定政策、法规和标准。州及地方行政部门负责实施国家总目标和州及地方的各项具体指标。在水资源管理方面,美国无疑走在世界的前列,并且已取得了很多成功的经验,这些经验大多体现了水资源一体化管理的精神。美国水管理也经历了从以工程、产品为主导的管理到动态、多目标管理的过程。目前,主要的一些先进的管理理念和方法有以下几种:

(1)系统的思维方式。不是针对个体考虑和解决问题,而是考虑到因果关系,从系统上寻求解决问题。例如,美国在 Redwood River 管理上就在防洪、湿地保护、公众利益等多方因素上采用系统思维的方式。

(2)公众参与。水资源工程管理部门、代理人不再主宰决策系统,取而代之的是为与水管理有关的各种利益集团的更民主的协商提供技术支持,这样当地人的见解和优先权就被结合到水资源的管理之中。

(3)适应性管理。管理者根据监控数据不断调整行为以适应环境、经济条件以及社会的选择,从而能更好地适应系统。

(4)多目标的水资源工程与管理。有关水的工程越来越少地为单一目的而设立,往往与防洪减灾、加强航运能力、供水、生物多样性保护等多种目的相结合。

(5)水管理的高科技化。借助先进的科技手段建立系统模型,适时反馈信息,管理者评估事态发展或调整管理状态,同时能为利益相关群体提供信息平台,减少权力政治的影响,为冲突解决提供有价值的途径。

总之,美国流域管理正在明显地从依赖硬件的管理转到依靠软件的管理。流域水资源一体化管理成功的关键是获得人们的广泛理解和找出适合每个特定流域的生态进程规律,从而能制定和实施更合适的管理战略。

12. 1. 2　美国水权管理

美国水权管理包括地表水水权和地下水水权两方面的内容,其中地表水水权的管理比较复杂。在西部,一半以上的州不承认岸边权原则,而是根据优先占用原则建立水权制度。即使在一定程度上承认岸边权原则的州一般也对岸边权的应用给以限制,使优先占用权在水权制度中占有统治地位。优先占用权和岸边权双重体系的存在,使管理工作变得复杂化。

12. 1. 3　美国的水价制度

美国从事地表水和地下水分配与销售的机构很多且很分散,有联邦政府机构、州机构、地方水管机构,还有私人企业和股份公司。但全国没有统一的水价审批机构,水价完全由市场调节,这些机构都根据自己的政策制定各自的水价,水费等级和种类繁多,且差别很大。如加利福尼亚州在规划州供水工程时,州长为费用分摊及水电定价制定了政策。

美国水价结构的研究成果很多,研究建议美国采用的几种水价机制有服务成本定价、支付能力定价、机会成本定价、增量成本定价和市场需求定价等。而服务成本定价采用得最多,美国政府规定供水机构既不能盈利,也不让其亏损。因此,在水价制定上以不盈利为原则,但要保证水利工程投资的回收和工程运行维护管理、更新改造所需的支出。无论哪种确定水价的理论,一般均将水作为无偿资源,仅以从用户回收水的储存、调节、输送和处理费用方面确定水价。由于水在自然界中的存在以及它的公有性和法律上的用水权等,供水开发除由开发者回收开发成本外,并无正规的价格框架。水是无偿的,仅仅那些使自然界的水成为可用的必需的设施投资,可作为确定水价的框架。美国联邦供水工程水价、州政府工程水价以及供水机构水价构成要素是不一样的。

(1)联邦供水工程水价。灌溉供水基本水费包括基建投资、运行维护费以及未交的运行维护费所应计提的利息。城市及工业用水需按现行联邦利率偿还本息并支付年运行维护费用。

(2)州政府工程水价。所有用水户都必须支付供水工程全部的运行费、所分摊的供水工程投资和利息及其他费用。

(3)供水机构水价。美国大多数水利工程都是通过供水部门卖给用水户,用水户支付的水费包括从水利工程处的购水费,供水部门的水处理费、配水费、运行维护费、投资与利息、管理费及税收。灌溉用水费除支付水利工程购水费外,还包括灌区水管部门的配水系统成本、运行维护费、行政管理费。

12. 1. 4　美国的水权制度

与其他自然资源法律不同,美国的水资源法律以州法律为主,而不是体现为统一的联邦法律。所以说,人们不能依照某个单一的法律体系来确定如何获取、分配和利用水资源。尽管还有一些联邦水法律的概念存在,但绝大多数水法律已在各州为满足当地水需求分别建立和发展起来。水法律虽然是在各州之内发展起来的,并且成为各州法律体系中的一个组成部分,然而各州之间仍存在很大的相似性。这种相似性很大程度上是由气候上的相似(或差异)决定的。人们对美国水资源的认识会从多雨的东部地区到半干旱的西部地区发生改变。相应地,这些地区的水法律也会因气候特点的不同而存在差异。水法律体系的建立和发展除了存在上述地区性差异,还会因对各种天然水体所采取的获取、分配和利用的方式的不同而发生变化。另外,从水文角度看,无论水是在哪里发现的,都属于同一个水文循环,但在法律上,针对地表水(存在于湖泊、河流和溪流中的水体)的法律就与针对地下水(存在于地下水流域、含水层以及其他地面以下地方的水体)的法律不同。

在决定水的获取、分配和利用的基本概念中,针对地表水水源或地下水水源确立和保证"水权"是一个重要内容。同时存在着获得这种水权的辅助手段,而这些辅助手段(或称辅助权利)可以通过合同或有关供水机构的服务加以实现。

正像前面提到的,联邦政府有关水资源利用的法律一般都是针对水质和环境保护。联邦法律大都不对水资源的分配进行规定,并且有以下例外值得注意。

(1)联邦保留的水权。如上所述,专用权体系的建立主要是基于联邦政府承认对其所属公共土地上的水体享有专用权、承认将公共土地所有权与水体所有权分开以及将用水的最高权力授予西部各州。作为例外的联邦保留水权是由法院规定的,最初用于印第安保留区的开发,其后又用于其他联邦所属保留区的开发,如军事地区、国家公园、电厂及国家森林保护区等。联邦保留水权在范围上受到相应的限制。只有在需要开辟一个公共区域作为专用时才可以设立联邦保留水权。而且这种保留水权只针对为实现保留区主要目标所需的用水,而不考虑其他目的的用水。联邦保留水权自保留地批准之日起优先使用。

(2)联邦优先权。包括水法律在内,联邦法律优先于州法律。但在有关水权的法律方面,联邦法律优先于州法律已经产生了两方面的问题:一是联邦《垦殖法》方面的问题,二是《联邦电力法》方面的问题。在加州与联邦政府签署的协议中,联邦最高法院规定,除非与国会有关某一个联邦开垦项目的决定发生矛盾,《垦殖法》不以联邦法律为先。而在伊阿华电力公司与联邦电力公司签署的协议中,联邦最高法院规定,从实质上讲,《联邦电力法》优先于州水法,但该法第 27 节规定的对州权利进行保留的除外。《联邦电力法》第 27 节规定保留州对其输送的水资源的专有利益或所有权给予保护的权利。某些水道是跨州的,各州之间围绕这些州际水源的水资源分配是联邦法律规定的一个内容。州际水资源的分配通过下列方式之一实现:①州际水资源分配协议。该协议由州与州之间签定,并经过国会批准。②法庭裁决。有关州际水资源分配的诉讼提交联邦最高法院进行裁决。③国会针对州际水资源分配制定的专门法律。

12.2　荷兰水资源一体化管理

荷兰是一个国土面积小、人口稠密且高度发达的国家,位于欧洲的西北部,三条主要河流莱茵河、马斯河、斯海尔德河的出口处。全国国土面积为 3.4 万 km^2,其中围垦造成的土地面积为 2.0 万 km^2。荷兰土地低洼,全国约有 1/3 的土地位于平均海平面以下,65% 的土地面临洪水威胁。全国年径流量约为 100 亿 m^3,人均水资源量为 687 m^3。特殊的地理条件促使荷兰人建立了一套错综复杂的水管理系统。举世闻名的北部拦海大坝和西南部的三角洲工程以及纵横交错的堰、坝、渠、管道以及闸等水利工程为荷兰构筑了一道道安全的防线。除完善的水利设施外，健全的水管理体制、水法规体系以及决策的科学化、民主化，也为荷兰的水资源综合利用和管理提供了良好的保障。近代，荷兰的治水经验已从单一的水利防洪概念发展为水利、环保、生态并重的一种多层次理念。

12.2.1 荷兰的水管理体制

荷兰的水管理体制分为三级，最高级为国家级即中央政府。其次为区域一级包括省政府、水董事会、饮用水公司。然后是地方一级，主要是市政府和较低一级的水董事会。在这些机构中，水董事会是一个具有特殊功能的、非政府的、公共的、经济独立的水管理机构。

在国家一级，交通、公共事务和水管理部是荷兰水管理最重要的机构，其职责是制定荷兰综合的水法规和政策以及对国有的水域和水资源进行规划与管理，同时考虑土地运用规划和环境管理等其他部门的需要。主要负责管理国有地表水，包括大江大河、主要运河、河口、领海及防洪、防潮大坝、大堤等，并对省政府、水董事会、市政府进行监督管理。

在区域层面上，省政府是水管理的主体，其职责是在国家政策的框架体系下，制订省的水管理计划和战略规划，主要负责地下水和区域内的地表水水质的管理。绝大多数省的地表水水质授权给水董事会管理，省政府对水董事会和市政府进行监督。饮用水的供给由饮用水公司管理，虽然这些公司属于私人所有，但公共机构占有股份。

在地方一级的水管理中，地方市政府主要管理城市排水系统，并将收集到的污废水送到水董事会管理的污水处理厂进行处理。

荷兰的水董事会以一种独特的组织管理形式与三级政府平行存在、自成一体。主要负责地方与区域性的防洪、地表水水量和水质的管理。作为专业性的管理组织，直接代表民众、业主和地主的利益。本着“利益—付费—授权”的原则，那些受益方必须为所获的服务和收益付出一定的费用。利益越大的团体，纳税越多，在水董事会中的发言权和权利越多。荷兰的水董事会财政收入来自于对企业和个人所征收的水务费和污染税。

12.2.2 荷兰的水法律体系

经过长期努力，荷兰形成了一套完善的水法律法规体系，不同法律和法规之间协调统一，各级水管理机构的法律职责明确，为水资源统一管理提供强有力的法律保障。荷兰涉及水的法律法规主要有水法、河流法、三角洲工程法、地表水污染防治法、地下水法、土壤保护法、水管理法、水董事会法、防洪法等。

在水政策的制定上，不同的发展阶段有不同的侧重点。1968 年第一次制定的国家水管理政策的重点是防洪；1984 年第二次制定的国家水管理政策的重点是水质保护；1989 年第三次制定的国家水管理政策的重点是水资源综合管理；1997 年第四次制定的国家水管理政策的重点是水环境与可持续发展。

12.2.3　荷兰的水资源管理规划系统

荷兰一向重视用系统规划的方法来进行水资源管理。该方法能具体提出防洪及水资源供需中存在的问题并给出相应的措施。1989 年,荷兰政府出台了水管理行动,对水资源规划的制定和实施做了明确分工,并提供了 3 个不同层次的规划:由国家政府制定的国家水资源管理战略规划、由各省(区)制定的区域水资源管理战略规划和水董事会制定的水管理运行规划。省级水务局提出的策略框架和操作计划可以保证国家水资源战略规划在区域范围内很好地执行。此外,要求所有水资源规划每隔 4 年进行一次修改。

水资源规划的重点放在环境和生态的保护上,尽可能多地使河流和湖泊恢复到自然状态,强调遵循人类与水和谐共处的规划理念。

12.2.4　荷兰水资源管理的投资与费用回收机制

荷兰每年用于水利建设和水资源管理的经费,占国民生产总值的 1%,人均为 240 多美元。荷兰之所以能够进行举世闻名的大型水利工程建设,建立和维护完善的供水排水设施和高标准污水处理系统,其原因是建立了一套完整的、良性循环的投入和费用回收机制。荷兰的水资源管理费用实行责(付费)、权(发言权)、利(利益)相统一的原则。荷兰政府在提供经费方面提供了 3 项优先权:①成本应当由那些受益部门及实施有害水活动的主体负担;②如果水主管部门的投资不能被专项拨给的话,这些投资将会以税的形式分摊到各受益者或有连带责任的成员当中;③如果以上两种方法都是不可能的,资金将会从国家的专项预算中列支。

12.3　加拿大水资源管理

拥有丰富水资源的加拿大是一个十分重视生态环境保护的国家。自 1987 年世界环境与发展委员会在《我们共同的未来》这份报告中提出可持续发展概念后,加拿大的水利工作者以及各级政府的官员们便迅速围绕可持续发展这一主题对水资源的管理工作展开了全方位的改革,以实现水资源的可持续利用。

12.3.1　水管理理念的转变

加拿大的水利工作经历了水开发、水管理和可持续水管理三个发展阶段。1970 年加拿大水法颁布以前属水开发阶段,1970 ~ 1987 年为水管理阶段,1987 年国际社会提出可持续发展概念后进入可持续水管理阶段。1970 年以前的水开发阶段的主要特点是强调开发水资源的工程建设,1970 ~ 1987 年的水管理阶段的主要特点是强调水资源的规划工作,1987 年以后的可持续水管理阶段的特点是围绕可持续发展主题,强调水资源的可持续利用。加拿大的水利工作由水管理转型为可持续水管理的主要标志是水管理理念的转变。在 1970 ~ 1987 年的水管理阶段,水管理理念是仅将水作为一种消费性资源,着眼于如何向当代社会提供足够的水资源,确保当代社会用水需求得到满足。而进入可持续水管理阶段后,水管理理念不仅强调水的消费性价值,也强调水的非消费性价值,着眼于构筑支撑社会可持续发展的水系统,确保当代人和后代人用水权的平等。加拿大的可持续水管理以构筑支撑社会可持续发展的水系统为着眼点,以实现当代人和后代人用水权的平等为目标,体现了加拿大水管理理念的长远性。加拿大的可持续水管理特别强调管理理念的实施,基于长远考虑的可持续水管理理念能被实实在在地落实在今天的水管理实践中,使今天的水管理工作不仅为当代人服务,也为后代人服务。

12.3.2 水管理机构的重组

在可持续发展概念提出后,为满足可持续水管理的需要,加拿大联邦政府、省政府及地方政府的水管理机构进行了较大规模的改革。联邦政府水管理机构的改革以强化对水这一基础性资源的综合管理为目标,主要体现在加拿大环境部、渔业与海洋部及农业部等联邦政府部门在机构重组中,加强了涉及水管理的机构设置。省级政府围绕可持续水管理的机构改革力度最大。主要特点是:成立专门水管理机构,将原来分布于政府诸多机构的水管理权集中于一个或少数几个机构。如萨斯喀彻温(Saskatchewan)省专门成立了一个萨斯喀彻温水公司(Saskatchewan Water Corporation),将省政府拥有所有权的各供水厂和污水处理厂划归该公司经营管理,同时把水资源与水环境各项行政管理任务也交由该公司负责;再如阿尔伯达(Alberta)省1993年在将省政府的厅级部门由24个减为16个的过程中,将原来的环境厅、公园与森林厅、土地与野生生物厅合并为环境保护厅,使原来的分散于省政府三个部门的水管理权集中到一个部门。各地方政府的水管理机构的调整以适应省政府水管理机构的重组为目的,使集中后的省政府水管理机构的各项水管理政策能被高效地执行。

12.3.3 水管理决策信息的多元化

生态系统方法被认为是实现可持续发展的一种基本方法,加拿大水管理机构已普遍把生态系统方法作为管理区域水资源与水环境的主体方法。生态系统方法是一种一体化的综合管理模式,强调水资源系统的各组成要素及其与人、社会、经济和环境的关系,该方法要求人们在管理水资源过程中应更多地关注水系统而不是水资源系统。在加拿大,生态系统方法在水管理领域的广泛应用导致了水管理决策信息的多元化。加拿大水管理决策信息的多元化主要体现在水管理决策信息的多学科化和社会化。由于加拿大的可持续水管理将水与社会、经济等联在一起,将水管理与土地、森林等环境资源的管理联在一起,水管理决策部门做出科学水管理决策信息来源于越来越多的学科。

由于可持续发展的实践客观上需要社会成员的广泛参与,加之水环境问题在加拿大越来越成为一个公众关注的问题,加拿大的水行政管理部门在积极开展水资源可持续利用意识的公众教育的同时,积极让社会各阶层的成员参与水管理决策,大力推动水管理决策信息的社会化。决策信息的多学科化和社会化正促使加拿大水管理机构出台的水管理决策越来越合理、越来越公平、越来越能够被高效地执行。

12.4 以色列水资源管理

以色列是个半干旱国家,年总可利用水量为 18 亿 m^3,人均少于 300 m^3。在 2005 年,大约 45% 的水被用于城市(主要是居民消费),50% 的水被用于农业。从区域分布来看,以色列大约 80% 的水分布在北部,20% 分布在南部。

12.4.1 水资源管理的立法框架

以色列水资源管理方面的核心法律是 1959 年的水法,它是一部可操作性很强的法律,为政府提供了水管理以及供水收费方面的法律依据。1971 年对该法进行了修订,增加了一些关于水污染的条款。根据 1971 年水法,水委员会有权制定一系列法令,以减少污染问题。除了控制水质的法律,还有其他与水资源有关的法律,如引水和防洪法、公共健康条例等。总地来看,在过去的 30 年,在以色列的水资源法律框架中,基本的特点变化不大。

12.4.1.1 水法(1959 及其修正案)

根据本法,所有的水资源为公共所有,应首先配置给最紧急和最有效率的使用者。本法也规定,所有的水源为公共财产,每个人都可以使用水,但水资源不得被破坏。国家将根据最有效的水资源保护、最优化的水资源管理和合理的水配置来制订水资源规划。与其他一些国家的法律体系不同。在以色列,土地拥有者不拥有流经其土地的地表水、地下水或在其土地上的水井打出的水的权力。只有获得了水生产许可,才可以从个人土地上的水井打水,即使这些水仅用于土地拥有者自己消费。在以色列建立了一个水的公共拥有权和私人使用权之间的联系。此外,虽然水资源不属于私人拥有者,但水的生产和运输设备可以(在很多情况下)是私有的。因此,在水的配置中,水很有可能通过私人机构输送到最终用户。各种打井、开采(生产)、供应、消费、地下灌注和水处理活动都需要得到许可。各种许可证每年发放一次,有效期一年。许可证中罗列了与生产和供水的数量、质量、程序、提高利用效率、防止污染等有关的要求。如果这些条件得不到满足,或水源受到威胁,水委员会可能收回许可。水法没有确定水配置的优先序,有关的问题在一些相关的水条例中规范。根据这些条例,对于需求超过供给的区域,水的配置按照下列次序进行:居民使用最优先,之后依次是工业、农业、其他用途。原则上,每年要调整配置情况,以反映水的来源和需求的变化。

居民的供水通过市政部门进行。市政部门具有双重功能:水消费者和供水者。在 1995 年以前,根据配额确定居民的用水量。1995 年以后取消了这种方法,改成了一种新的价格机制,它要求每个用户设一个单独的水表,单独付水费。

工业用水是根据配额来分配的,法规确定了不同工业部门的配额。有特定的条款针对小型用户(每年用水量小于 5 000 ~ 10 000 m^3),工业用水也通过市政当局提供。

1991 年对水法进行了修订,增加了一章水污染内容,新的规则反映了水资源利用中可能导致的环境问题的重要性。第二章第二十条直接与污染问题有关,该条规定:禁止任何人直接或间接或可能导致直接或后续的水污染。该法定义了污染水平的含义,建立了个人法律责任条款,污染者需支付治理费用,或者要求污染者采取措施减少污染,而且允许市民对违法者提起诉讼。环境部被授权保护水质,防止污染,颁布相关的法规。

12.4.1.2　其他法律法规

1. 水测定法(1955)

本法一个基本的条款是有义务为每个用户提供水量的测定。用水费用的支付即按水表读数来定。本法授予水委员会有权禁止在没有安装水表的情况下供水。

2. 打井法(1955)

本法的目标是保护地下水源,防止过度开采导致的水污染和盐度增加。本法要求任何打井活动或对现有的井进行改动,都必须向水委员会申请许可。如果打井或改动现有的井未申请许可,水委员会可以命令其停止并恢复原状。即使井只为个人消费使用,也需要许可。

3. 地方管理机构(废水)法(1962)

本法规定了地方管理机构在规划、建设和维护废水系统方面的权力和责任。它要求地方当局维护好其污水系统。新的污水系统必须得到区域规划委员会以及健康和环境管理机构的批准。本法也定义了废水系统的收费问题。

4. 河流和泉水管理机构法(1965)

本法授权环境部,在与地方管理机构和内政部协商后,建立对于特定河流、泉水或其他水源的管理机构。这些机构要采取措施保护河流及其堤坝,以防止和消除污染。

5. 水污染防治条例(1991)

本条例禁止任何人直接或间接将化学品或生物物质及其残渣倒入水源。

12.4.2　水资源管理的组织结构

水资源管理的组织机构与管理和决策文化有密切联系。在以色列,尽管从历史上看,农业部在水政策制定方面有很大权力,并且也一直扮演着重要角色,但基础设施部是负责水政策制定的官方机构。另外,其他一些机构也有职责,如财政部、环境、卫生、内政、外交、国防、贸易和工业,以及旅游。水系统的管理机关是水委员会,它设定水配置的规则。Mekorot 是一个公司,负责向消费者供水。水理事会代表消费者。总理有国家和安全决策方面的职责,因此也直接或间接地与水有关。

12.4.2.1　中央政府

国家层次上的机构包括如下 6 个部门:基础设施部负责实施水法(1959),以及其他的水资源管理法律。为实施这些法律,部长可以颁布第二层次的法规。基础设施部还有权确定供水的费率,包括 Mekorot 供水的费率。农业部首要任务是为农民提供价格最低、数量最大的水。由于农业部门在政治上的重要性,在一些关键决策方面,如部门间配置及其他水管理和政策方面,它仍然起着核心的角色。财政部为水资源管理提供预算。环境部负责防治水污染。这个部被授权颁布法规,禁止在特定区域建设污染设施、使用某些材料或生产工艺。涉及的领域包括农业耕作、施肥、生产、进口、流通和销售。健康部负责实施国家健康条例(1940)。内政部管理着地方管理机构,通过控制其预算,内政部监督地方管理机构的水和废水方面的活动。根据地方管理机构法(废水)法(1962),内政部可以命令地方管理机构安装废水设施。根据1959年水法，农业部必须与内政部协商，获得其批准，来决定提供给地方管理机构的水的水费。

12.4.2.2　Mekorot 供水公司

Mekorot是以色列的国家水公司，它的目标是建立一个国家的供水系统。它是根据1959年水法成立的一个控制全国水系统的机构。作为国有公司，它在政府的监督下独立运作，但附属于基础设施部和财政部。它为市民、农民和工业提供大量的水。这个公司现在提供大约65%的全国供水量，服务于4 800个消费群体。在1998年，这个公司提供了15亿 m^3 左右的水，其中约8亿 m^3 用于农业，约9 000万 m^3 用于工业，大约6亿 m^3 用于居民消费。在财政方面，Mekorot占了大约80%的以色列水工业活动的开销。由于输水距离长和可能需要泵到高地，成本相对比较高。大多数其他的协会和私人机构提供地方性的水供给，因而价格比较低。在过去，所有Mekorot的运转成本由消费者和政府负担，自1993年起，水价不再由Mekorot控制，而是由政府决定，这改变了公司的活动特点，迫使其更多地考虑商业效果。这导致了其能源效率的改进、对水设施投资的显著增加，以及对现有设备的更新。这个公司还被迫进入新的领域，以拓展其商业多样性。但是，Mekorot仍然是唯一的在水资源领域有巨大财政和运行能力的实体，它的权力很大。水协会和私人机构是小的商业实体，财政能力有限。Mekorot在水供应方面起着领导者的作用，它的运行没有很好的监督。它的庞大强化了水资源管理的中央集权。尽管有很多好的例子，说明Mekorot如何与其他伙伴合作，以改进水管理的效率，但它仍然在按照自己的路子发展，可能与国家的水资源配置的效率和公平目标不一致。它仍然在继续拓展水资源领域的新方向，例如海水淡化，这将使得Mekorot的权力更大，可能导致消费者成本的增加。在1997年，有建议说，应鼓励其他私人实体和地方管理机构进入海水淡化领域。

12.4.2.3　其他与水有关的实体

（1）水协会和私人生产者。私人机构的供水主要集中于北部的农业供水，由区域水协会管理。

（2）地方管理机构。地方管理机构负责本地供水和废水服务，确保当地居民付水费。

（3）水理事会。水理事会是个由政府任命的国家机构，在很多水政策方面为基础设施部提建议。在颁布二级法规之前，基础设施必须与这个理事会协商，特别是涉及收费的事情。这个理事会有大约30人，包括来自农业部、水委员会和其他政府部门的代表、消费者、供应商和生产者。这个理事会任命一个委员会来讨论有关农业水和其他水使用的事宜。

（4）规划委员会。规划委员会由农业部任命，有11个成员，其工作是考察水设施规划。

（5）消费者代表。它代表地区消费者，包括来自地方管理机构、供应商、农业以及工业组织的代表。

（6）国家排水理事会。国家排水理事会为实施排水法的有关事务提供建议。这个理事会成员包括水委员会、8个政府代表和12个由部任命的成员、8个代表农业组织的人。每个排水区域有一个排水管理机构，其主要成员是来自本排水区地方政府的代表。

（7）河湖管理机构。河湖管理机构由下列成员构成：第一个组织包括代表这个地区河湖管理机构的地方政府官员，第二个组织包括使用河水的公司的代表，第三个组织是其土地边界跨越河流的财产拥有者的代表。河湖管理机构有很多责任：第一，管理河流中水的利用，维护环境健康水位，确保有规律地排水；第二，管理河道，去除有害的可能污染河道的物质，保护河流及其堤坝的自然景观；第三，协调利益团体间的水分配等。以色列现在有两个河湖管理机构。在早期，农民控制着水资源，水委员会也起源于农业定居者。实际上，现在的情况变化不大，农民仍在水资源配置中起着重要角色。但是，由于干旱和水库过度使用，对于现在和未来水短缺的关注，已经变成了一个国家性问题，有强烈的压力要改变水资源管理的原则。

12.4.3 水资源管理的战略措施

12.4.3.1 技术方法

以色列的水资源战略一直在发展，开发了很多新的技术方法，这包括污水回用、海水淡化、进口水、改进农业和工业用水效率，以及制定城市水利用标准等。第一，广泛进行污水回用。已经制定了一些法规来改进污水处理厂的水质，尽可能回用，并减少环境和健康风险。一个特别重要的目标是利用回用的污水代替淡水来作为灌溉用水。到2003年，以色列回用了65%的废水，几乎50%的灌溉用水来自处理的污水。第二，海水淡化。目前的海水淡化厂都比较小，为满足淡水需求，政府决定加速建设一些大的海水淡化厂。第三，进口水。土耳其被认为是以色列最好的进口水源地。水可以用海底管道、超级巨轮或浮动袋子来运输。土耳其有一些剩余的水可以出口，目前在考虑用25万t巨轮来运输水。如果用巨轮运水，成本估计是0.8～1美元/m^3，海水淡化的成本是0.6～1.25美元/m^3。但是，卸载以及管道等将增加50%的成本，再加上对于供应方风险等因素的考虑，使得进口水不被当作一个重要的途径。

12.4.3.2 需求管理

技术方面，第一，农业和工业生产部门。灌溉水的配置是基于农业研究部门与农民一起研究出的一个规则来定的。这个规则的目的是通过引进新的灌溉技术、改变种植类型，以及不再发展种植业来实现经济效益的最大化，它可以帮助实现单位水的最大产出。一个类似的政策也被工业部门采纳，以减少水的使用和污染。第二，城市用水方面也采取了一些手段以改进水利用效率。这些手段包括水表测量、管道替代以及电子监测等。节水马桶和最近重新设计的自来水和淋浴标准，使得每人的城市水消费在过去40年中基本没有变化，尽管GDP在此期间增长了300%。

12.4.3.3 水权管理

1.水权

在以色列1948年建国后不久，水就变成了最优先考虑的问题。考虑的问题不但包括规划、项目实施和资金，也包括建立相关的法律框架。前已述及，水配置的优先次序是，首先是居民使用，之后是工业、农业、其他用途。与水有关的所有事项由水委员会负责，它负责在国家层次上实施综合的、平衡的水生产和供应政策。它有权针对水的使用单位建立定量和定性标准。农民被禁止使用水委员会主任分配给他们的一定数量以外的水，即使他们有自己的井。井口的水表由水委员会办公室的官员读数和控制。水污染是被禁止的,并会受到罚款和监禁的惩罚。该法规定了国家控制水费的基本规则,并建立一个“水费调整基金”以减少在国家不同地区水费的差异。水计量法禁止在没有测量的情况下提供和汲取水。

2. 水配置和许可

全国大部分的地区被确定为定量配给区,意思是水的消费被限定在固定的数量内。为此,建立了一些农业消费、居民消费和工业消费的规则。自从水法颁布后,每年一度的水生产和供应许可就被授权给所有的生产者和供应者。对于私营农业的水配置始于水法的实施。对于不同的农作物,建立相关的使用规范,并通过面积和耕种的农作物的乘积来计算用水额度。对于每年用水量超过 5 000 m^3 的工业企业,供水额度是基于生产类型和生产范围确定的水消费数量来定的。工厂的废水处理系统如果不满足标准,则不能得到水消费的许可。对于居民消费的水的配置包括了居民使用、花园、服务业、公共设施、贸易、商业等方面。

12.4.3.4 经济手段

Mekorot 提供了以色列用水的 2/3。价格由基础设施部和财政部确定,并需得到 Knesset 财政委员会的批准。价格会进行调整,主要是根据消费者价格指数、电费以及平均工资指数等因素来调整。有几种不同的价格类型,主要是城市水价、工业水价和农业水价。有时根据供水成本实行一些补贴。第一,水成本。在过去 45 年间,水的单位成本上升很快,因为这是个非常缺水的国家。在 1960 年,水主要由地方水源提供,成本很低。20 世纪 60 年代中期实施的国家水运输计划在水运输、废水处理等方面进行了大量投资,因而在早期显著增加了成本。然而,尽管不得不使用越来越贵的水源,在 1970 ~ 2001 年,水的成本并未大幅上升,这主要归功于 Mekorot 改进其运行效率以及利用新的供水能力。在计算水价方面,由政府测定其固定成本和可变成本,计算水价。如果水价增加很多,需政府批准。政府的补贴已经大大减少,在之后的 4 年中,已经从 40% 减少到 20% ,后来一直大约维持在这个水平。但是,对城市和工业供水一直是全部付费,而对农业供水给予补贴。第二,农业消费。对于再生水,政府通过为最初的资本投入提供补贴来支持农业部门,这要得到投资委员会的批准,该委员会由来自农业、财政、健康、环境和水管理机构的人员组成。这个委员会根据技术、经济和管理方面的情况评价建议的项目。生产价格和再生水出售价格之差由政府的补贴支付。从处理厂向农地提供 1 m^3 的再生水的成本现在估计是 0. 21 美元。这包括 70% 的资本成本和 30% 的运转成本。运转成本包括 35% 的管道维护、水库和泵站,40% 的能源,25% 的运转和管理。农民要为每吨再生水支付 0. 13 ~ 0. 19 美元的费用,随水质有些变动,其余部分由政府补贴。这个支付是根据农民真实用到的水量来支付的。对于新鲜农业用水,设计了收费体系,其目的是不鼓励用新鲜水。从 1999 年起,任何自取水行为需要收费。现在对农业的费率是对地下水源 0. 19 美元/m^3,对地表水 0. 06 美元/m^3(家居和制造业支付 0. 18 ~ 0. 22 美元/m^3)。真实费率随时改变。自取水收费不是基于供水成本而征收,而是反映水的稀缺价值,这是以色列水政策体系中一个极为重要的内容。同时,为了改进用水效率,法律提供了一个对私人取水者的资助体系,资金来自国家预算。城市和工业消费:水费和配置是针对用户群体实施的,即城镇、地方理事会和水用户协会。水价由一个财政部和水委员会建议成立的委员会确定。采取累进税,以鼓励节水,但允许基本的消费。

12.4.3.5　**财政手段**

政府通过相关的部门,为改进和增加供水与废水处理厂提供资助和低息贷款,资金通过水网更新基金、国家废水计划、灌溉体系改进基金,以及废水更新和再使用计划来分配,农业部提供的灌溉水补贴意味着农民只付非常少的水使用费,因此鼓励了水的使用。对于新鲜水,农民平均支付 0.25 美元/m^3 给 Mekorot,这比城市用水户少了 0.2 美元/m^3。由于后者覆盖了所有的供水成本,因此 0.2 美元/m^3 可以被看成是补贴的数量。水补贴在以色列是最贵的国家财政支出之一,在 2000 年,大约 7 300 万美元被用于直接水补贴,占了整个水系统政府预算的 27%。

12.4.3.6　**水交易—水市场**

政府最近批准了一个计划,允许拥有水配额的单位和个人出售其永久或临时的配额给其他人,这个市场概念甚至可以扩展成中东地区国家之间和平的水交易市场。普遍认为,在以色列,水资源配置和使用的效率可以通过提高价格和改进交易机制而持续得到改进。水交易可以减少行政配置的低效率。

12.4.3.7　**私人部门的参与**

一般的观点认为,对于水在城市和农业中的配置,市场是最好的配置工具,应建立可交易的市场配置体系。这种变化最终会导致私人部门在生产和供给中更大程度地参与。可以预计,通过建立新的水供应商,可以形成合理的水利用模式。有观点认为,Mekorot 的角色应被限制在运行国家输水系统方面,区域水供应体系应进行私有化。以色列政府目前将强化竞争列为国家水政策的目标之一。2000 年预算建议中,提到了一个目标:"在水系统领域增加商业竞争,尤其是在废水应用领域,将经济权力授予水的生产、质量控制和分配,减少水供应的成本"。政府 136 号决定(1999)要求在水的勘探和生产领域引进竞争,所有的勘探应通过竞争性招标来实施。但是,也有观点认为,在以色列将水源私有化不是个现实的思路,因为不可能建立相应的水的财产权。如果两个或更多的公司进入这些水源,每个公司可能会过度抽取水,不进行合理的保护。

12.5　日本水资源管理

从人均水资源占有量来看,日本为 3 323 m^3,尚不到全球平均水平的 1/2,但其水资源利用量在全球处于第 6 位。傅家彬(2002)通过对水资源管理体系的考察,对其进行了总结。

12.5.1　日本水资源管理体系

12.5.1.1　**法律体系**

日本的水资源管理法律体系以《水资源开发促进法》为龙头,主要包括《水资源开发公团法》《水源地域对策特别措施法》《河川法》《特定多目的大坝法》《电源开发促进法》《工业用水法》《水道法》《工业用水道事业法》《工厂排水规制法》《水质保全法》《水质污浊防止法》《湖泊水质保全特别措施法》等,其中《水资源开发促进法》公布于 1961 年,以促进河流水系水资源综合开发利用的合理化为目的，对水资源开发水系的指定、水资源开发基本规划的制定、水资源开发审议会制度，以及对国土综合开发计划的协调等内容做了规定。《水资源开发公团法》同样公布于1961年，它专为设立以实施水资源开发项目为目的的水资源开发公团而制定，对水资源开发公团的地位、项目实施的方针和规划、具体运作方式、监管机制等做了比较详细的规定。《水源地域对策特别措施法》公布于1973年，其目的是为水库周边地区居民进行利益补偿提供法律依据。《河川法》公布于1964年，是关于河流管理的重要法律，对河流管理的原则、中央与地方政府在河流管理上的分工、河流利用的规则、河川审议会制度等做了详细的规定。

12.5.1.2 组织体系

日本中央政府中与水资源管理工作有关的机构较多，在2001年1月政府机构大规模改革之前涉及6个部级（日本称为“省”）机构，分别是环境厅（水质保全局负责水质保护）、国土厅（水资源部负责水资源规划）、厚生省（生活卫生局水道环境部负责饮用水卫生）、农林水产省（林业厅指导部负责河流上游流域治理）、通商产业省（环境立地局负责工业用水，资源能源厅负责水力发电规划管理）、建设省（河川局负责河流治水和用水，都市局下水道部负责下水道规划和综合协调）。2001年1月政府机构改革之后，因国土厅和建设省都被合并于国土交通省，相关的部级机构减少为5个，分别是环境省、国土交通省、厚生劳动省、经济产业省和农林水产省，但从具体负责的局级机构来看，并无实质性变化。

12.5.1.3 规划体系

日本的水资源规划分为全国规划和水系规划两个层次。但无论是从规划的制定还是从实施来看，两个层次之间的联系并不紧密。先有水系规划，后有全国规划。水系规划是根据《水资源开发促进法》的规定，以水资源开发水系为对象，于1962年开始制定的。根据该法规定，凡是在产业发展和城市人口增加迅速、需要制定紧急用水对策的区域，作为该区域主要供水水源的河流水系将被指定为水资源开发水系，并对该水系制定水资源开发基本规划。自《水资源开发促进法》颁布实施以来，先后有7条河流的水系受到指定，并制定了各个水系的“水资源开发基本规划”。规划的基本内容包括：各部门用水量的预测及供给目标；为了达到供给目标需要兴建的基本情况，其他有关水资源综合开发利用合理化的重要事项。日本水资源的全国规划迄今为止共制定了3次，每一次都是在新一轮的全国综合开发计划公布后的第2年，以全国综合开发计划为基础制定的。以最新的全国规划为例，它包括以下内容：日本水资源现状与问题，上一轮全国规划的基本目标及实现情况，对未来社会的展望及与水资源相关的主要问题，构筑水资源可持续利用社会的基本目标，实现目标的对策措施，规划实施方面需要注意的问题，对于都道府县一级的地方政府是否制定本地区的水资源规划，日本没有统一的规定和要求，由各地方政府根据需要自行制定。目前，在全部47个都道府县中，有20个县拥有自己的水资源规划，另有一些地方是将有关的内容反映在当地的综合规划中。

12.5.1.4 政府资金投入体系

日本水资源管理方面的政府资金投入分为8个项目，这些资金投入分散在政府的各有关部门。2001年的水资源管理政府资金投入额为23 956亿日元，占当年政府一般会计预算支出的 3.0%。在各支出项目中，水源和水质保全支出占总支出的 68.5%，也就是说，日本目前水资源管理投入的重点是保护水质和改善水资源环境。

12.5.2 日本水资源管理的手段

12.5.2.1 水权

在日本，水权的原始形态是在漫长的农业社会时期，村落共同体之间出于利益协调的需要而自然形成的。日本第一部《河川法》(旧《河川法》)制定时，在形式上对水资源利用采取许可制，但实际上是对既成事实加以认定，由此而形成的水权被称为沿袭水利权。1964 年，日本对河川法进行了根本性的修改，将过去以治水对策为核心的旧法修改为水资源开发利用与治水并重的新法，但新《河川法》对沿袭水利权未做触动，一律视为在新法下仍得到许可。根据有关统计，目前在一级河流(主要由国家管理比较重要的河流)上共有取水点约 10 万处，其中 8.2 万处属于沿袭水利权。沿袭水利权的主体一般是村落共同体，取水规模不大，绝大多数取水量在 1 t/s 以下，灌溉面积在 30 hm^2 以下。沿袭水利权之外的水权，则都是工业和城市化发展进程中，为满足工业和城市用水的需要，通过水资源开发工程(水库和引水工程等)形成的，水权的所有者是水资源开发项目的管理者，一般为中央或地方政府。也有一些农村地区根据 1949 年制定的《土地改良法》对农田进行了包括修建引水和灌溉设施在内的大规模农田改造，水权形态也相应发生了变更，从过去村落共同体所拥有的沿袭水利权过渡为以“土地改良区”(仍是农民的自治性组织，其地域范围一般与村大体一致)为拥有者的水权。除水力发电外的水权每 10 年进行一次调整和重新认定，水力发电的水权每 30 年进行一次调整和重新认定。从上述水权制度形成过程来看，日本的水权制度隐含着尊重已经形成的权属格局，后来者主要通过另辟来源满足自身需要的原则。

12.5.2.2 河流管理中中央与地方政府的分工

日本的《河川法》对河流管理中中央与地方政府的分工有明确的规定。首先，河流按其重要程度被分为一级河川、二级河川和准用河川。一级河川由中央政府(国土交通大臣)指定，其重要程度最高，其中又分为两类，即特别重要的区间由中央政府直接管理，称为直辖管理区间；其余区间由中央政府委托都道府县政府进行管理，称为指定区间。二级河川由都道府县知事指定并管理。其余的河流均为准用河川，由市町村级地方政府负责管理。从河流的数目来看，目前共有一级河川 109 水系，二级河川 2 718 水系，准用河川 14 131条。按不同主体所管理的河流长度占总长度的比重来看，直辖管理区间占 7%，指定区间占 54%，二级河川占 14%，准用河川占 25%。也就是说，日本河流总长度的 68% 是由都道府县级地方政府来管理的。《河川法》中专门有一章对河流管理所需费用的负担原则做了详尽的规定。限于篇幅，这里只能说，“受益者负担”的原则在这些规定中有比较充分的体现。近年来，日本正在对河流管理中中央与地方政府的分工进行新的探讨，以使河流的管理体系能够与经济和社会的变化相适应。1999 年 8 月，日本“河川审议会”针对这一问题提交了一份中间报告，其中对管理的分工问题提出了两条基本方针：其一，根据国家只管理对于国土整治和国民经济具有重要意义者的原则，需要定期对一级水系和直辖管理区间进行重新划定；其二，为了形成各具特色的自立型区域社会，需要流域内的各种主体广泛参与河流的管理,因此各类河流都要促进地方政府、市民和非营利组织(NPO)对河流管理的参与。

12.5.2.3 **对水源区的利益补偿机制**

对水源区的利益补偿是区域利益补偿的比较典型的情形。水源区要承担库区淹没损失,以及因保护库区生态环境和水质的需要而使生产和生活活动受到限制,因此受益的是下游地区,所以通过恰当的利益补偿机制对水源区进行补偿是必不可少的。

日本迫切感到建立水源区利益补偿制度的需要是在20世纪60年代经济步入高速增长期以后,当时工业和城市用水急剧增加,需要大量修建水库以开发新的水源,但水库的建设主体与库区居民之间就补偿问题持久争执不下,人们开始认识到,仅靠水库建设主体承担经济补偿是不够的,需要采取更为综合的对策。在这种背景下,1972年制定的《琵琶湖综合开发特别措施法》在建立对水源区的综合利益补偿机制方面首开先河。以该法为基础,琵琶湖综合开发规划中包括了对水源区的一系列综合开发和整治项目,国家提高了对这些项目的经费负担比例,同时下游受益地区也负担水源区的部分项目经费。1973年制定的《水源地区对策特别措施法》把这种做法作为普遍制度固定下来。目前,日本的水源区所享有的利益补偿共由三部分组成:①水库建设主体以支付搬迁费等形式对居民的直接经济补偿;②依据《水源地区对策特别措施法》采取的补偿;③通过"水源地区对策基金"采取的补偿。根据《水源地区对策特别措施法》的规定,当建设水库或湖泊水位调节设施时,均需由所在地的都道府县政府制定综合的水源区综合发展规划,对于根据规划实施的项目(土地改良、治山治水、上下水道、道路、义务教育设施等公共工程),国家依法提高经费负担的比重,各级政府和水库建设主体对因水库工程而失去原有生活基础的居民负有妥善安置的义务。从截至1999年底的水源区综合发展规划的实施情况来看,道路建设占项目经费支出的比例较大,仅此一项就占了总支出的近50%;其次是土地改良,占3%。从经费的负担主体来看,中央政府占47%,都道府县政府占24%,市町村政府占27%,其他主体占2%。水源地区对策基金是与《水源地区对策特别措施法》基本上同时形成的另一种利益补偿机制,其基本定位是作为《水源地区对策特别措施法》的补充。基金的构成主体是流域上下游各有关地方政府,以财团法人的形式进行管理。如果河流是《水资源开发促进法》所指定的水资源开发水系,则中央政府对基金的原始资金给予一定的资助。水源地区对策基金的用途主要包括:库区移民的安置对策(对购买替代房地产提供贷款贴息、设置生活咨询员等)、地区振兴对策(建设道路和生产性基础设施等)、开展上下游交流(举办各种活动)等。也有一些流域的基金对水源区营造水源涵养林予以资金援助。此外,还有一些地方开展了具有独创性的探索。如丰田市于1994年在全国率先建立了"丰田市水道水源保全基金",用于上游水源涵养林的维护和管理。该基金从丰田市民交纳的水费中按1日元/m^3提取,每年年度积累额的一半用于对上游5个町、村发包的人工林间砍伐工程支付工程款。

12.5.2.4 **地下水管理**

日本在工业化的初、中期阶段曾因过量开采地下水而造成大范围的地面沉降和海水入侵等突出问题。在最为典型的关东平原地区,地面沉降的高峰期从20世纪30~70年代持续了40多年时间,有的观测点累积沉降值达到了4 m以上。针对这种状况,日本主要通过立法手段对地下水的开采进行限制,取得了比较明显的效果。日本专为限制地下水的开采而制定的法律有两项:一项是制定于1956年的《工业用水法》,目的在于限制地面沉降严重地区的工业企业对地下水的开采,其限制对象包括10个都府县的17个区域。还有一项是《关于限制建筑物取用地下水的法律》,限制对象是地面沉降极端严重的地区,涉及4个都府县的有关区域。在限制对象区域内,建造和使用动力抽水水井均须经过地方政府的批准,只有在申请者能充分证明地下水的用途难以被地表水替代的情况下,申请才会被批准。除上述法律手段外,还有3个地面沉降严重的地区制定了"防止地面沉降对策大纲",分别是名古屋周边地区、福冈县及佐贺县部分地区、关东平原北部地区。这3个"大纲"分别对各自对象区域的地下水开采总量提出了限制目标。此外,关于人工涵养地下水的研究和尝试目前在日本各地开展较多,主要方法包括:在地表水的丰水期进行人工回灌,建造渗透池,对城市路面使用透水性材料,在有条件的地方建造地下水库等。

12.5.2.5 行政主管部门之间的沟通与协调

如前所述,日本中央政府与水资源管理有关的部级机构在机构改革之前多达6个。这些机构各自为政,彼此之间缺乏沟通和协调的弊端受到来自各方面的批评。但这种状况已经开始改变。以6个有关部级机构的9个相关处为成员的"构筑健全的水循环体系相关省厅联络会议"于1998年8月组成。该会议以构建健全的水循环体系为目标,首先开展各部门间的信息沟通和意见交换,并研究相互之间开展合作和协调的方式与途径。该会议在1999年10月形成了一份关于构建健全的水循环体系的中间报告,涉及下列内容:对水循环体系的现状和存在问题的认识,对健全的水循环体系的定义,构建健全的水循环体系的政策方向,水循环体系存在问题的主要根源及其对策。

12.6 新加坡水资源管理

新加坡是一个面积约700 km^2的城市国家,这个国家平均每天消耗大约13.6万m^3的淡水。新加坡是一个缺水的国家,该国需要常年从国外进口淡水来生存。

12.6.1 水资源管理背景

1965年8月,新加坡成为一个独立的国家。新加坡与马来西亚的两个淡水条约的安全性成为这个新生国家重点考虑的因素。为确保马来西亚履行条约,新加坡还在联合国进行了条约的登记。两国出于本国利益考虑,协商没有取得实质性的进展。新加坡希望马来西亚能恪守条约,并且提供符合一定水质标准的淡水,而马来西亚则希望能提高水价,他们期望的水价是条约中规定的要到20倍。新加坡方面认为提高水价没有问题,问题是制定合理水价的依据。

由于双方关于淡水进出口的协商陷入了僵局,新加坡在21世纪的第一个10年不得不制订新的计划以确保该国的淡水安全和自给自足,增加了很多有效的水资源管理措施,包括制定和执行新的水相关的政策,国家投入巨资研究海水淡化技术和废水的深度再利用技术,以及流域管理和其他类似的研究活动。在机构方面,新加坡的公用事业局(Public Utilies Board,PUB)负责该国整个的水循环管理。新加坡在管理本国的水资源和污水即废水再利用方面非常成功的一个主要原因是其重视水资源的全方位管理，包括管理水资源的供应和需求、污废水和暴雨洪水的管理、制度有效性的研究和创造一个有利的环境，例如强有力的政策决策机制、有效的法制框架和有经验且积极性很高的人力资源等。

12.6.2　水供应管理

新加坡是世界上少有的几个能从整体上看待自己的水供应问题的国家。除了从马来西亚的柔佛州进口淡水，新加坡还在保护本国水资源方面进行了大胆和有意义的尝试（是一个从长远意义上水量和水质方面的努力），利用海水淡化技术和循环再生水技术，以及暴雨收集利用技术来扩展本国可以获得的水资源，并且利用技术的发展来增加水资源的获得，改进水质管理并且逐步降低产出和管理方面的花费。新加坡的公用事业局现在有一个高级水资源管理技术中心，由 50 个专家成员组成，提供必要的研究和发展支持。多年来，新加坡的流域管理越来越得到重视，受保护的流域边界划分得很清楚。在这些受保护的流域上不允许有污染性活动。1976 年新加坡出台了排污规定，提出了部分保护流域的概念，要求污水在排入河流之前要进行必要的处理，处理后排出的污水必须达到一个可以接受的水质标准。其他的发展中国家也有类似的规定或者要求，但是新加坡与这些国家不同的是该国严格地执行了这些规定。例如，当养猪场流出的污水成为主要的污水来源时，新加坡推出了《养殖行动法案》来严格限制牲口的养殖以保护公众的健康，又如，将这些牲口指定在一定区域养殖等，这也保护了流域不受所养殖牲口的排泄物的污染。目前，新加坡半数以上的面积都是受保护或者部分受保护的。到 2009 年，这个面积所占比例还将会上升到 2/3。海水淡化技术正在成为扩大和多样化可获得水源的重要途径，在 2005 年，投资 11.9 亿新元的 Tuas 海水淡化工厂正式成立，该海水淡化工厂完全由当地水务公司 HyflLlx 管理，也是新加坡第一个自主设计、建造和操作的海水淡化工厂。其淡水流程采用的是先进的双向渗透技术。工厂运行第 1 年，海水淡化的花费是每立方米淡水 0.78 新元。新加坡水的供应通过收集、处理和废水再利用等措施得到了增加。新加坡实现了 100% 的下水道的连通，所有的污水都得到了收集和处理。新加坡也许是世界上少有的几个使用再生水的国家，污水通过先进的双向渗透膜和紫外线消毒技术处理以后成为再生水，这些处理以后的再生水主要供给工业用水户和商业用水户，因为这些部门对再生水水质的要求不高。新加坡目前有 3 个工厂在生产再生水。

新加坡的公用事业局最近表彰了该国最大的再生水工厂，因为该厂通过第 1 年的运行，其再生水的费用为每立方米 0.3 新元，远远低于国外海水淡化的花费。该国对再生水的接受程度也在不断提高。水源获得扩展的另一个途径是减少不可计量的水损失，例如由滴漏、渗透造成的实际损失等，以及不精确的水表造成的一些用水无法计量等。不像亚洲的南部和东南部的国家，新加坡还没有发现供水系统的非法连接，例如输水等。

在 1990 年，新加坡的水资源的不可计量损失占总量的 9.5%，即使是这个水平也可能是世界上不可计量损失最少的水平。然而，新加坡的公用事业局最近几年已经通过努力将这个数字降为 5% 左右。将水资源的不可计量损失控制在这个水平，世界上其他国家望尘莫及。作为对比，英国的英格兰和威尔士的水资源的不可计量损失也是新加坡的 2 倍，而在亚洲的一些城市中心地区的不可计量损失则可能达到 40% ~60%。

12.6.3 水需求管理

为了同时保证水资源的多样性和可扩展性，新加坡的公用事业局制定了对水需求进行了深层次的管理制度。在1997年7月以前，每月用水量少于20 m^3 的家庭用水征收的税收是0.56新元/m^3，用水量20～40 m^3 的家庭用水征收水费的标准是0.8新元/m^3，月用水量超过40 m^3 的家庭征用水和非居民用水征收水费的标准都是1.17新元/m^3。原则上，家庭用水每月接近40 m^3 和非家庭用水都征收1.17新元/m^3 的水费。对于家庭用水，每月如果超过40 m^3，则水费将会达到1.4新元/m^3，要比同量的非居民用水高。

在新加坡，政府对水资源除了征收水费，还要征收水保费（WCT），用于该国水资源保护方面的建设，月用水量少于20 m^3 的用户免收水保费，月耗水量超过20 m^3 的用户征收水费15%的水保费。2000年7月以后，水保费又有了新的调整，上升为水费的30%，然而如果居民耗水量超过40 m^3，则水保费将上升为水费的45%。换句话说，新加坡对居民的用水需求有着经济杠杆的调控作用。

在新加坡，用水户除了交纳水费、水保费，还要交纳污水处理费和清洁费，是一项法定性的收费，用于进行污水处理和对现行排污系统进行维护、保养。1997年以前都是0.1新元/m^3，2000年以后上涨到0.3新元/m^3。出于水资源取费的公平和合理，政府对低收入家庭还进行了政策上的帮扶，居住两室或者一室的家庭在水费的征收方面可以得到较多的折扣，尤其是在经济比较紧张的时代，特别困难的家庭还能从该国的社区发展青年和运动部门获得相应的资助。

12.6.4 新加坡水务管理

对世界上大多数国家而言，水资源已是关乎国家存亡的问题，而依赖马来西亚提供原水的新加坡正是其中之一。如今，极度缺水的新加坡却是世界最优秀的水务管理国家之一。新加坡公用事业局是国家水务管理机构，负责新加坡的供水、集水和废水系统事务。它管理整个供水系统，从开发到收集、净化和提供饮用水，处理回收用后水并净化成新生水以及管理雨水排水系统。

如今，新加坡以少的水资源量实现了水的高效益。日用水量110万～130万 m^3，而年国内生产总值约1 180亿新元。新加坡水资源缺乏，水资源总量为6亿 m^3，人均水资源量仅211 m^3，排名世界倒数第二。为改变对进口水源的依赖状况，新加坡政府开源与节流并举，提出开发四大"国家水喉"计划，即天然降水、进口水、新生水和淡化海水。2008年初，新加坡政府指定水领域为重点发展的三大领域之一，并成立了新加坡环境与水业发展局。新加坡水资源开发与利用归国家贸易和工业发展部下辖的公用事业局管理，具体业务由水务署负责。水务署是具有一定政府职能的国有企业，负责全国的水政策、水规划、水生产、水供给和用水管理。过去，公用事业局负责管理饮用水、电力和煤气。从2001年4月1日起，公用事业局从环境部手中接过管理废水和排水系统的任务。这项责任转移让公用事业局能够规划并实行全盘政策，包括保护和扩大水资源、雨水管理、淡化海水、用水需求管理、社区性计划、集水区管理、把某些业务外包给私人企业以及举办公共教育和增强节水意识活动。

公用事业局的工作目标是用最经济的费用，提供足够和可靠的饮用水，促进新加坡的经济稳定增长和繁荣。水务署机关有 80 人左右。署长之下设计划开发、饮用水生产、输配水和后勤管理四个部门。层级简单，职责明确。全署员工 1 800 人，管理着 14 个蓄水池采集水系统，9 座水处理厂，4 564 km 长的输配水系统。新加坡建设有调蓄和输配水指挥中心，通过计算机收集水运行数据，并随时发出调度指令。调整水价须由水务署向贸易和工业发展部提出，经专家会商认定后执行。水务署有稳定、合理的收益，能保障正常运行，国家无须向水务署提供任何财政支持。据统计，水务部门获得的利润率超过 38%。如要建设较大的工程，水务署还可凭借自身雄厚的经济实力和良好的信誉向银行贷款。

在国际上，新加坡的水资源治理成果得到了客观的评价。《国际水源发展学报》刊文说，新加坡的水资源在质与量、供求管理、公共与私人机构参与、效率与公平考量、国家战略利益与经济利益以及在增加国内供水产量和外来水源方面，都成功地取得了平衡。

参考文献

[1] 左其亭,窦明,吴泽宁. 水资源规划与管理[M]. 北京:中国水利水电出版社,2014.

[2] 左其亭,张云. 人水和谐量化研究方法及应用[M]. 北京:中国水利水电出版社,2009.

[3] 夏军,左其亭,邵民诚. 博斯腾湖水资源可持续利用——理论·方法·实践[M]. 北京:科学出版社,2003.

[4] 左其亭,李可任. 最严格水资源管理制度理论体系探讨[J]. 南水北调与水利科技,2013,11(1):13-18.

[5] 左其亭. 水生态文明建设几个关键问题探讨[J]. 中国水利,2013(4):1-3.

[6] 左其亭,窦明,马军霞. 水资源学教程[M]. 北京:中国水利水电出版社,2008.

[7] 董增川. 水资源规划与管理[M]. 北京:中国水利水电出版社,2008.

[8] 李彦彬,孙艳伟,张巍巍,等. 水资源评价与管理[M]. 北京:中国水利水电出版社,2012.

[9] 夏军. 可持续水资源管理研究与展望[J]. 水科学进展,1997(4):370-375.

[10] 蔡其华. 人水和谐:长江治理开发和管理的新境界[J]. 中国水利,2004(7):6-8.

[11] 陈雷. 新时期治水兴水的科学指南——深入学习贯彻习近平总书记关于治水的重要论述[J]. 求是,2014(15):47-49.

[12] 何俊仕,粟晓玲. 水资源规划及管理[M]. 北京:中国农业出版社,2006.

[13] 王树谦,陈南祥. 水资源评价与管理[M]. 北京:中国水利水电出版社,1996.

[14] 冯耀龙,陈邦尚. 基于可持续发展的水资源综合利用研究[M]. 天津:天津大学出版社,2015.

[15] 虎胆·吐马尔白. 地下水利用[M]. 4 版. 北京:中国水利水电出版社,2008.

[16] 陈南祥. 地下水利用[M]. 北京:中央广播电视大学出版社,2004.

[17] 汪党献,王浩. 水资源需求分析理论与方法研究[D]. 北京:中国水利水电科学研究院,2002.

[18] 周维博,施垌林,杨路华. 地下水利用[M]. 北京:中国水利水电出版社,2006.

[19] 高桂霞. 水资源评价与管理[M]. 北京:中国水利水电出版社,2000.

[20] 侯新,韩红. 重庆市水资源管理法律法规及规范性文件汇编[M]. 郑州:黄河水利出版社,2015.

[21] 李广贺,刘兆昌,张旭 . 水资源利用工程与管理[M]. 北京:清华大学出版社,2004.

[22] 许武成. 水资源计算与管理[M]. 北京:科学出版社,2011.

[23] 吕彤. 区域水资源供需分析及合理利用研究[D]. 南京:河海大学,2007.

[24] 粟晓玲,康绍忠. 生态需水的概念及其计算方法[J]. 水科学进展,2003(6):740-744.

[25] 洪倩. 三次平衡理论在区域水资源供需平衡分析中的应用[J]. 中国农村水利水电,2016(6):51-53.

[26] 蒋林君. 小城镇水资源利用与保护指南[M]. 天津:天津大学出版社,2015.

[27] 徐得潜. 水资源利用与保护[M]. 北京:化学工业出版社,2013.

[28] 董辅新,董新东. 节约用水原理与及方法指南[M]. 北京:中国建筑工业出版社,1995.

[29] 高健磊,吴泽宁,左其亭. 水资源保护规划理论方法与实践[M]. 郑州:黄河水利出版社,2002.

[30] 珠海市水务局,中山大学水资源与环境研究中心. 珠海市水资源综合规划总报告[R]. 2008.

[31] 华士乾. 水资源系统分析指南[M]. 北京:水利电力出版社,1988.

[32] 中华人民共和国水利部. SL/Z 738—2016 水生态文明城市建设评价导则[S]. 北京:中国水利水电出版社,2016.
[33] 中华人民共和国水利部. SL/T 238—1999 水资源评价导则[S]. 北京:中国水利水电出版社,1999.
[34] 中华人民共和国水利部. SL/Z 349—2015 水资源监控管理系统建设技术导则[S]. 北京:中国水利水电出版社,2015.